魔鬼数学

大数据时代，数学思维的力量

[美] 乔丹·艾伦伯格（Jordan Ellenberg）◎著

胡小锐◎译

HOW NOT
TO BE WRONG

The Power of
Mathematical Thinking

中信出版集团 · CHINACITICPRESS · 北京

图书在版编目（CIP）数据

魔鬼数学：大数据时代，数学思维的力量 /（美）艾伦伯格著；胡小锐译. —北京：中信出版社，2015.9（2025.3重印）
书名原文：How Not to Be Wrong
ISBN 978-7-5086-5243-6

I. ①魔⋯　II. ①艾⋯②胡⋯　III. ①数学－普及读物　IV. ①O1-49

中国版本图书馆CIP数据核字（2015）第118066号

魔鬼数学：大数据时代，数学思维的力量

著　　者：[美]乔丹·艾伦伯格
译　　者：胡小锐
策划推广：中信出版社（CITIC Press Corporation）
出版发行：中信出版集团股份有限公司
　　　　　（北京市朝阳区东三环北路 27 号嘉铭中心　邮编　100020）
　　　　　（CITIC Publishing Group）
承 印 者：三河市中晟雅豪印务有限公司

开　　本：787mm×1092mm　1/16　　　　印　张：25.5　　　字　数：410千字
版　　次：2015 年 9 月第 1 版　　　　　　印　次：2025 年 3 月第 32 次印刷
京权图字：01-2014-8119
书　　号：ISBN 978-7-5086-5243-6/F · 3408
定　　价：59.00 元

献给坦妮娅（Tanya）

学习数学的精髓时不能只抱着应付差事的心理，而应该把这些知识融入日常思维，并通过各种激励手段使它们反复出现在你的脑海里。

——伯特兰·罗素（Bertrand Russell），
《数学研究》（*The Study of Mathematics*）

HOW NOT TO
BE WRONG

目 录

第二部分 推理

第三部分 期望值

HOW NOT TO
BE WRONG

引　言

数学知识什么时候能派上用场呢？

　　在地球上某个地方的一间教室里，一位数学老师布置了 30 道定积分练习题作为学生的周末作业。要做完这些题，肯定需要花费大量时间，因此，一名学生大声地表达了自己的疑惑。

　　这名学生的兴趣非常广泛，但是她对做数学题几乎没有任何兴趣。她自己也清楚这一点，因为上个周末，她就花了好多时间完成另外 30 道（其实没有多大区别的）定积分练习题。她看不出做这些题有什么意义，于是与老师进行了交流。交流过程中，这名学生准备提问老师最不愿意回答的问题："这些知识我什么时候能用上呢？"

　　这位老师很可能会这样回答："我知道这些题目非常枯燥，可是你别忘了，你还不知道自己将来会选择什么样的职业。现在，你看不到这些知识与你有什么关系，但是你将来从事的职业有可能非常需要这些知识，所以你应该快速准确地完成这些定积分练习题。"

　　师生两人都知道这其实是一个谎言，而且学生通常不会对这样的回答感到满意，毕竟，即使有的成年人可能会用到积分、$(1-3x+4x^2)^{-2}dx$、余弦公式或者多项式除法等知识，人数也屈指可数。

这个回答就连老师也不会满意。我对于这一点很有发言权，因为在我多年担任数学老师的时光里，我就为成百上千的大学生布置过很多定积分练习题。

值得庆幸的是，对于这个问题，我们能找到一个更好的答案：

"尽管一些数学课程会要求你完成一道又一道计算题，让你觉得这些机械的计算过程不榨干你的所有耐心与精力就不会罢休，但事实并非如此。学习数学必须计算这些定积分题，就像足球运动员需要接受举重与韧性训练。如果你希望踢好足球（我是指抱着一种认真的态度，达到竞技水平），就必须接受大量枯燥、重复、看似毫无意义的训练。职业足球运动员在比赛时会用到这些训练内容吗？不会的，我们从未在赛场上看到有足球运动员举杠铃或者在交通锥之间穿梭前行。但是，我们肯定会看到他们应用力量、速度、观察力与柔韧性，而要提高这些能力，他们必须常年接受枯燥乏味的训练。可以说，这些训练内容是足球运动的一个组成部分。

"如果你选择足球作为谋生手段或者希望加入校队，你就别无选择，只能利用周末时间，在训练场上接受大量枯燥乏味的训练。当然，如果你觉得自己无法接受这样的训练，你仍然可以踢足球，只不过是和朋友们一起踢，纯粹以娱乐为目的。我们也有可能穿过防守队员的防线完成华丽的传球，或者像职业运动员那样起脚远射得分，并为此激动不已。此外，踢足球还能强健体魄，愉悦心情。与坐在家里观看职业比赛的电视转播相比，效果要好得多。

"数学与足球非常相似。你的就业目标可能与数学没有相关性，这很正常，大多数人的情况都是这样。但是，你仍然可以运用数学知识，甚至你手头正在做的事情有可能就用到了数学知识，只不过你自己不知道。数学与逻辑推理紧密地交织在一起，可以增强我们处理事务的能力。掌握了数学知识，就像戴了一副 X 射线眼镜一样，我们可以透过现实世界错综复杂的表面现象，看清其本质。多少个世纪以来，由于人们辛勤钻研、反复辩论，数学的各种公式与定理已经得到了千锤百炼，可以帮助我们在处理事务时避免犯错。利用数学这个工具，我们可以更深入、更准确地理解我们这个世界，而且可以取得更有意义的成果。我们需要做的就是找到一位良师或者一本好书，引导我们学习数学中的一些规则和基本方法。现在，我愿意担任这样的指导老师，告诉你如何实现这个目的。"

其实，由于时间关系，我在上课时基本不会这样长篇累牍地解释这个问题。但是在写书时，我可以稍微展开一些。我要告诉你，我们每天考虑的那些问题，包括政治、医药、商业、宗教等方面的问题，都与数学有着不可分割的联系。我希望这个事实有助于你接受我上文中介绍的那个重要观点。同时，了解这个观点还可以帮助你培养更敏锐的洞察力。

不过，如果那名学生非常精明，即使我真的在课堂上苦口婆心地劝导，她仍然会心存疑惑。

"老师，你的话听起来很有道理。"她会说，"但是，太抽象了。你刚才说掌握了数学知识之后，本来有可能做错的事，现在不会出错了。但是，哪些事情会是这样的呢？能不能举一个真实的例子？"

这时候，我会给她讲亚伯拉罕·瓦尔德（Abraham Wald）与失踪的弹孔这个故事。

亚伯拉罕·瓦尔德与失踪的弹孔

同很多的"二战"故事一样，这个故事讲述的也是纳粹将一名犹太人赶出欧洲，最后又为这一行为追悔莫及。1902 年，亚伯拉罕·瓦尔德出生于当时的克劳森堡，隶属奥匈帝国。瓦尔德十几岁时，正赶上第一次世界大战爆发，随后，他的家乡更名为克鲁日，隶属罗马尼亚。瓦尔德的祖父是一位拉比，父亲是一位面包师，信奉犹太教。瓦尔德是一位天生的数学家，凭借出众的数学天赋，他被维也纳大学录取。上大学期间，他对集合论与度量空间产生了深厚的兴趣。即使在理论数学中，集合论与度量空间也算得上是极为抽象、晦涩难懂的两门课程。

但是，在瓦尔德于 20 世纪 30 年代中叶完成学业时，奥地利的经济正处于一个非常困难的时期，因此外国人根本没有机会在维也纳的大学中任教。不过，奥斯卡·摩根斯特恩（Oskar Morgenstern）给了瓦尔德一份工作，帮他摆脱了困境。摩根斯特恩后来移民美国，并与人合作创立了博弈论。1933 年时，摩根斯特恩还是奥地利经济研究院的院长。他聘请瓦尔德做与数学相关的一些零活儿，所付的薪水比较微薄。然而，这份工作却为瓦尔德带来了转机，他进入了考尔斯经济委员会（该经济研究院当时位于科罗拉多州的斯普林斯市）。尽管政治气候越发糟糕，但是瓦尔德并不愿意彻底放弃理论数学的研究。纳粹攻克奥地利，让瓦尔德更加坚定了这一决心。在科罗拉多就职几个月之后，他得到了在哥伦比亚大学担任统计学教授的机会。于是，他再一次收拾行装，搬到了纽约。

从此以后，他被卷入了战争。

在第二次世界大战的大部分时间里，瓦尔德都在哥伦比亚大学的统计研究小组（SRG）中工作。统计研究小组是一个秘密计划的产物，它的任务是组织美国的统计学家为"二战"服务。这个秘密计划与曼哈顿计划（Manhattan Project）[①]有点儿相似，不过所研发的武器不是炸药，而是各种方程式。事实上，统计研究小组的工作地点就在曼哈顿晨边高地西 118 街 401 号，距离哥伦比亚大学仅一个街区。如今，这栋建筑是哥伦比亚大学的教工公寓，另外还有一些医生在大楼中办公，但是在 1943 年，它是"二战"时期高速运行的数学中枢神经。在哥伦比亚大学应用数学小组的办公室里，很多年轻的女士正低着头，利用"马前特"桌面计算器计算最有利于战斗机瞄准具锁定敌机的飞行曲线公式。在另一间办公室里，来自普林斯顿大学的几名研究人员正在研究战略轰炸规程，与其一墙之隔的就是哥伦比亚大学统计研究小组的办公室。

但是，在所有小组中，统计研究小组的权限最大，影响力也最大。他们一方面像一个学术部门一样，从事高强度的开放式智力活动，另一方面他们都清楚自己从事的工作具有极高的风险性。统计研究小组组长艾伦·沃利斯（W. Allen Wallis）回忆说："我们提出建议后，其他部门通常就会采取某些行动。战斗机飞行员会根据杰克·沃尔福威茨（Jack Wolfowitz）的建议为机枪混装弹药，然后投入战斗。他们有可能胜利返回，也有可能再也回不来。海军按照亚伯·基尔希克（Abe Girshick）的抽样检验计划，为飞机携带的火箭填装燃料。这些火箭爆炸后有可能会摧毁我们的飞机，把我们的飞行员杀死，也有可能命中敌机，干掉敌人。"

---

① 曼哈顿计划是第二次世界大战期间由美国牵头，英国、加拿大共同参与的一项核武器研发计划。——译者注

数学人才的调用取决于任务的重要程度。用沃利斯的话说，"在组建统计研究小组时，不仅考虑了人数，还考虑了成员的水平，所选调的统计人员都是最杰出的。"在这些成员中，有弗雷德里克·莫斯特勒（Frederick Mosteller），他后来为哈佛大学组建了统计系；还有伦纳德·萨维奇（Leonard Jimmie Savage）①，他是决策理论的先驱和贝叶斯定理的杰出倡导者。麻省理工学院的数学家、控制论的创始人诺伯特·维纳（Norbert Wiener）也经常参加小组活动。在这个小组中，米尔顿·弗里德曼（Milton Friedman）这位后来的诺贝尔经济学奖得主只能算第四聪明的人。

小组中天赋最高的当属亚伯拉罕·瓦尔德。瓦尔德是艾伦·沃利斯在哥伦比亚大学就读时的老师，在小组中是数学权威。但是在当时，瓦尔德还是一名"敌国侨民"，因此他被禁止阅读他自己完成的机密报告。统计研究小组流传着一个笑话：瓦尔德在用便笺簿写报告时，每写一页，秘书就会把那页纸从他手上拿走。从某些方面看，瓦尔德并不适合待在这个小组里，他的研究兴趣一直偏重于抽象理论，与实际应用相去甚远。但是，他干劲儿十足，渴望在坐标轴上表现自己的聪明才智。在你有了一个模糊不清的概念，想要把它变成明确无误的数学语言时，你肯定希望可以得到瓦尔德的帮助。

于是，问题来了。我们不希望自己的飞机被敌人的战斗机击落，因此我们要为飞机披上装甲。但是，装甲会增加飞机的重量，这样，飞机的机动性就会减弱，还会消耗更多的燃油。防御过度并不可取，但是防御不足又会带来问题。在这两个极端之间，有一个最优方案。军方把一群数学家聚拢在纽约市的一个公寓中，就是想找出这个最优方案。

军方为统计研究小组提供了一些可能用得上的数据。美军飞机在欧洲上空与敌机交火后返回基地时，飞机上会留有弹孔。但是，这些弹孔分布得并不均匀，机身上的弹孔比引擎上的多。

---

① 关于萨维奇，这里有必要告诉大家他的一些逸事。萨维奇的视力极差，只能用一只眼睛的余光看东西。他曾经耗费了 6 个月的时间来证明北极探险中的一个问题，其间仅以肉糜饼为食。

飞机部位	每平方英尺[①]的平均弹孔数
引擎	1.11
机身	1.73
油料系统	1.55
其余部位	1.80

军官们认为，如果把装甲集中装在飞机最需要防护、受攻击概率最高的部位，那么即使减少装甲总量，对飞机的防护作用也不会减弱。因此，他们认为这样的做法可以提高防御效率。但是，这些部位到底需要增加多少装甲呢？他们找到瓦尔德，希望得到这个问题的答案。但是，瓦尔德给出的回答并不是他们预期的答案。

瓦尔德说，需要加装装甲的地方不应该是留有弹孔的部位，而应该是没有弹孔的地方，也就是飞机的引擎。

瓦尔德的独到见解可以概括为一个问题：飞机各部位受到损坏的概率应该是均等的，但是引擎罩上的弹孔却比其余部位少，那些失踪的弹孔在哪儿呢？瓦尔德深信，这些弹孔应该都在那些未能返航的飞机上。胜利返航的飞机引擎上的弹孔比较少，其原因是引擎被击中的飞机未能返航。大量飞机在机身被打得千疮百孔的情况下仍能返回基地，这个事实充分说明机身可以经受住打击（因此无须加装装甲）。如果去医院的病房看看，就会发现腿部受创的病人比胸部中弹的病人多，其原因不在于胸部中弹的人少，而是胸部中弹后难以存活。

数学上经常假设某些变量的值为 0，这个方法可以清楚地解释我们讨论的这个问题。在这个问题中，相关的变量就是飞机在引擎被击中后不会坠落的概率。假设这个概率为零，表明只要引擎被击中一次，飞机就会坠落。那么，我们会得到什么样的数据呢？我们会发现，在胜利返航的飞机中，机翼、机身与机头都留有弹孔，但是引擎上却一个弹孔也找不到。对于这个现象，军方有可能得出两种分析结果：要么德军的子弹打中了飞机的各个部位，却没有打到引擎；要么引擎就是飞机的死穴。这两种分析都可以解释这些数据，而第二种更有道理。因此，需要加装装甲的是没有弹孔的那些部位。

①　1 平方英尺≈ 0.093 平方米。——编者注

　　美军将瓦尔德的建议迅速付诸实施，我无法准确地说出这条建议到底挽救了多少架美军战机，但是数据统计小组在军方的继任者们精于数据统计，一定很清楚这方面的情况。美国国防部一直认为，打赢战争不能仅靠更勇敢、更自由和受到上帝更多的青睐。如果被击落的飞机比对方少 5%，消耗的油料低 5%，步兵的给养多 5%，而所付出的成本仅为对方的 95%，往往就会成为胜利方。这个理念不是战争题材的电影要表现的主题，而是战争的真实写照，其中的每一个环节都要用到数学知识。

　　瓦尔德拥有的空战知识、对空战的理解都远不及美军军官，但他却能看到军官们无法看到的问题，这是为什么呢？根本原因是瓦尔德在数学研究过程中养成的思维习惯。从事数学研究的人经常会询问："你的假设是什么？这些假设合理吗？"这样的问题令人厌烦，但有时却富有成效。在这个例子中，军官们在不经意间做出了一个假设：返航飞机是所有飞机的随机样本。如果这个假设真的成立，我们仅依据幸存飞机上的弹孔分布情况就可以得出结论。但是，一旦认识到自己做出了这样的假设，我们立刻就会知道这个假设根本不成立，因为我们没有理由认为，无论飞机的哪个部位被击中，幸存的可能性是一样的。用数学语言来说，飞机幸存的概率与弹孔的位置具有相关性，相关性这个术语我们将在第 15 章讨论。

　　瓦尔德的另一个长处在于他对抽象问题研究的钟爱。曾经在哥伦比亚大学师从瓦尔德的沃尔福威茨说，瓦尔德最喜欢钻研的"都是那些极为抽象的问题"，"对于数学他总是津津乐道，但却对数学的推广及特殊应用不感兴趣"。

　　的确，瓦尔德的性格决定了他不大可能关注应用方面的问题。在他的眼中，飞机与枪炮的具体细节都是花里胡哨的表象，不值得过分关注。他所关心的是，透过这些表象看清搭建这些实体的一个个数学原理与概念。这种方法有时会导致我们对问题的重要特征视而不见，却有助于我们透过纷繁复杂的表象，看到所有问题共有的基本框架。因此，即使在你几乎一无所知的领域，它也会给你带来极有价值的体验。

　　对于数学家而言，导致弹孔问题的是一种叫作"幸存者偏差"（survivorship bias）的现象。这种现象几乎在所有的环境条件下都存在，一旦我们像瓦尔德那样熟悉它，在我们的眼中它就无所遁形。

以共同基金为例。在判断基金的收益率时，我们都会小心谨慎，唯恐有一丝一毫的错误。年均增长率发生 1% 的变化，甚至就可以决定该基金到底是有价值的金融资产还是疲软产品。晨星公司大盘混合型基金的投资对象是可以大致决定标准普尔 500 指数走势的大公司，似乎都是有价值的金融资产。这类基金 1995~2004 年增长了 178.4%，年均增长率为 10.8%，这是一个令人满意的增长速度[①]。如果手头有钱，投资这类基金的前景似乎不错，不是吗？

事实并非如此。博学资本管理公司于 2006 年完成的一项研究，对上述数字进行了更加冷静、客观的分析。我们回过头来，看看晨星公司是如何得到这些数字的。2004 年，他们把所有的基金都归为大盘混合型，然后分析过去 10 年间这些基金的增长情况。

但是，当时还不存在的基金并没有被统计进去。共同基金不会一直存在，有的会蓬勃发展，有的则走向消亡。总体来说，消亡的都是不赚钱的基金。因此，根据 10 年后仍然存在的共同基金判断 10 年间共同基金的价值，这样的做法就如同通过计算成功返航飞机上的弹孔数来判断飞行员躲避攻击操作的有效性，都是不合理的。如果我们在每架飞机上找到的弹孔数都不超过一个，这意味着什么呢？这并不表明美军飞行员都是躲避敌军攻击的高手，而说明飞机中弹两次就会着火坠落。

博学资本的研究表明，如果在计算收益率时把那些已经消亡的基金包含在内，总收益率就会降到 134.5%，年均收益率就是非常一般的 8.9%。《金融评论》（*Review of Finance*）于 2011 年针对近 5 000 只基金进行的一项综合性研究表明，与将已经消亡的基金包括在内的所有基金相比，仍然存在的 2 641 只基金的收益率要高出 20%。幸存者效应的影响力可能令投资者大为吃惊，但是亚伯拉罕·瓦尔德对此已经习以为常了。

数学是常识的衍生物

年轻的读者朋友看到这里，可能会问我：哪里能用得上数学知识啊？的确，

---

① 公平地说，标准普尔 500 指数同期增长了 212.5%，增长速度更快。

瓦尔德是一位数学家，他在解决弹孔问题时也表现得很睿智，但是这跟数学有关系吗？他们产生这样的疑问是有道理的。在瓦尔德的回答里，我们没有看到三角恒等式和积分，也看不到任何不等式和公式。

其实，瓦尔德真的用到了某些公式。但是，我在讲述这个故事时把这些公式略去了，因为我现在写的这个部分仅仅是本书的引言部分。在为一名幼童介绍人类繁衍问题的书中，引言部分显然不能详细地告诉他们婴儿是如何进入妈妈的肚子的。我们很可能会这样说："自然界中的所有东西都会变化。到了秋天，树会落叶，等到了春天，它们又会变得郁郁葱葱。蛹里的幼虫在破茧而出后会变成五彩斑斓的蝴蝶，你也是自然界的一部分，因此……"

因此，我在引言部分采用了同样的方法。

然而，我们毕竟都是成年人了，所以，我稍稍偏离主题，从瓦尔德的真实报告中抽取一页让大家看看。

……可以得出 Q_i 的下限。在这里，我们假设由 q_i 减少至 q_{i+1} 时，上下两端的极限值是确定的。因此，我们可以得出 Q_i 的上限和下限。

假设

$$\lambda_1 q_1 \leqslant q_{i+1} \leqslant \lambda_2 q_1,$$

其中，$\lambda_1 < \lambda_2 < 1$，且表达式

$$\sum_{j=1}^{n} \frac{a_j}{\lambda_1^{\frac{j(j-1)}{2}}} < 1 - a_0 \quad （A）$$

成立。

上述表达式难以求出具体的解，但是在 $i < n$ 时，我们可以根据下列步骤得出 Q_i 的上限和下限的近似值。所采用的假定数据集为

$a_0 = 0.780 \quad a_3 = 0.010$

$a_1 = 0.070 \quad a_4 = 0.005$

$a_2 = 0.040 \quad a_5 = 0.005$

$\lambda_1 = 0.80 \quad \lambda_2 = 0.90$

条件A满足，因为通过替换

$$0.07 + \frac{0.04}{0.8} + \frac{0.01}{0.8^3} + \frac{0.005}{0.8^6} + \frac{0.005}{0.8^{10}} = 0.205\ 29$$

小于

$1 - a_0 = 0.22$。

Q_i 的下限

第一步要解方程式66。在这一步，我们需要找出下列4个方程式的正数根 g_0、g_1、g_2 和 g_3。

希望大家看完之后不会头晕眼花。

瓦尔德的独到见解其实根本不需要以上述形式表达。我们没有用到任何数学概念，也可以把这个问题解释得一清二楚。因此，学生们提出的问题确实有道理。数学到底是什么？仅仅是一些常识性的东西吗？

是的，数学就是一些常识。从某个基础层面看，这是毫无疑问的。你有 5 件物品，再加上 7 件，跟你有 7 件物品再加上 5 件，结果毫无区别，你能解释这是为什么吗？你无法解释，因为在思考把不同的物品合并到一起的问题时，我们就是这样做的。数学家们经常会就常识已经了解的现象给出不同的名称。我们不会说"把这些物品加上那些物品，与把那些物品加上这些物品，结果是相同的"，而会说"加法具有交换性"。由于我们青睐各种数学符号，因此我们有时会这样写：

对于任意的 a 与 b，有 $a + b = b + a$。

尽管这样的公式看上去过于正式，但实际上我们所讨论的内容是每个孩子都清楚的事实。

乘法的情况稍有不同，但下面这个公式看上去与上面的公式非常相似：

对于任意的 a 与 b，有 $a \times b = b \times a$。

这个句子所表达的意思不像加法交换律那样，让人一看立刻就会说："是啊。"

两个 6 件套的物品与 6 个两件套的物品总数相等，这是一种"常识"吗？

也许算不上常识，却可以变成一种常识。在我刚学数学时发生的一件事，让我至今记忆犹新。我那时大约 6 岁，我躺在父母房间的地板上，脸贴着长绒地毯，眼睛盯着房间里的立体声音响，音响播放的可能是甲壳虫乐队的蓝版专辑（Blue Album）第二面的歌曲。在 20 世纪 70 年代，立体声音响都有刨花板做的面板，在侧面凿有气孔。这些气孔排列成矩形，每行有 8 个，每列有 6 个。我平躺在那儿，看着这些气孔——6 行 8 列。我一边上下左右打量着这些气孔，一边翻来覆去地琢磨：6 行，每行 8 个孔；8 列，每列 6 个孔。

突然，我明白了：每列 6 个、共 8 列，与每行 8 个、共 6 行的总数一样多。没有人告诉我这个规律，但我知道结果就是这样。因为无论你怎么数，气孔的数量都不变。

我父母的立体声音响，1977 年

我们在教授数学时，往往会告诉学生们很多法则。学生们按部就班地学习这些法则，而且必须按照老师的指示来学习，否则就会得 C–。其实，他们所学的并不能被称为数学，数学研究的应该是事物的某些必然规律。

坦率地说，并不是所有的数学知识都像加法、乘法那样，凭直觉就能轻而易举地掌握。比如，我们不能借助常识来学习微积分。但是，即使是微积分，也是由常识演变而来的。艾萨克·牛顿（Isaac Newton）将我们对直线运动物体的物理直觉加以整理，把它变成一种形式主义的产物，对运动进行了普适性的数学描述。只要我们掌握了牛顿的这套理论，就可以解决那些可能令我们束手无策的难题。同样，我们的大脑有一种先天能力，可以评判某种结果发生的可能性。但是，这种能力非常弱，在评判发生可能性极低的事件时更加不可靠。在这种情况下，我们需要适度地用一些可靠的原理与技术手段去辅助我们的直觉，于是概率这种数学理论应运而生。

数学界使用的交流语言非常特殊，功能十分强大，可以准确、方便地传递复杂的内容。但是，由于其他人对这套语言并不熟悉，因此他们以为数学家的思维方式与普通人大相径庭。事实上，这样的想法大错特错。

掌握了数学知识，就像给常识装上了核能驱动的假肢，可以让我们走得更远、更快。尽管数学的功能十分强大，数学的符号体系与抽象性有时让人难以理解，但是数学思维与我们思考实际问题的方法并无多大区别。大家可以想象钢铁侠用拳头在砖墙上砸出一个洞的场景，这个方法有助于我们理解数学思维的特点。一方面，托尼·史塔克（Tony Stark）砸穿砖墙的力量并非来自他的肌肉，而是来自一套精准的同步伺服系统，这套伺服系统的动力由一个小型贝塔粒子发电机提供。另一方面，对于托尼·史塔克而言，他所做的就是砸墙这个动作，跟没有装备时的砸墙动作并无区别，只不过有了装备之后，难度变小了。

克劳塞维茨（Clausewitz）说过："数学就是常识的衍生物。"

如果没有数学帮助我们弄清条理，常识有可能会把我们引入歧途。前面说的美国军官就是受到常识的误导，准备给飞机上防护能力已经很强的部位加装装甲。但是，尽管数学具有很强的条理性，如果仅凭抽象推理，而不经常性地辅以我们在数量、时间、空间、运动、行为及不确定性等方面的直觉感知，也就是说脱离了常识的帮助，那么，数学领域的任何活动都将变成循规蹈矩地生搬书本知识，不会产生任何有益的结果。换言之，这样的数学就像学生们在学习微积分时所发的牢骚一样，毫无意义可言。

这是非常危险的。1947年，约翰·冯·诺伊曼（John von Neumann）在他的论文《数学家》（*The Mathematician*）中发出警告：

> 如果数学这门学科逐步偏离现实生活的经验，并且渐行渐远，以至于第二代和第三代数学人无法在"现实生活"中萌生某些想法并直接受到启迪，那么我们将面临非常严重的威胁。它会在唯美的道路上越走越远，演变成

"为了艺术而艺术"。如果周围的相关学科仍然与经验有着密切的联系,或者某位鉴赏能力超强的人可以对数学产生影响,那么发生这种情况未必是件坏事。但是,数学的这种发展势头几乎没有遇到任何阻力,而且在偏离经验的过程中分解成多个不起眼的分支,最终局面有可能变得支离破碎、杂乱无序,这相当危险。换句话说,在远离经验的哺乳,或者说"抽象研究"大量"近亲繁殖"之后,数学将面临堕落的危险。①

本书将讨论哪些数学知识?

如果你对数学的了解完全来自学校教育,那么你所掌握的数学知识就十分有限,在某些重要方面甚至是错误的。学校里教授的数学知识大多是一系列确凿的事实,以及权威给出的、不容置疑的法则。在学校里,数学就是一些已经定型的知识。

事实上,数学并没有完全定型。即使是数字与几何图形这些最基本的学习内容,我们所掌握的知识远比我们尚未掌握的少。而且,我们已经学会的那些知识,也是无数人付出努力、经过反复争论、解决一个个疑团之后才得到的。在编写教材时,所有这些努力与喧嚣都被小心翼翼地摒弃了。

毫无疑问,数学中存在某些事实。对于"1+2=3 是否正确"这个问题,人们从来没有提出过多少争议。至于"是否能证明 1+2=3 以及如何证明",这个问题在数学与哲学之间摇摆不定,则是另外一回事了。在本书结语部分,我们将讨论这个问题。其计算毫无疑问是正确的,人们的疑惑存在于其他方面。在后文中,我们将不止一次地讨论这个问题。

数学中的事实可能非常简单,也可能非常复杂,可能十分浅显,也可能十分

---

① 冯·诺依曼对数学本质的认识十分有道理,但是公平地讲,他认为数学的唯美目标是一种"堕落",这个观点令人多少有些不安。冯·诺依曼是在希特勒统治下的德国举办"堕落艺术展"10周年之际写下这番话的。这次艺术展指出,"为了艺术而艺术"是犹太人与共产党追求的目标,目的是暗中破坏强大的德国所需的健康的"现实主义"艺术。在当时的情况下,人们对没有明显研究目标的数学心怀戒心。在这个问题上,政治信仰与我本人不同的人在写作时可能会提到冯·诺依曼曾积极投身于核武器研发研究这个事实。

深奥。这样的特点将数学一分为四：

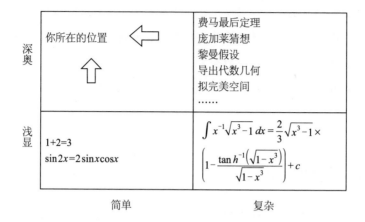

像1+2=3 这样比较基础的算术题结构简单，内容也不那么深奥。$\sin2x = 2\sin x \cos x$ 及二次方程式等基础内容也大致差不多，虽然与 1+2=3 相比，理解这些内容可能需要多花点儿时间和精力，但是它们在概念上并没有多大的理解难度。

在复杂–浅显这个部分，我们有两位数的乘法、复杂定积分的计算。在研究生院学习一两年之后，还会接触更复杂的概念。可以想见，我们出于这样或那样的原因，有可能需要解决这类问题。不可否认的是，如果不借助机器，这样的工作有时根本无法完成，至少会让人头疼一番。至于复杂的难题，如果我们上学时没有努力学习，可能连问题都无法看懂。但是，即便解决了所有这些问题，我们也并不会因此更加了解我们所在的这个世界。

至于复杂–深奥这个部分，则是像我这样的专业从事数学研究的人需要投入大量时间的地方。这里有众多大名鼎鼎的定理与猜想：黎曼假设，费马最后定理①，庞加莱猜想，P vs NP（多项式对非确定多项式），哥德尔定理等。这些定理内涵丰富，具有重要的意义，表现出令人窒息的美感。这些定理残酷无情又无懈可击，人们围绕它们写就了一本本专著。

本书介绍的内容并不是这些定理，而是图的左上部分，即简单–深奥的数学

① 在数学界，费马最后定理现在被称作怀尔斯定理，因为安德鲁·怀尔斯（Andrew Wiles）在理查德·泰勒（Richard Taylor）的大力帮助下证明了这个定理，而皮埃尔·德·费马（Pierre de Fermat）本人则没有给出证明。不过，传统的名称可能会一直沿用。

知识。无论我们在数学方面受到的教育与训练止于代数之前，还是远远超过这个范围，本书讨论的数学思想都将与我们的生活产生直接联系，为我们带来益处。这些内容不是像简单代数那样的"纯粹事实"，而是一些原理，其应用将远远突破我们对数学的既有理解。它们是常备工具，只要应用得当，就可以避免我们犯错。

　　理论数学是一方净土，远离尘世间的各种纷扰与矛盾，我就是在理论数学的浸淫下长大的。与我一起学数学的其他小伙伴们一个个受到了物理学、基因组学或者对冲基金管理的黑色艺术的诱惑，而我对这类"青春期萌动"则敬而远之。①在读研究生期间，我全身心地投入数论研究。卡尔·弗里德里希·高斯（Carl Friedrich Gauss）把数论称作"数学皇后"，认为它是理论程度最高的学科之一，也是位于理论数学这方净土核心位置的一个不为人所知的乐园。它曾经让希腊人头疼不已，并在随后的 2 500 年里不断地折磨着一代代数学人。

　　起初，我研究的是既经典又有特色的数论，试图证明整数四次幂求和方面的一些事实。当家人在感恩节晚宴上不断追问它的情况时，我虽然可以向他们解释一二，但我无法让他们明白我的证明过程。不久之后，我又迷上了更加抽象的研究领域，其中的一些基本概念乏人问津，讨论的场所只限于牛津大学、普林斯顿大学、京都大学、巴黎大学和威斯康星大学麦迪逊分校（我目前在此任教）的学术报告厅与教师休息室。如果我告诉你这些内容内涵丰富、极富美感，令我热血沸腾，而且我永远会乐此不疲地研究它们，那么你只能相信我的话。因为这些研究极为深奥，哪怕只是触及皮毛，也需要投入大量的学习时间。

　　但是，随着研究的深入，我发现了一个有趣的现象。在我的研究越发抽象并且与现实生活渐行渐远的过程中，我开始注意到数学高墙之外的尘世间也有大量的数学活动。我指的不是复杂–深奥的数学概念，而是一些更为简单、更加古老但是同样深奥的内容。我开始在报纸、杂志上撰文，介绍数学目镜下的现实世界。令我惊奇的是，即使宣称自己讨厌数学的人，也愿意拨冗阅读这些文章。这是另一种数学教学活动，与教室里的教学活动大不相同。

---

　　①　坦率地讲，我在 20 岁出头时，也一度想要成为严肃文学作家，甚至还出版了一本严肃小说《蚱蜢王》（*The Grasshopper King*）。但是，在我致力于严肃文学创作期间，我发现自己有一半的时间不务正业，沉迷于数学问题的研究。

与教室里的教学活动相同的是，读者也需要做一些工作。我们继续讨论冯·诺依曼的《数学家》：

> 乘坐飞机，让飞机把我们带到高空并运送到另一个地方，还有操控飞机的航向，这些都不是很难。但是，要了解飞机的飞行原理，以及飞机抬升力与推进力的相关理论，则要难得多。对于某个过程，如果我们事先没有经过大量运行或使用，达到得心应手的程度，也没有通过直觉和经验去融会贯通，想要彻底掌控这个过程就会非常困难。

换言之，如果不从事某些数学活动，就很难理解数学的真谛。欧几里得（Euclid）告诉托勒密（Ptolemy），几何的学习没有捷径可言；门内马斯（Menaechmus）也曾经告诉亚历山大大帝要亲力亲为。（古代科学家的一些名言有可能是人们杜撰的，但是同样有启迪作用。我们还是坦然面对吧。）

在本书中，我不会在数学领域的重大事件上摆出夸大其词又含糊不清的姿态，诱导大家对它们循规蹈矩地顶礼膜拜。阅读本书时，我们必须亲自尝试完成一些计算工作，同时，我还希望读者朋友们理解书中的一些公式与方程式。我不是要大家掌握超出算术范围的数学知识，但是我在书中解释的很多数学知识将远远超出算术的范畴。我会粗略地绘制一些图表。我会讲到一些学校教过的数学知识，但是它们将出现在不同的情境中。我会告诉大家如何用三角函数表示两个变量的相关程度，微积分所揭示的线性现象与非线性现象之间的关系，以及二次公式在科学探索中充当认知模型的作用。书中还会涉及在大学及后续教育中才会学习的某些内容，比如：我们会讨论集合论所遭遇的危机，用来隐喻最高法院的判决与棒球场上的裁判；我们会讨论解析数论近期取得的进展，用来说明结构与随机性之间的相互作用；我们还会讨论信息论与组合设计，用来分析麻省理工学院的大学生是如何破解马萨诸塞州彩票的秘密，并赢取数百万美元奖金的。

在本书中，我会提到著名的数学家，也会有一些哲学思考，甚至还会给出一两个证明题。但是，我不会布置家庭作业，也不会安排考试。

HOW NOT TO
BE WRONG

第一部分　线性

精彩内容：

- 拉弗曲线

- 微积分

- "逝去量的鬼魂"

- "到 2048 年所有美国人都会超重"

- 南达科他州脑癌发病率为什么高于北达科他州?

- 大数定律

- 对恐怖主义的各种类比

- 下定义的习惯

第1章　要不要学习瑞典模式？

几年前，在关于"患者保护与平价医疗法案"的激烈讨论中，鼓吹公民充分自由权的卡托研究所里有个名叫丹尼尔·米切尔（Daniel Mitchell）的人，为自己的博文拟了一个很有煽动性的标题："瑞典正在谋求变化，而巴拉克·奥巴马（Barack Obama）却在倡导美国学习瑞典模式，为什么？"

这个问题问得非常好！这样的表达，让其中有悖常理的地方变得一目了然。是啊，全世界的福利国家都在削减高额的救济金与高税收，连瑞典这样的富裕小国也不例外，而美国却与这股潮流背道而驰。总统先生，这是为什么呢？米切尔的博文指出："瑞典从自己的错误中汲取了教训，正在缩减政府的规模与职能范围，为什么美国的政客们却义无反顾地重复这些错误呢？"

要回答这个问题，我们需要参考一幅极具科学性的曲线图。在卡托研究所看来，整个世界就是下图所示的情形。

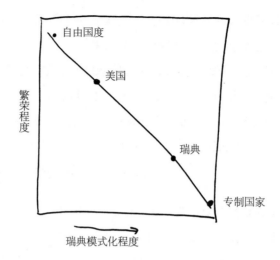

图中的横轴表示瑞典模式化程度①，纵轴表示繁荣程度。至于如何量化的问题，大家不用担心，关键是要知道：一个国家的瑞典模式化程度越高，情况就越糟糕。瑞典人不是傻瓜，他们已经意识到了这个问题，正在努力地向左上角的自由国度的繁荣攀爬。然而，奥巴马政府却正在朝错误的方向前进。

下面，我用与奥巴马总统观点比较接近的经济视角取代卡托研究所的视角，重新绘制这幅图。

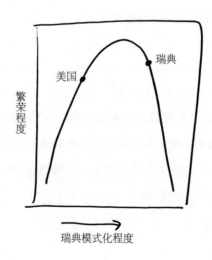

关于美国应该实现的瑞典模式化程度，这幅图给出的建议大不相同。繁荣程

---

① 在这里，"瑞典模式化程度"表示"社会服务与福利的特点"，而不是指瑞典的其他特点。

度最高的点在哪儿呢？应该比美国的瑞典模式化程度高，但是比瑞典低。如果这幅图是正确的，那么在瑞典削减其福利时，奥巴马却在进一步增加美国的福利，这种做法是完全有道理的。

这两幅图的差异其实就是线性与非线性之间的差异，这是数学领域最重要的差异之一。卡托研究所画的是一条直线，而第二幅图中的线则不是直线，而是在中间的地方有一个隆起。直线是一种线，但线有很多种。直线的各种特性是大多数线所不具备的，比如，线段的最高点（在本例中即繁荣程度的最高点）只能是两个端点之一，这是直线的特点。如果降低税率有助于提升繁荣程度，那么税率越低越好。因此，如果瑞典正在削减社会福利，那么美国也应该实行同样的政策。当然，与卡托研究所持相反观点的美国政府智囊团可能会认为，这条直线应该朝相反的方向倾斜，即由左下角向右上角延伸。如果情况真的如此，公共支出将没有上限，最有利的政策就是让瑞典模式化程度达到极致。

通常，如果有人宣称自己的思维方式是"非线性的"，那么他的真实意图是要向你道歉，因为他把你借给他的某个东西弄没了。但是，非线性思维其实非常重要。在本书讨论的这个例子中，非线性思维就能发挥显著的作用，因为所有的线并不都是直线。稍加思考你就会发现，真正的经济学曲线是第二幅图，第一幅图并不正确。米切尔的推理是一种"假线性"（false linearity），他错误地假设，经济繁荣的程度可以用第一幅图来表示，也就是说，瑞典削减其社会福利的做法，意味着美国也应该亦步亦趋。

但是，社会福利既有可能太过，也有可能不足，意识到这一点，就会知道那幅线性图是不对的。"管理程度越高越不好，越低越好"是一个过于简单的原则，真正有效的原则比它复杂。向亚伯拉罕·瓦尔德咨询的那些将军面临着同样的情况：装甲不足意味着飞机会被击落，装甲过度又会让飞机无法起飞。问题的关键不在于加装装甲是否正确，而在于加装装甲可能是柄双刃剑，取决于飞机已有的装甲。如果这个问题有最优解决方案，就应该是在中间的某个位置上，向任一方向偏离都不好。

非线性思维表明，正确的前进方向取决于你当前所在的位置。

这个深刻的观点其实早已有之。罗马时期，贺拉斯（Horace）有一个著名的论断：事物有中道，过犹不及。在此前更早的时候，亚里士多德在他的《尼各马可伦理学》（*Nicomachean Ethics*）一书中指出，多食与少食都会伤害身体。最适宜的度应在两者之间，因为饮食与健康之间并不是线性关系，而是曲线关系，两端都是不好的结果。

"巫术"经济学与拉弗曲线

令人啼笑皆非的是，像卡托研究所里的那帮家伙一样持保守观点的经济学家们，早就知道其中的奥秘了，他们的理解甚至比任何人都深刻、透彻。至于我绘制的第二幅图，也就是中间隆起、极具科学性的那幅图，绝对不是我的首创。这幅图被称作"拉弗曲线"（Laffer curve），在近 40 年时间里，拉弗曲线在共和党的经济政策中起到了极为重要的作用。在罗纳德·里根（Ronald Reagan）的任期过半之前，拉弗曲线已经是经济学论文中一个老生常谈的话题了。在电影《春天不是读书天》（*Ferris Bueller's Day Off*）中，本·斯坦（Ben Stein）在发表那篇令人震撼的著名演说时即兴说了下面这番话：

> 有谁知道这是什么吗？各位同学，有人知道吗？……谁知道，谁以前见过？这是拉弗曲线。有谁知道拉弗曲线表示的意思吗？从拉弗曲线可以看出，在收益曲线的这个点得到的收入，跟这个点是一样的。很多人认为这个结论有争议。有谁知道，1980 年副总统布什把这个叫作什么吗？谁知道？布什称之为"某某术经济学"，对，"巫术经济学"。

拉弗曲线的由来堪称传奇，其过程大致如下：1974 年的一天，时任芝加哥大学经济学教授的阿瑟·拉弗（Arthur Laffer）与迪克·切尼（Dick Cheney）、唐纳德·拉姆斯菲尔德（Donald Rumsfeld）和《华尔街日报》（*Wall Street Journal*）的编辑裘德·瓦内斯基（Jude Wanniski）一起，在华盛顿的一家高档酒店共进晚餐。席间，他们在讨论福特总统的税务计划时发生了争执，而且争执越来越激烈。于是，拉弗采用了知识分子惯用的手法，拿起一张餐巾纸①，在上面绘制了一幅图，如下图所示。

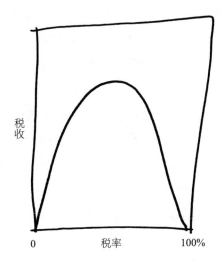

图中的横轴表示税率，纵轴表示政府的税收。在横轴的最左端税率为 0，根据定义，这种情况表示政府没有税收。在最右端，税率为 100%，这个数字表明，你的所有收入，不管经营企业所得或工资薪水，全都进了"山姆大叔"的钱袋。

在后面这种情况下，政府的钱袋最终也将空空如也。因为，如果你参与教学、销售五金器具、企业管理等活动，辛辛苦苦赚的钱却被政府一扫而空，你为什么还要费神做这些工作呢？因此，人们不会去工作。即使去工作，他们也会避开收税员，参与一些零零碎碎的经济活动。于是，政府的税收归零。

在中间区域，政府不会把我们所有的收入全部收走，也不会一分钱不收，换句话说，在现实世界中，政府会拿走我们收入的一部分。

这意味着，表现税率与政府收入之间关系的线不可能是直线。否则，收入最高点要么在图的最左端，要么在最右端，但事实上这两个点的值都是零。如果你当前的所得税真的接近于零，就说明你位于图的左侧。我们凭直觉就可以判

① 拉弗对餐巾纸一说表示异议。他回忆说，那家饭店使用的是高档布餐巾，他绝不会在上面随意地画经济学图表。

断出，在这种情况下，如果政府提高税率，用于支付服务与政府项目的资金数额就会增加。但是，如果税率接近 100%，此时提高税率实际上会导致政府税收减少。如果位于拉弗曲线最高点的右侧，同时希望在不削减开支的情况下增加税收，那么政府可以采取一个简单易行且政治效果极佳的方法：降低税率，从而增加税收。朝哪个方向努力，取决于我们所处的位置。

我们现在到底位于什么位置上呢？这是问题的难点所在。1974 年，所得税的最高税率是 70%，人们据此判断，美国在拉弗曲线上位于右侧向下的"斜坡"上。当时按此税率缴税的人并不多，因为这个税率只适用于 20 万美元①以上的收入，而这些人认为美国更应该降低税率。同时，拉弗曲线还拥有瓦内斯基这位有影响力的拥趸，他在 1978 年出版了一本书，并相当自信地把这本书命名为"世界运行的方式"（*The Way the World Works*），把他的那套理论介绍给大众。瓦内斯基充分相信拉弗曲线，而且他既有热情，又有政治手腕，就连主张减税的人觉得偏激的观点，他也能成功兜售。有人认为他是个疯子，他却不以为然。"'疯子'这个称谓说明什么问题啊？"他在接受采访时说，"托马斯·爱迪生（Thomas Edison）是个疯子，莱布尼茨（Leibniz）是个疯子，伽利略（Galileo）也是个疯子，这样的疯子太多了。只要你提出一个有悖传统的新观点，提出一个与主流截然不同的观点，人们就会说你是个疯子。"

[题外话：在这里，我有必要说明一下，很多持有非主流观点的人把自己比作爱迪生与伽利略，但是这些人的观点没有一个是对的。我每月至少会收到一封这样的来信，寄信人宣称自己能"证明"某个数学命题，而几百年来人们都认为这个命题是错误的。我敢保证阿尔伯特·爱因斯坦（Albert Einstein）没有到处宣扬："我知道你们觉得我的广义相对论非常荒谬，人们当年还说伽利略的成果非常荒谬呢！"]

拉弗曲线简洁明了，又以一种令人愉悦的方式颠覆了我们的直觉，因此，那些本来就迫不及待要减税的政客们自然对它青睐有加。经济学家哈尔·范里安（Hal Varian）指出："你为一位国会议员介绍只需要 6 分钟就能讲清楚的情况，随

---

① 如果换算成现在的收入，应该是 50 万~100 万美元。

后，他能讲 6 个月。"裘德·瓦内斯基先是担任杰克·康普（Jack Kemp）的顾问，后来又担任罗纳德·里根的顾问。20 世纪 40 年代，里根是一名电影明星，他的演艺生涯为他积累了大笔财富，也为他 40 年后的经济观奠定了基础。里根执政期间负责制定政府预算的官员戴维·斯托克曼（David Stockman）回忆说：

> （里根）经常说："'二战'期间，我通过拍电影赚了大钱。"当时，战时收入附加税高达 90%。里根说："拍了 4 部电影之后，我的所得税率就到了最高等级。于是，我在完成了 4 部电影的拍摄之后就不再工作，跑到乡下度假去了。"高税收导致人们怠工，而税率低则会刺激人们积极工作。他的这段经历证明了这个道理。

当前，几乎没有哪位令人尊敬的经济学家会认为美国正位于拉弗曲线的下行区域。这样的现象也许不足为奇，因为高收入的现行税率仅为 35%，跟 20 世纪的大多数时间相比，这样的税率低得惊人。即使在里根时代，美国也位于拉弗曲线的左侧。哈佛大学经济学家、在小布什（George W. Bush）总统任内担任经济顾问委员会主席的共和党人格里高利·曼昆（Gregory Mankiw），在他的《微观经济学》（*Principles of Microeconomics*）中指出：

> 后来的历史并没有佐证拉弗的"低税率将增加税收"这个猜想。里根当选总统后实行了减税政策，结果税收不但没有增加，反而减少了。1980~1984 年，个人所得税（消除通胀因素后的人均税收）降低了 9%，尽管这个时期的平均收入（消除通胀因素后的人均收入）提高了 4%。而且，这项政策出台之后，想要废止并非易事。
>
> 现在，对供应学派表示些许支持是合理的，他们认为税收政策的目标未必是实现政府收入最大化。我与米尔顿·弗里德曼最后一次见面是在"二战"期间，当时我们一起供职于统计研究小组，为军方开展秘密工作。他后来获得诺贝尔经济学奖，并先后为几位总统担任顾问。在主张低税率与自由哲学方面，他是一位有影响力的倡导者。弗里德曼关于税收有一句名言："我主张在任何情况下，只要有可能都应该减税，而且无须任何托词和理

由。"他认为，我们不应该以拉弗曲线的最高点为目标，也就是说，政府不应该追求尽可能高的税收。在弗里德曼看来，政府的收入最终会用作政府的开支，但是，这些钱的使用方式并不是很恰当。

其他像曼昆一样的温和供应学派的经济学家认为，减税虽然会带来政府收入减少、赤字增加的即时效应，但是可以激励人们辛勤工作、创办企业，并最终增强国家的经济实力。而支持建立福利型国家的经济学家则可能认为，减税会两头不讨好。政府的开支能力减弱，基础设施的建设就会减少，制约诈骗行为的力度也会下降，并且在促进自由市场方面通常会不作为。

曼昆同时指出，在里根实行减税政策之后，那些将超额收入的70%交给政府的最富裕公民，的确贡献了更多的税收①。但是，以这种方式追求政府收入的最大化，可能会导致令人恼火的结果。一方面，中产阶级的税收压力加大之后，他们别无选择，只能拼命工作；另一方面，针对富人们的税率有所下降，这些富人积累了大量财富，一旦他们认为政府征收的赋税过高，他们完全有可能减少经济活动，甚至将企业搬到国外。如果这种情况真的发生了，大量自由主义者将与米尔顿·弗里德曼一起面临尴尬的境地：不得不承认税收最大化这个目标也许并不是那么美好。

曼昆的最终评价并不偏激："拉弗的观点也不是毫无价值。"但是，我要给拉弗一个更高的评价，即他的曲线图揭示了一个不容置疑的数学基本观点：税收与收入之间的关系一定是非线性的。当然，这种关系不一定就是拉弗所画的那种平滑的单峰山丘状，还有可能像一个四边形，比如：

或者像阿拉伯骆驼的驼峰，比如：

① 供应学派预测，所得税税率降低之后，富人们的工作劲头将会更足，政府税收也会随之增加。但税收增加的原因是不是这个，很难确定。

又或者是不受任何限制的随意振荡曲线①，比如：

但是，只要曲线在某个地方向下倾斜，就必然会在其他地方向上延伸。瑞典模式化程度过高的现象肯定存在，所有的经济学家都承认这一事实。拉弗指出，在他之前已经有很多社会学家意识到了这个问题，但是对大多数人而言，这个事实并不是显而易见的，至少在看到餐巾纸上的那幅图之前如此。拉弗非常清楚，他的这幅曲线图并不能告诉大家，所有的经济在任一特定时间是否存在征税过度或不足的问题，这正是他在图上没有给出任何数字的原因。在向国会提供证言时，有人就最优税率的具体额度提出了疑问，拉弗回应道："坦率地说，我无法估量其具体额度，但是我知道最佳税率具有哪些特征。是的，先生，我知道。"所有的拉弗曲线都表明，在某些情况下低税率可以增加税收，但是具体在哪些情况下会产生这种效果，则需要展开一些深入的、难度颇大的具体工作，这是无法在一张餐巾纸上完成的。

拉弗曲线本身并没有错，不过人们将其付诸应用的方式有可能出错了。瓦内斯基与受他的指挥棒指挥的那些政客们一起，成为有史以来最古老的"假演绎推理"的猎物：

- 降低税率有可能增加政府收入；
- 我希望降低税率可以增加政府收入；
- 因此，降低税率肯定会增加政府收入。

---

① 它们甚至有可能是多条曲线。马丁·加德纳（Martin Gardner）曾经对"拉弗曲线"进行了刻薄的评论。他画了一堆缠绕不清的曲线，然后把它们叫作"新拉弗曲线"。

第 2 章　不是所有的线都是直线

即使数学专业人士不告诉我们，我们可能也不会认为所有的线都是直线。但是线性推理却无处不在，只要你认为"某个东西有价值，因此多多益善"，就是一种线性推理。这也是叫嚣的政客们惯用的伎俩："你们支持对伊朗采取军事行动吧？我想，任何国家胆敢在我们面前放肆的话，你们都会希望对他们发起地面进攻！"还有的政客则处于另一个极端："要与伊朗开战吗？你们可能认为阿道夫·希特勒也被误解了。"

只要稍加思考，我们立刻就能发现这种推理是错误的，但是，为什么有那么多人会犯这种错误呢？毫无疑问，并不是所有的线都是直线，但是为什么有人会持相反的错误观点呢？即使他们很快醒悟并改正过来，这样的错误也是难以想象的。

原因之一就在于，从某种意义上看，所有的线的确都是直线。让我们从阿基米德（Archimedes）谈起。

穷竭法与圆的面积

下面这个圆的面积是多少？

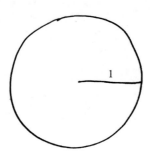

在现代，这是一个非常普通的问题，在 SAT（学术能力评估测试）中出现这样的题目也无可厚非。圆的面积是 πr^2，在本例中，半径 r 为 1，因此，圆的面积就是 π。但是，在 2000 年前，人们苦苦思索却不得其解，这个问题引起了阿基米德的注意。

这个问题的难点在哪儿呢？一方面，我们认为 π 是一个数字，而古希腊人却认为只有 1、2、3、4……这些用来计数的整数才是数字。不过，古希腊几何学的第一个伟大成就——勾股定理[1]，却突破了他们的这个数字系统。

试看下图：

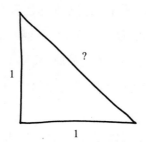

勾股定理告诉我们，直角三角形斜边（上图中倾斜的边，与直角没有接触）的平方是其余两边（直角边）的平方和。在本图中，根据勾股定理，斜边的平方为 $1^2+1^2=1+1=2$，而且斜边比 1 长、比 2 短（这个无须任何定理，目测就可以确

---

[1] 说明一下，我们不知道第一个证明勾股定理的人是谁，不过学术界几乎可以肯定不是毕达哥拉斯（Pythagoras）本人。从与他同时代的人所遗留的资料中可以发现，公元前 6 世纪，一位名叫毕达哥拉斯的人学识渊博，声名显赫，但是，除此以外，我们对他几乎一无所知。对他生平与研究工作的记载要追溯至他死后 800 年左右的时间，在此之前的毕达哥拉斯完全是个谜，除了一群哲学门徒自称"毕达哥拉斯"。

定）。至于斜边的长度不是整数，这对古希腊人来说不是问题。也许，我们使用的测量单位是不正确的吧。如果我们设定直角边的长度是 5 个单位，我们就可以用直尺量出斜边的长度约为 7 个单位。因为斜边的平方是：

$5^2+5^2=25+25=50$

如果斜边的长度是 7 个单位，它的平方就是 $7 \times 7=49$。

如果直角边的长度为 12 个单位，斜边的长度就十分接近于 17 个单位。不过，令人心痒不已的是，这次又短了一点儿，因为 $12^2+12^2=288$，而 17^2 是 289，就少那么一点点。

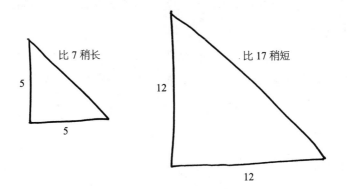

公元前 5 世纪，毕达哥拉斯的一位门徒发现了一个令人震惊的现象：等腰三角形的三条边长不可能都是整数。现代人都知道"2 的平方根是无理数"，也就是说这个数不是任何两个整数的比，但是，当时的那些学者并不知道。他们能有什么办法呢？他们的数量概念是建立在整数的基础上的。因此，在他们看来，直角三角形斜边的长度根本不是一个数字。

这个发现引起了轩然大波。要知道，毕达哥拉斯的这些门徒非常怪异，他们的人生哲学一片混沌，在我们现代人看来，就是数学、宗教与精神病构成的大杂烩。在他们眼中，奇数是吉利的，而偶数则是邪恶的。他们认为在太阳的另外一边还有一个与地球一模一样的星球，即"反地球"（Antichthon）。某些记载表明，他们认为吃蚕豆是不道德的，因为人死之后，灵魂会寄存在蚕豆中。据说，毕达哥拉斯本身可以与牲畜交谈（他告诉牲畜不要吃蚕豆），也是为数不多的穿裤子的古希腊人之一。

毕达哥拉斯门徒的数学研究与他们的思想有不可分割的联系。发现 2 的平方根不是有理数的那个家伙名叫希帕索斯（Hippasus），传说（不一定是真实事件，但是从中可以窥见毕达哥拉斯门徒的处世风格）他在证明了这个令人厌恶的定理之后，得到的"奖励"是被同窗扔进大海淹死了。

希帕索斯可以被淹死，但是定理却无法回避。毕达哥拉斯之后的学者（包括欧几里得和阿基米德）知道，虽然 2 的平方根这样的数字将迫使他们从整数这个世外桃源中走出来，但他们还是得挽起衣袖，完成测算工作。人们都不知道，圆的面积是否可以仅靠整数表示出来。①但是，为了制造车轮、修建筒仓②，他们必须学会计算圆的面积。

第一个提出解决方法的是欧多克斯（Eudoxus of Cnidus），欧几里得把这个方法作为第 12 个基本原理收入《几何原本》（*Euclid's Elements*），但在这个方面取得大进展的是阿基米德。如今，我们把这个方法叫作穷竭法（method of exhaustion），其基本原理如下：

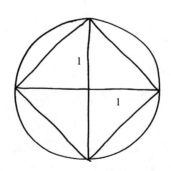

图中的正方形叫作内接正方形，正方形的 4 个角与圆接触，但是没有超出圆的范围。这样做的理由是什么呢？这是因为圆神秘莫测，令人望而生畏，而正方

---

① 这肯定是不可能的，但是直到 18 世纪人们才完成了相关证明。

② 事实上，早先的筒仓不是圆柱体。直到 20 世纪，威斯康星大学的金（F·H·King）教授发明了现在普遍采用的圆柱体结构，筒仓才变成了圆柱体。金的这项发明是为了解决筒仓角落里的谷物容易腐烂变质的问题。

形的面积则易于计算。如果一个正方形的边长为 x，其面积就是 x 乘以 x。因此，我们把数字与自身相乘的运算叫作平方。这个方法蕴含了一个基本的数学思想：如果老天要我们解决一个非常难的问题，那么我们应该想方设法找到一个简单的问题，而且这个简单的问题与难的问题非常接近，这样，老天也不会有反对意见。

内接正方形可以分成 4 个三角形，这 4 个三角形都与我们前面画的等腰直角三角形一模一样。[①]因此，正方形的面积就是三角形面积的 4 倍。沿对角线将一个像金枪鱼三明治那样的 1×1 正方形切成两半，如下图所示，就可以得到一个上图中的等腰直角三角形：

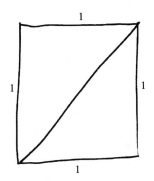

金枪鱼三明治的面积是 $1 \times 1 = 1$，因此，形状为等腰直角三角形的半个三明治的面积是 1/2，内接正方形的面积就是 1/2 的 4 倍，即 2。

假设你原来不知道勾股定理，那么现在你已经知道了，至少你知道勾股定理是关于这个特殊的直角三角形的。因为位于下方的那半个金枪鱼三明治是一个直角三角形，与内接正方形左上方的图形形状相同，而且这个三角形的斜边就是内接正方形的边。因此，这条斜边的平方，就是内接正方形的面积，即 2。用简练的术语表示的话，斜边的长度就是 2 的平方根。

内接正方形被圆全部包围在内，如果正方形的面积是 2，那么圆的面积肯定不小于 2。

接下来，我们再画一个正方形：

① 当然，我们可以通过在平面上平移、旋转前面的那个等腰直角三角形，得到能组成一个正方形的 4 个三角形。我们默认这些操作不会改变图形的面积。

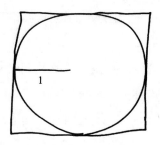

　　这个正方形叫作外切正方形，它也与圆有 4 个接点，但是将圆全部包围在内。正方形的边长是 2，面积为 4，因此，圆的面积不超过 4。

　　也许，证明圆周率在 2 与 4 之间并不是一件了不起的事，但是阿基米德的研究还没有结束。取内接正方形的 4 个顶点，标出相邻两个顶点之间圆弧的中点。这样，我们在圆上就得到了 4 个均匀分布的点，把这 8 个点连起来，就得到一个内接八边形：

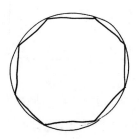

　　计算内接八边形的面积稍有难度，我就不用三角学来为难大家了。重要的是，构成这个图形的是直线与角，而不包含曲线，因此，阿基米德有办法计算它的面积。这个八边形的面积是 2 的平方根的 2 倍，约为 2.83。

　　接下来，我们再引入外切八边形：

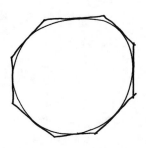

这个外切八边形的面积是 $8(\sqrt{2}-1)$，比 3.31 略大。

因此，圆的面积被限制在 2.83~3.31 的范围内。

没有理由就此停手吧？我们可以在八边形（包括内接八边形与外切八边形）的顶点之间再加入一些点，构成十六边形。通过计算，我们可以发现圆的面积在 3.06~3.18 的范围内。以此类推，最终得到这样的图形：

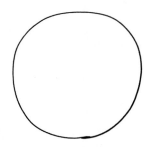

啊，这不就是圆吗？当然不是，它是一个有 65 536 条边的正多边形。不是吗？

欧几里得与阿基米德敏锐地发现，无论它是圆还是边长极短、边的数目极大的多边形，这些都不重要，关键在于这两个图形的面积非常接近，两者之间的差别不会产生任何影响。通过不断重复上述操作，圆与多边形之间的面积之差越来越小，最后趋于"穷竭"。圆的确是曲线构成的，但是，如果我们取其中很短的一段，它会非常接近于直线，就像在地球表面取一小片土地，其非常接近于平面一样。

记住：局部是直线，整体是曲线。

我们还可以这样考虑，即从一个非常高的高度快速接近圆。起初，我们可以看到整个圆：

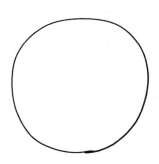

然后，我们只能看到一段弧线：

接下来，我们看到的是一段更短的弧线：

随着我们离圆越来越近，视野变得越来越小，到最后我们看到的弧线与直线已经非常接近，几乎没有区别了。如果一只蚂蚁在圆上爬行，它只能看到身边很小的范围，它会以为自己是在一条直线上爬行。在地球表面上生活的人也一样，认为自己位于一个平面之上（除非他非常聪明，知道观察由远而近、逐渐从地平线上露出来的物体）。

微积分与牛顿

接下来，我要教大家关于微积分的知识。准备好了吗？首先，我们要感谢艾萨克·牛顿。他告诉我们，圆的研究并没有特别大的难度。所有的平滑曲线，只要我们无限接近地观察，都跟直线非常相似。只要没有尖角，无论这条曲线如何弯曲盘旋，都无伤大雅。

发射导弹时，导弹会以下图所示的轨迹运动：

导弹的运动轨迹是一条抛物线，先上升，然后下降。在万有引力的作用下，所有的运动轨迹都会呈曲线形并接近地面，这是物理学的一个基本事实。但是，如果我们取非常短的一段并靠近观察，这条曲线就会变成下图所示的形状：

再靠近一些，就会变成这样：

上图中的导弹运动轨迹在肉眼看来就像一条直线，以一定的倾斜角度向上运动。越靠近观察，曲线就越接近直线。

接下来是观念上的一个飞跃。牛顿说，好吧，让我们继续——把视野缩小到无限小，小到无法计量的程度，但不是零。这时候，我们研究的就不是一段很短的时间内导弹的运动轨迹了，而是某一个时点的情况。本来接近于直线的运动轨迹直接变成直线了，牛顿把这条直线的倾斜度叫作流数（fluxion），我们现在称之为导数（derivative）。

阿基米德不愿意完成这种飞跃。他知道，多边形的边越短，就越接近于圆，但是，他绝对不会认为圆其实就是一个有无穷多条边而边长极短的多边形。

与牛顿同时代的人中，也有人不愿意凑这个热闹，反对者中名气最大的是乔治·贝克莱（George Berkeley）。贝克莱用充满嘲讽的语气贬低牛顿提出的无限小这个概念："这些流数是什么呢？其实就是迅速消逝的增量的速度。那么这些迅速消逝的增量又是什么呢？它们既不是有限量，也不是无限小的量，什么都不是。难道我们不能称它们是'逝去量的鬼魂'吗？"遗憾的是，这一段逸事在现代数学文献中却没有记载。

然而，微积分的确有效。如果围绕头部摆动一块石头，在突然放手后，石头就会以一个恒定的速度飞出去，运动轨迹呈直线形[①]，方向则正好是根据微积分基本公式计算的放手时石头的运动方向。这是牛顿的另一个惊人发现：运动物体会做直线运动，除非该物体受到其他力的作用，才会偏离原来的方向。这也是我们习惯于线性思维的原因之一：我们对时间与运动的理解，是在生活中观察到的各种现象的基础上形成的。甚至在牛顿提出他的那些定律之前，我们就已经知道物体会沿直线运动，除非有外力改变这种状况。

永远无法到达的冰激凌商店

对牛顿的批评是有道理的。从现代数学的严密性来看，他提出的微积分公式谈不上完美。问题就出在无限小这个概念上，这是几千年来数学家们面对的一个令人多少有些尴尬的问题。公元前5世纪，希腊爱利亚学派有一位名叫芝诺（Zeno）的哲学家，尤为擅长就物理世界提出一些看似无知的问题，但是这些问题总会酿成哲学上的大混乱。这一次，又是他率先发难。

---

① 不考虑万有引力、空气阻力等影响，在较短的时间内，其运动轨迹非常接近直线。

芝诺提出的一个悖论非常有名，大意就像我下面举的这个例子。我决定步行去商店买冰激凌，当然，在我走完一半的路程之前，我不可能到达商店。在我走完一半路程之后，如果我不接着走完剩下路程的一半，我还是无法到达商店。每次我都要先走完剩下路程的一半，才有可能到达商店，如此循环下去。我可能与冰激凌商店越来越接近，但是，无论我走完多少个半程，我永远也无法到达冰激凌商店。我与我的巧克力冰激凌之间总会有一段极小但不等于零的距离，因此，芝诺断言步行去商店买冰激凌是无法实现的。芝诺的这个悖论适用于所有的目的地：步行穿过大街，迈出一步，等等。也就是说，所有的运动都是不可能实现的。

据说犬儒学派的第欧根尼（Diogenes the Cynic）驳斥了芝诺悖论，他站起来走到了房间的对面。这个举动完美地证明芝诺眼中那些不可能完成的运动事实上是能够完成的，那么，芝诺的证明肯定出了问题。但是，问题出在哪儿呢？

我们可以利用数字把商店之行分成若干部分。我们得先走一半路程，然后走剩下路程的一半，也就是全程的 1/4，此时，还剩下全程的 1/4。再之后剩下的是 1/8、1/16、1/32……。所以，走向商店的过程就是：

$$1/2+1/4 +1/8 +1/16+1/32 +……$$

把这个数列的前 10 项相加，得数约等于 0.999。加总前 20 项，得数就与 0.999 999 更为接近。换言之，我们与商店的距离非常非常近。但是，无论我们加多少项，都无法得到 1。

芝诺悖论与另一个难题非常相似：循环小数 0.999 99……是否等于 1？

我见过有人因为这个问题都快要挥拳相向了，在《魔兽世界》粉丝主页、艾茵·兰德论坛等网站，人们也就这个问题争论不休。关于芝诺悖论，我们的自然反应是"我们当然能买到冰激凌"。但是，在我们讨论的这个问题上，直觉却给出了不同的答案。如果我们一定要问出答案，大多数人会说"0.999 9……不等于 1"。毫无疑问，这个循环小数看上去不等于 1，要小一点儿，但两者的差不是很大。就像例子中那位买不到冰激凌的家伙一样，这个循环小数与 1 越来越接近，但可能永远也无法等于 1。

不过，无论哪里的数学老师，包括我本人，都会告诉他们："你错了，这个循环小数就是等于 1。"

那么，我怎么才能说服他们呢？下面这个方法效果不错。大家都知道

0.333 33……=1/3

两边同时乘以 3

0.333 33……×3=1/3×3

我们会发现

0.999 99……=1

如果这样还不能说服你，那么我们把 0.999 99……乘以 10，也就是把小数点向右移一位

10×0.999 99……=9.999 99……

再把讨厌的小数从两边减去

10×0.999 99……−1×0.999 99……=9.999 99……−0.999 99……

等式的左边就是 9×0.999 99……，因为一个数的 10 倍减去该数就是这个数的 9 倍。而等式的右边，我们成功地消除了讨厌的循环小数，只剩下 9。因此，我们得到

9×0.999 99……=9

如果一个数的 9 倍是 9，那么这个数只能是 1，不是吗？

通常，这个证明过程可以说服别人。但是，坦率地讲，这个证明并不完美。它不能让人们彻底消除疑虑去相信 0.999 99……等于 1，而是迫使人们接受一个代数关系："你们知道 1/3 就是 0.333 3……吧？难道不是吗？"

更糟糕的是，你们之所以接受我的证明过程，可能是因为我先进行了乘以 10 这个运算。但是，这个运算没有问题吗？我们看看下面这个算式的结果是多少。

1+2+4+8+16 +……

在这个算式中，符号"……"表示"求和永远不会终止，且每次的加数是前一个加数的 2 倍"。毫无疑问，该算式的和是一个无穷大的数。上面那个包含 0.999 99……的证明过程看似正确，但有一个与之十分相似的证明过程却会得出不同的结果。对上面这个求和算式乘以 2，我们得到

$2 \times (1+2+4+8+16 +……)= 2+4+8+16+……$

这个结果与原来的求和算式十分相似，实际上，它是原来的求和算式 1+2+4+8+16 +……减去了第一个加数 1，也就是说，$2 \times (1+2+4+8+16+……)$比 1+2+4+8+16 +……少 1。换言之

$2 \times (1+2+4+8+16 +……)-1 \times (1+2+4+8+16 +……) = -1$

但是，这个算式的左边化简后就会得到原来的求和算式，于是我们得到

1+2+4+8+16 +……= −1

你相信这个结果是正确的吗？加数越来越大的无限循环加法运算的结果竟然是负数，你能相信吗？

还有更让人无法接受的呢，下面这个算式的得数是多少？

1−1+1−1+1−1 +……

我们很有可能认为这个得数是

$(1-1)+(1-1)+(1-1)+……=0+0+0+……$

我们还有可能认为，即使有无数个 0 相加，结果也会等于 0。但是，由于负负得正，因此 1−1+1 等于 1−(1−1)。不断地进行这个转换，上面的算式就可以写成

$1-(1-1)-(1-1)-(1-1)……=1-0-0-0……$

这样计算的结果就等于 1，道理跟上面的计算一样。那么，结果到底是 0 还是 1 呢？还是一半情况下等于 0，另一半情况下等于 1 呢？结果到底等于多少取决于最后一个加数，但是无穷求和算式没有最后一个加数。

现在的情况比以前更糟糕了，别急着做出判断。假设 T 是这个神秘的求和算式的得数：

$$T=1-1+1-1+1-1+\cdots\cdots$$

把等式两边都变成各自的相反数，于是我们得到

$$-T=-1+1-1+1\cdots\cdots$$

但是，如果将设为 T 的部分中的第一个加数 1 去掉，也就是说 T-1，就正好是上述算式的右边部分，即

$$-T= -1+1-1+1\cdots\cdots=T-1$$

于是 -T=T-1，如果等式成立，T 就等于 1/2。无穷多个整数相加，得数竟然神奇地变成了分数，这可能吗？如果觉得不可能，那么我们自然有理由怀疑这样一个看似毫无破绽的证明过程出了问题。但是，请注意，真的有人觉得这个结果是有可能的，比如意大利的数学家、神父圭多·格兰迪（Guido Grandi），格兰迪级数 1-1+1-1+1-1 +……就是以他的名字命名的。1703 年，格兰迪在一篇论文中证明该级数的和是 1/2，而且指出这个神奇的结果表明宇宙是从虚无中产生的。（不用担心，我和大家一样，不会相信他的结论。）当时的杰出数学家，包括莱布尼茨与欧拉，虽然没有接受格兰迪的结论，却认可了他奇怪的计算方法。

实际上，要解出 0.999……这个谜（以及芝诺悖论、格兰迪级数），还需要进行更深入的研究。大家也无须屈从于我的代数知识，违心地接受我的观点。比如说，大家可以坚持认为 0.999……不等于 1，而是等于 1 减去一个无限小的数。在这个问题上，大家还可以更进一步，坚持认为 0.333……不等于 1/3，而是比 1/3 小，两者的差也是一个无限小的量。完善这样的观点需要一些毅力，但并不是一件不可能的事。我在教授微积分时，有一个名叫布莱恩的学生，因为不满课

堂上教的各种定义，自己提出了一大堆理论，并且把他提出的无限小量命名为"布莱恩数"。

事实上，这样的情况并不是第一次发生。数学中有一个叫作"非标准分析"（nonstandard analysis）的领域，就在专门深入研究这类数字。20 世纪中叶，亚伯拉罕·罗宾逊（Abraham Robinson）开拓的这个研究领域，终于为贝克莱觉得荒谬的"迅速消逝的增量"下了明确的定义。我们必须付出的代价（从另一个视角看，未尝不是一种收获）是接受各种各样的新数字，不仅包括无穷小的数字，还包括无穷大的数字，它们奇形怪状、大小不一。①

布莱恩的运气不错。我在普林斯顿大学的同事爱德华·尼尔森（Edward Nelson）是非标准分析方面的专家。为了让布莱恩进一步了解非标准分析，我安排他们俩见了一面。后来，爱德华告诉我，那次见面并不顺利。在爱德华告诉布莱恩那些无限小量不可以叫作"布莱恩数"之后，布莱恩立刻丧失了兴趣。

（这给我们上了一堂思想品德课：如果人们学习数学只是为了名声与荣誉，那么他们在数学研究的道路上是走不远的。）

到目前为止，我们上文讨论的那个争议性问题还没取得任何进展呢。0.999……到底是多少？等于 1，还是比 1 小？两者的差是一个无穷小的数，而这个无穷小的数在 100 年前还不为人所知？

正确的做法是谢绝回答这个问题。0.999……到底是多少？这个数字似乎就是下列数字的和：

$$0.9+0.09+0.009+0.000\ 9+\cdots\cdots$$

但是，这个和到底是什么呢？后面的那个令人讨厌的省略号是个大麻烦。两个数、三个数甚至 100 个数相加，结果都不可能引起任何争议，这是用数学的

---

① 约翰·康威（John Conway）提出的"超实数"（surreal numbers）就是一个典型的例子。从这个名字就可以看出来，这些数字非常迷人，却又非常怪异。超实数是数字与战略博弈构成的一个奇怪混合体，人们至今还没有完全探索出其中的精义。我们可以从伯莱坎普（Berlekamp）、康威与盖伊（Guy）合著的《稳操胜券》（Winning Ways）一书中了解这些奇怪的数字，还可以学到大量博弈论方面的数学知识。

方式表示一个我们非常了解的物理过程：取 100 堆材料，捣碎后混合到一起，看最后得到多少。但是，如果这些材料有无穷多堆，情况就迥然不同了。在现实世界，我们不可能会有无穷多堆材料。无穷级数的和是多少呢？根本没有，除非我们为它赋予一个值。19 世纪 20 年代，奥古斯汀–路易·柯西（Augustin-Louis Cauchy）完成了一个伟大的创新，将极限的定义引入了微积分。①

1949 年，英国数论学家哈代（Hardy）在他的专著《发散级数》（*Divergent Series*）中，把这个问题解释得非常清楚：

> 现代数学家从未想到，一堆数学符号竟然需要通过定义为其赋值，才会具有某种"含义"，因此，即使对于 18 世纪最杰出的数学家而言，这个发现也不能等闲视之。他们非常不习惯这样的定义，每次都要指出"在这里，X 的意思是指 Y"，这让他们觉得十分别扭。柯西之前的数学家几乎不会提出"我们应该怎么定义 1–1+1–1 +……"这样的问题，而会问"1–1+1–1 +…… 是多少"。这样的思维习惯让他们陷入了毫无意义的困惑与争议（常常会演变成辱骂）中。

我们不可以把这个问题看作数学领域的相对主义而掉以轻心。我们可以为一组数学符号赋予任何含义，但这并不意味着我们就应该这么做。与现实生活一样，我们关于数学问题的选择，有的是明智的，有的则非常愚蠢。在数学领域，明智的选择可以消除毫无意义的困惑，同时不会引发新问题。

在计算 0.9+0.09+0.009 +…… 时，加项越多，和就越接近于 1，但永远不会等于 1。无论我们在离 1 多近的位置上设置警戒线，在经过有限次数的加法运算之后，和最终都会越过这条警戒线，而且永远不会停下前进的步伐。柯西指出，在这样的情况下，我们应该直接将这个无穷级数的值定义为 1。随后，他绞尽脑汁，希望证明在他的这个定义被接受之后，不会在其他方面造成相互矛盾的糟糕局面。在这个过程中，柯西构建了一个框架体系，完美地提升了牛顿微积分学的

---

① 数学上的所有突破都是在前人研究成果的基础之上实现的，柯西的极限存在准则也不例外。柯西给出的定义在很大程度上秉承了让·勒朗·达朗贝尔（Jean le Rond d'Alembert）判别法的核心思想。不过，毫无疑问，柯西定理是一个转折点，从此以后，数学进入了现代分析的时代。

严谨程度。当我们指出某条曲线的局部接近于直线时，大致的意思是说：我们越靠近观察，这条曲线就越接近于直线。在柯西的框架中，我们无须提及任何无穷小的数字或者其他概念，以免心存疑虑的人因此担心害怕。

当然，这样的做法是要付出代价的。0.999……这个谜之所以应该被破解，是因为它会导致我们的直觉陷入自相矛盾的状态之中。我们希望可以像上文那样，方便地对无穷级数的和进行各种代数运算，因此，我们需要它等于 1。但另一方面，我们又希望每个数只能用一个独一无二的十进制数字来表示，因此，我们不应该随心所欲，一会儿说这个数是 1，一会儿又说它是 0.999……。我们不可能同时满足这两个要求，而只能放弃其中一个。柯西提出的这个方法经过两百年时间的验证，其价值得到了充分的证明，不过，这个方法放弃了十进制展开的唯一性。在英语中，我们有时会用两个不同的字母串（单词）表示现实世界中的同一个事物，但我们并没有因此陷入任何麻烦。同样，使用两个不同的数字串表示同一个数，也不是不可以接受的。

至于格兰迪级数 1−1+1−1+……，则是柯西定理无法处理的级数之一，这类发散级数是哈代的著作讨论的内容。1828 年，柯西定理的早期崇拜者之一、挪威数学家尼尔斯·亨利克·阿贝尔（Niels Henrik Abel）认为："发散级数是捏造出来的概念，非常邪恶，以此为基础的任何证明都是可耻的。"[①]而哈代的观点，也就是我们现在所持的观点，则十分宽容，认为对于发散级数而言，有的我们应该赋值，有的则不应该赋值，还有的需要根据其所在的具体环境决定是否应该为之赋值。现代数学界认为，如果需要为格兰迪级数赋值，这个值应该是 1/2，因为研究发现，对于所有值得关注的无穷级数，理论要么为之赋值 1/2，要么（如柯西定理）干脆拒绝为之赋值。[②]

柯西所给出的定义非常复杂，精确地写出来需要费不少工夫，即使对柯西本人来说也不是件易事，他没能用语言明晰地表述自己的思想。[③]（在数学中，

---

① 格兰迪最初在神学研究中应用了发散级数，考虑到这个事实，阿贝尔的这个观点极具讽刺意味。

② 琳赛·洛翰（Lindsay Lohan）有一句名言："极限是不存在的。"

③ 我们在数学课程里学到的 e 和 Δ，就来自柯西积分公式。

对新观点、新概念最清楚明了的描述，基本上都不是直接来自创建者本人。）柯西是一名坚定的保守主义者和君主主义者，但他引以为豪的是，他在数学研究中极具批判精神，勇于挑战学术权威。他在成功地摒弃容易招致质疑的无穷小量之后，单方面修改了他在巴黎综合理工大学的教学大纲，力求传播自己的新思想。他的这一做法激怒了他身边的所有人：他的学生深感困惑，因为他们报名学习的是针对大学一年级学生的微积分学，而不是介绍纯数学前沿动态的学术成果；他的同事们认为，学校里学习工程技术的学生没有必要吃这个苦头，去钻研柯西讲授的那些高深内容；学校管理部门则严令他按纲施教，不得自由发挥。校方强行制定了新的课程内容，强调在微积分教学中采用包含无限小量概念的传统方法。同时，为了防止柯西置若罔闻，校方还安排人进入他上课的教室做听课记录。但是，柯西并没有就范，柯西对工程师需要学习什么内容不感兴趣，他感兴趣的是探索真理。

　　从学校的立场来看，我们很难为柯西的这一做法进行辩解，但我仍然支持他。数学研究的最大乐趣之一，就是我们清楚地感受到自己对某个问题的理解是正确、完全、彻底的，我在其他领域从未有过类似的感受。而且，一旦你知道了正确的做法之后，就很难说服自己去介绍错误的做法，性格执拗的人更加不可能这样做。

第 3 章　到 2048 年，人人都是胖子？

喜剧演员尤金·米尔曼（Eugene Mirman）讲过一个统计学方面的笑话。他说自己经常告诉人们："通过阅读，我发现美国人百分之百都是亚裔人。"

人们感到很奇怪，就问他："但是，你不是亚裔人啊。"

这时候，尤金就会抖出包袱，非常自信地说："通过阅读，我发现自己是亚裔人！"

《肥胖》（*Obesity*）杂志上的一篇文章，让我不由自主地想起了米尔曼的这个笑话。那篇文章在标题中提出了一个令人尴尬的问题："所有美国人是否都会超重甚至肥胖？"也许觉得问句的力量还不够震撼，文章又给出了一个肯定的答案："会的，到 2048 年就会这样。"

到 2048 年，我的年纪将是 77 岁，我不希望自己超重，但是这篇文章告诉我：我会的！

不用想都知道，《肥胖》杂志上的这篇文章引起了媒体的关注。美国广播公司（ABC）发出了"肥胖启示"的警告，《长滩电讯日报》（*Long Beach Press-Telegram*）给出了一个直截了当的标题："我们越来越胖了"。对这个现象稍加研究，我们就会想到最近美国人在思考国民道德现状时，面对各种不同现象所表现出来的焦躁多虑。在我出生之前，男孩子们都留长发，于是人们担心年青一代会不务正业。在我小的时候，我们喜欢玩街机游戏，于是人们觉得我们注定竞争不过勤劳的日本人。现在，我们经常吃快餐，于是人们又怀疑我们将身体虚弱、行动不便，像一摊泥一样，瘫在早已无法摆脱的沙发上死去，周围还堆满了空空的炸鸡桶。显而易见，这篇文章把这种焦虑当作经过科学验证的事实了。

我要告诉大家一个好消息：到2048年，不会人人都超重。为什么呢？因为不是所有的线都是直线。

但是，我们在前面讨论过，牛顿发现所有的线都与直线非常接近，由此催生了"线性回归"（linear regression）这个概念。社会学经常要用到线性回归分析这种统计学技术，就像居家维修要使用螺丝刀一样。我们在报纸上看到的那些内容，诸如：有很多亲戚的人会更幸福；"汉堡王"连锁店开得越多的国家，越容易面临道德沦丧的问题；烟酸摄入量减半的话，患足癣的危险就会加倍；收入每增加1万美元，美国人把选票投给共和党的可能性就会增加3%，等等。所有这些，都是线性回归分析的结果。

下面，我告诉大家线性回归分析的使用方法。假设你要分析两个事物之间的关系，比如大学学费与新生SAT平均分。你可能认为，SAT分数高的学校，很有可能收费也高，但是我们稍做数据分析，就会发现并非如此。毗邻北卡罗来纳州伯灵顿市的伊隆大学，新生数学与语言测试的平均分是1 217分，年均学费是20 441美元。与伊隆大学距离不远、位于格林波若的吉尔佛大学，学费稍高，为23 420美元，但是新生的SAT平均分仅为1 131分。

如果进一步研究多所学校的情况，比如2007年把学费与SAT分数情况报告给北卡罗来纳职业资源网的31所私立高校，就能清楚地看到某种趋势。

下图中每个点分别代表其中一所高校。靠近右上角的位置有两个点，SAT分数与学费都非常高，代表的是维克森林大学和戴维森学院。靠近底部的位置有一个孤零零的点，代表的是卡巴拉斯健康科学学院，是这些私立高校中唯一一所学费低于1万美元的大学。

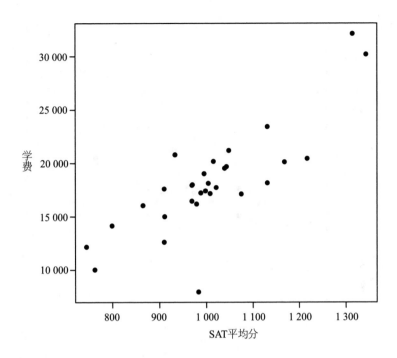

上图表明，总的来说，分数高的学校收费也高。但是，高多少呢？这就需要在图中引入线性回归这个工具了。在上图中，所有的点很明显都不在同一条直线上。但是，这些点并不十分分散，我们可以徒手画出一条直线，从这些点比较集中的位置穿过。借助线性回归，无须猜测，就可以画出最接近于[①]所有点的直线。对于北卡罗来纳的高校，这方面的大致情况可用下图表示。

———————————

① 在本例中，是否"最接近于"，可通过下列方法衡量：我们用根据该直线估算的学费取代各校实收学费，然后针对各所学校计算出估算学费与实收学费之间的差额，求取所有差额的平方和，得到的数值可以表示直线偏离所有点的情况，最后选取该数值为最小值的那条直线。求取平方和的做法似乎与毕达哥拉斯的研究方法不谋而合。事实上，线性回归中隐含的几何学原理从本质上讲就是勾股定理，只不过被移植、升级到一个维数高得多的领域罢了。但是，要解释其中的道理需要进行更多的代数处理，限于篇幅，这里不展开讨论。不过，读者可参阅第 15 章中对相关性与三角学的讨论。

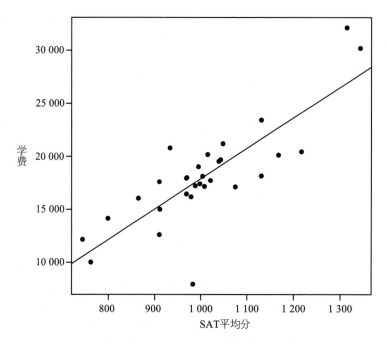

　　图中直线的倾斜角度约为28度，这意味着：如果学费真的完全取决于SAT分数，而且决定关系可由我在图中绘制的直线来表示，那么SAT分数每提高1分，与之相对应，学费就会增加28美元。如果新生的SAT平均分提高50分，就可以把新生的人均学费提高1 400美元。（从学生家长的角度看，孩子的分数提高100分，就意味着家长每年要多支付2 800美元的学费。由此可见，考试辅导班比我们预想的要贵得多！）

　　线性回归是一个非常实用的工具，用途广泛、操作简便，只需要在数据表上点击鼠标即可完成。这个工具可以用来处理包含两个变量的数据集（就像前文中我绘制的那些图），而且，在处理含有三个变量甚至1 000个变量的数据集时，效果同样好。在希望了解哪些变量对其他变量有作用以及作用方向时，我们第一个想到的就是线性回归。不夸张地说，线性回归可以处理所有数据集。

　　线性回归应用广泛，这既是一个长处，也会带来问题。我们尚未考虑正在建模的现象是否真的接近于线性，就可能会迫不及待地对其进行线性回归，但这样做肯定是不妥当的。的确，我说过，线性回归就像一把螺丝刀，但是从另一个方面看，它更像一把锯。如果未经考虑拿来就用，那么后果可能会相当可怕。

以上一章讨论的导弹发射为例。也许，导弹根本不是我们发射的，甚至有可能我们就是导弹要袭击的目标。因此，我们迫切希望尽可能准确地分析导弹的运动轨迹。

如果我们已经把导弹在不同时间点上的竖直位置绘制成 5 个点，那么这幅图大概如下图所示：

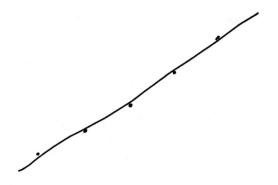

接着，我们迅速完成了线性回归并得出了完美的分析结果。我们画出的直线几乎正好从那 5 个点上穿过：

（一旦完成上述操作，就代表我们的手正在伸向锯子锋利的锯齿。）

这条直线为导弹的运动轨迹建立了一个精准的模型：在飞行过程中，导弹每分钟都会升高固定的高度，比如说 400 米。一小时之后，导弹会飞升到距离地面 24 000 米的高度。那么，导弹何时落地呢？根本不会落地！这条直线将一直向上延伸，这就是直线的特点。

（血花飞溅，皮开肉绽，凄厉的惨叫声。）

不是所有的线都是直线，所以导弹的运动轨迹绝对不可能是直线，而是抛物线。就像阿基米德的圆一样，近距离观察这条抛物线，就像一条直线。正因为如此，在跟踪到导弹之后，线性回归可以成功地告诉我们 5 秒之后该导弹所在的位置。但是，如果间隔了一个小时呢？想都别想！我们根据模型预测导弹会处于平流层下层，而实际上导弹可能就要落到我们的屋顶上了。

针对这种不假思索就进行线性回归的最生动警告，不是统计学家发出的，而是来自马克·吐温（Mark Twain）。他在小说《密西西比河上的生活》（*Life on the Mississippi*）[1]中写道：

> 176 年前，密西西比河在凯罗与新奥尔良之间的河段长 1 215 英里[2]。经过 1722 年的截弯取直之后，这个河段缩短为 1 180 英里，之后在美洲湾取直之后，缩短为 1 040 英里。再后来，这个河段又缩短了 67 英里，因此，现在它的长度仅为 973 英里……在 176 年的时间里，下密西西比河缩短了 242 英里，平均每年缩短 $1\frac{1}{3}$ 英里多。因此，只要不是瞎子和白痴，稍做冷静的分析，我们就不难推测出，在距明年 11 月有 100 万年间隔的鲕状岩志留纪时期（Old Oolitic Silurian Period），下密西西比河应该有 130 万英里长，像一根钓鱼竿一样，远远地伸出墨西哥湾。同样，我们也会推测出，再过 742 年，下密西西比河将只有 $1\frac{1}{3}$ 英里长。到那时，凯罗与新奥尔良会连成一片，那里的人们在同一位市长与同一个市政委员会的领导下，勤勤恳恳地过着舒舒服服的日子。这就是科学的魅力，只要对事实稍加调查，我们就能生出无数的猜想。

学生应该从数学课上学些什么？

微积分的方法与线性回归十分相似，两者都是纯机械性方法，用计算器就可以完成。但是，如果漫不经心，就会犯严重的错误。在微积分考试中，题目可能

---

① 该书于 1883 年出版。——编者注

② 1 英里≈1.609 千米。——编者注

要求在水壶上凿一定尺寸的洞，让水以一定流速从壶中流出，并流淌若干时间，然后要求你计算壶中所剩水的重量。在时间比较紧张的情况下，学生做这类题目时很容易犯计算错误。有时，因为计算错误，学生可能会得出荒谬的结果，例如壶中水的重量是-4 克。

如果学生的答案是-4 克，并且潦草地在试卷上写下一行十分沮丧的话："我算错了，但是我找不到哪里出错了"，那么，我会给他们一半的分数。

如果他们只写下"-4 克"作为答案，他们就会得零分，哪怕整个推导过程都正确，只是在中间某个地方把一个数字搞错了。

计算积分或者进行线性回归，用计算机就能完成，但是，判断所得结果是否有意义，或者判断所采用的方法是否正确，则离不开人的智慧。我们在教授数学时，应该告诉学生如何应用人的智慧，否则，我们培养出来的学生从本质上就会与微软的 Excel 程序没什么两样，而且反应迟钝、漏洞百出。

但是，坦率地讲，有很多数学课程真的就是这样。下面我向大家介绍一个复杂漫长又充满争议的情况（尽管我长话短说，但是所说的内容仍然富有争议性）。几十年来，针对儿童的数学教育一直是所谓的"数学战争"的战场。一方面，有些老师强调熟记规则、解题过程流畅、遵从传统的运算法则，力求答案精准无误；另一方面，有些老师则认为在教学过程中应让学生掌握所学内容的含义，学会正确的思考方法，引导学生去发现，而不要求得出标准答案。第一种方法被称作传统教学，而第二种则被称作教学改革，尽管这种被视为打破传统、鼓励发现的方法已经以某种形式存在了几十年，但人们对所谓的"改革"是否真的可以称作改革依旧争论不休。在数学的盛会上讨论政治或者宗教，本身也无可厚非，但是以讨论数学教学法开始、以某人因为反对传统教学法或教学改革而怒气冲冲地拂袖而去收场，就很不应该了。

我自认为不属于任何一个阵营。有些改革派希望不要要求学生背诵乘法表，这样的做法我不敢苟同。在认真思考数学问题时，我们有时必须完成 6×8 这样的运算，如果我们每次都要使用计算器，思路就会被打断，无法认真思考。在写十四行诗时，如果每个单词都要查字典，那么这首诗将永远无法完成。

有的改革派步子迈得太大，他们甚至认为，如果经典运算法则（例如，"在求两个多位数的和时，如果需要，可以列竖式计算"）影响学生独立地了解数学对象的属性，就应该从课堂教学中移除。[1]

这种观点让我觉得很可怕：这些运算法则是人们辛勤钻研的成果，是十分有用的工具，我们没有理由非得一切从零开始。

与此同时，我认为我们的确有充分的理由将某些运算法则从现代教学中移除。比如，我们无须教学生用笔算或心算的方式开平方（尽管从我个人的长期经验来看，用心算的方式开平方，可以在派对中吸引一大群没有社交经验的人）。计算器是人们辛勤钻研的成果，必要时我们可尽情使用。即使我的学生不会用长除法计算 430 除以 12 的商，我也觉得无伤大雅，但是我要求他们必须对数学有足够的感觉，能够估算出这道题的得数略大于 35。

人们之所以过分强调运算法则与精确计算，原因在于运算法则与精确计算易于评判。如果我们把数学的目标仅定为"得出正确答案"，并以此作为测试依据，那么我们培养的学生很有可能考试成绩优秀，却对数学一窍不通。这样的结果对那些单纯以考试分数为唯一学习目标的人来说，是令人满意的，在我看来却不妥当。

当然，如果我们培养的大批学生对数学的含义浅尝辄止，无法快捷正确地解题，结果同样不能令人满意（事实上，这样的结果甚至更糟糕）。数学老师最不希望听到学生说"我明白这个概念，但是不会做题"。其实，这句话的意思就是"我没弄明白这个概念"，只不过这名学生并不自知。数学概念有时非常抽象，只有应用到具体计算当中才有意义。威廉·卡洛斯·威廉姆斯（William Carlos Williams）[2]说过一句简明扼要的话：凡理皆寓于物。

这场较量在平面几何领域进行得最为激烈。平面几何是教授证明方法的最后

---

① 他们的这个观点使我想起了奥森·斯科特·卡特（Orson Scott Card）的短篇小说《无伴奏之奏鸣曲》（*Unaccompanied Sonata*）。小说的主人公是一个音乐天才，人们担心他的独创性遭到破坏，便使这个音乐天才与外界完全隔绝开，不让他知道世界上的其他任何音乐。但是，一个家伙潜入他的住所后，给他播放了巴赫的作品。看管的人知道这件事后，剥夺了这位音乐天才接触音乐的权利。后来，这位天才的双手好像被砍掉了，眼睛也被刺瞎了。显而易见，奥森·斯科特·卡特对于惩罚与肉体伤害有一种奇怪的先天情结。不管怎么说，这篇小说告诉我们，不能因为巴赫是位伟大的音乐家，就试图阻止年轻的音乐人听巴赫的作品。

② 威廉姆斯是 20 世纪美国最负盛名的几个诗人之一，与象征派和意象派联系紧密。

阵地，而证明是最基础的数学行为。在众多专业的数学人眼中，平面几何是捍卫"真正的数学"的最后防线。但是，我们在教几何学时，对证明过程的唯美、作用及意外发现应以怎样的度为宜呢？这个问题还没有明确的答案。几何教学很容易变成重复性练习，就像一次性完成 30 道定积分练习题那么枯燥乏味。这样的情形非常可怕，因此菲尔兹奖获得者戴维·芒福德（David Mumford）建议彻底放弃平面几何教学，代之以编程基础课程。毕竟，计算机程序与几何证明有很多共通之处：两者都要求学生从多个可选项中找出若干非常简单的内容，依次将它们组合到一起，形成序列，用于完成某个有意义的任务。

我没有芒福德那么偏激，事实上，我的观点比较温和。虽然有可能两边不讨好，但我认为数学教学既要重视答案的精确，也要鼓励明智的含糊，既要培养学生熟练运用已有运算法则的能力，又要引导他们在较短时间内掌握解题所需的常识。总之，数学教学应做到张弛有度，否则，我们所从事的活动就根本谈不上是数学教学。

这样的要求虽然比较高，但是，优秀的数学教师就应该埋头教学。至于数学战争的问题，还是交由管理部门去考虑吧。

关于肥胖问题的荒谬研究

到 2048 年，到底会有多少美国人超重呢？看看王友法（音）与合作伙伴完成的"肥胖"研究项目，我们就能猜到这个问题的答案。美国国家健康和营养调查（NHANES）选择大量有代表性的美国人作为样本，跟踪调查他们的健康数据，内容涉及听力衰退、性传播疾病等多个方面。该研究还给出了超重美国人的精确占比，在这项研究中，超重的定义是体重指数超过 25。[1]毫无疑问，在最近几十年内，美国人的超重现象越来越普遍。20 世纪 70 年代初，体重指数超过 25 的美国人不足半数，到 90 年代初，这个数字接近 60%，到 2008 年，

---

[1]　在研究文献中，"超重"指"体重指数为 25~30"，"肥胖"指"体重指数为 30 及以上"。为了避免本书中反复出现"超重或肥胖"这样的字眼，我把它们统称为"超重"。

几乎有 3/4 的美国人都超重了。

我们可以用反映导弹在垂直方向上的飞行路线的方式,将肥胖的普遍程度随时间发生的变化绘制成图:

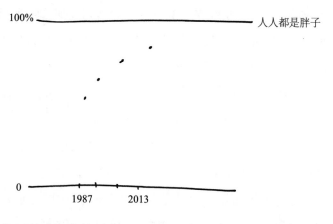

据此我们可以进行线性回归,其分析结果大致为:到 2048 年,这条线会越过 100%。

因此,王友法在论文中断言,如果这种趋势继续下去,到 2048 年,所有美国人都会超重。但是,这种趋势不会也不可能继续下去。否则,到 2060 年,超重美国人的占比将达到 109%。

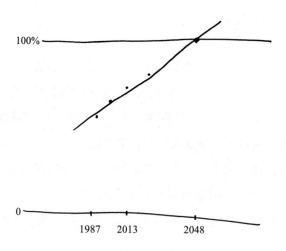

在现实中,超重人口将不断增加,其走势如下图所示,可表示成朝 100% 接近的曲线。

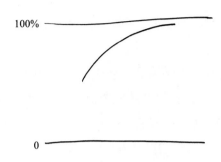

在万有引力的作用下，导弹的飞行路线呈抛物线状，而超重人口的增长态势并不遵从某种严格的规则，不过与医疗卫生领域的研究结果一样，其轨迹也接近于抛物线。超重人口的比例越高，未来体重可能超重的人就越少，因此超重人口的比例向 100% 靠近的速度越慢。实际上，在 100% 以下的某个时候，增长曲线可能会变成水平线。我们身边总会有瘦子，实际情况也确实如此。仅仅过了 4 年，NHANES 的分析结果表明，超重人口比例的增长速度就已经慢下来了。

但是，《肥胖》杂志刊登的这篇文章还掩盖了人们在数学与常识方面犯下的一个更严重的错误。线性回归易于操作，一旦尝试过，就会乐此不疲，因此，王友法及其合作伙伴将他们收集的数据按照种族与性别进行分组。例如，黑人超重的比例低于美国人的平均水平，更重要的是，他们当中超重人口的增长速度是美国超重人口平均增长速度的一半。如果我们将黑人的超重人口比例叠加到美国的超重人口比例之上，再结合王友法及其合作伙伴所做的线性回归，就会得到下图：

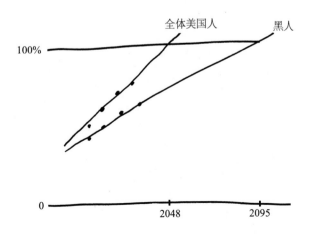

黑人们的情况多棒啊，他们要到 2095 年才会全体超重，在 2048 年，黑人超重人口的比例为 80%。

看出其中存在的问题了吗？如果全体美国人在 2048 年都会超重，那么美国黑人中那 1/5 的不超重的人在哪里呢？难道被放逐到海外了吗？

在这篇论文中，这种基础性矛盾竟然无人提及。这样的流行病学分析跟上文所说的水桶中还剩 –4 克水的计算结果没有任何区别，简直毫无意义！

第 4 章　触目惊心的数字游戏

中东矛盾有多严重？乔治敦大学反恐专家丹尼尔·毕曼（Daniel Byman）在《外交》（*Foreign Affairs*）杂志上给出了一些冷冰冰的数字："以色列军方报告，从（2000 年）的'第二次巴勒斯坦大起义'至 2005 年 10 月底，有 1 074 个以色列人死亡，7 520 人受伤。对以色列这样一个小国而言，这两个数字已经大得惊人了，按照比例换算的话，相当于有 5 万个美国人死亡、30 万个美国人受伤。"在讨论该地区的问题时，这样的计算司空见惯。2001 年 12 月，美国众议院宣布，在以色列发生的一系列袭击中，有 26 人丧生，"等比换算的话，相当于有 1 200 名美国人遭遇了不幸"。2006 年，美国前众议长纽特·金里奇（Newt Gingrich）提醒道："别忘了，如果有 8 个以色列人死于非命，考虑到人口差异，相当于我们失去了近 500 个美国同胞。"阿迈德·摩尔（Ahmed Moor）不甘示弱，在《洛杉矶时报》（*Los Angeles Times*）上撰文指出："在'铸铅行动'中，以色列人打死了 1 400 个巴勒斯坦人，按比例换算，相当于杀死了 30 万个美国人，但是新任总统奥巴马却对此保持沉默。"

"按比例换算"这样的措辞并不仅限于讨论巴勒斯坦地区的问题。1988 年，杰拉尔德·卡普兰（Gerald Caplan）通过《多伦多明星报》（*Toronto Star*）指出："8 年来，冲突双方共有约 4.5 万人死伤或被绑架，按比例换算，相当于 30 万个加拿大人或者 300 万个美国人。"1997 年，美国前国防部部长罗伯特·麦克纳马拉（Robert McNamara）说，越战期间有近 400 万个越南人丧生，按比例换算，"相当于 2 700 万个美国人"。只要一个小国家有很多人遭遇不幸，社论作者们就会拿出"比例尺"：这个数字相当于有多少美国人死于非命呢？

这些数字是怎么换算的？恐怖分子杀死的 1 074 个以色列人，在以色列人口（2000~2005 年为 600 万~700 万）中占 0.015%。于是，专家们认为，在人口比以色列多的美国，如果总人口中有 0.015%（的确是 5 万个左右）的人死亡，将会造成差不多大的影响。

这是赤裸裸的"线性中心主义"（lineocentrism）。如果以比例换算作为论据，我们可以把 1 074 个被杀死的以色列人通过下图换算成全世界任何地区死于非命的人口：

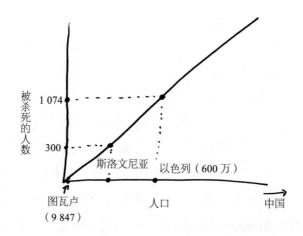

1 074 个以色列受害者，相当于 7 700 个西班牙人、22.3 万个中国人、300 个斯洛文尼亚人或一两个图瓦卢人。

这样的推理最终（甚至立刻）会出现问题。假设酒吧快要下班时还有两名顾客，其中一人一拳把另一个人打昏在地。显然，这与 1.5 亿个美国人同一时间被人在脸上狠揍了一拳相比，情况完全不可同日而语。

再举一例。1994 年，卢旺达有 11% 的人失去了生命，所有人都一致认为这是 20 世纪最恶劣的罪行。但是，我们在描述它时不会说"如果把这起事件放到 20 世纪 40 年代的欧洲，其恶劣程度是纳粹大屠杀的 9 倍"，这样的表达只会让人极度反感。

数学领域规避错误的一个重要原则是：实地测试某个数学方法时，可采用不同的方式进行计算。如果得到不同的结果，则说明我们使用的方法有问题。

例如，2004 年马德里阿托查火车站遭遇炸弹袭击，近 200 人因此丧生。如果纽约中央车站遭遇同样严重的炸弹袭击，结果会怎么样呢？

美国人口大约是西班牙人口的 7 倍。因此，如果我们按照 200 人在西班牙人口中占 0.000 4% 的比例来推算，就会认为同样的袭击发生在美国将会造成 1 300 人丧生。另一方面，200 人在马德里人口中占 0.006%，纽约市的人口是它的 2.5 倍，按比例换算，相当于有 463 个纽约人受害。此外，我们是否应该将马德里省与纽约州相比较呢？那样的话，答案就会接近 600 人。因此，我们会得到不同的结果，这是一个危险信号，说明按比例换算的方法值得怀疑。

当然，我们也不能全盘否定按比例换算的方法，这种方法的确非常重要。比如，我们希望了解美国哪些地区的脑癌发病率最高，如果单纯地统计哪些州的脑癌死亡人数最多，并没有多大意义。美国脑癌发病人数最多的州有加利福尼亚州、得克萨斯州、纽约州与佛罗里达州，因为这些州的人口很多。史蒂芬·平克（Stephen Pinker）在他颇为畅销的著作《人性中的善良天使》（*The Best Angels of Our Nature*）中持类似观点。他指出，纵观人类历史，人类的暴力行为呈稳步下降的趋势。因为强权政治导致无数人遭殃，所以从这个方面看，20 世纪声名狼藉。但是平克又指出，如果按比例换算，纳粹、苏联以及殖民霸权国家的屠杀行为就算不上特别恶劣了，若在现代社会，惨遭毒手的人可能会多得多。如今，我们对"三十年战争"这些历史上的流血事件仍然感到悲伤，但是根据平克的估计，"三十年战争"期间失去生命的人只占世界人口的 1%。如果按比例换算成现代社会的人口，就意味着有 7 000 万人丧命，这比两次世界大战的总死亡人数还要多。

因此，更好的方法是研究比率：死亡人数在总人口中所占的比例。比如，我们可以计算美国各州每年死于脑癌的人在该州人口中所占的比例，而无须逐州统计死于脑癌的人数等原始数据。按照这种方法，得出的排行榜完全不同。南达科他州很不幸地位列榜首，每 10 万人中每年死于脑癌的人数为 5.7 人，远远超出每年 3.4 人的全美脑癌死亡率。排在南达科他州之后的是内布拉斯加州、阿拉斯加州、特拉华州和缅因州。如果我们不希望患上脑癌，可能就要避开这些地方。那么，我们该搬到什么地方去呢？在这个名单的末尾，我们会发现怀俄明州、佛蒙特州、北达科他州、夏威夷以及哥伦比亚特区。

这个结果有点儿奇怪。南达科他州脑癌频发，为什么北达科他州却几乎没有人患上这种癌症呢？为什么住到佛蒙特州就安全，而住在缅因州就有危险呢？

原因不是南达科他州一定会让居民患上脑癌，而北达科他州的居民则对癌症免疫。排在榜首的这 5 个州有共同的特点，而排在榜尾的那 5 个州也有相似之处，即这些地方人口稀少。在排在前面和末尾的这 9 个州（及一个特区）中，人口最多的是内布拉斯加州。在人口排名的竞争中，该州与西弗吉尼亚州是难兄难弟，双方为第 37 名的位置争得热火朝天。这个分析结果似乎表明，居住在人口较少的州，患脑癌的概率有可能高得多，也有可能低得多。

很显然，这个结论没有任何道理，因此，我们最好换一种解释方法。

为了更好地理解这种情况，我们先做一个虚拟游戏，游戏的名字叫作"谁最善于抛硬币"。玩法很简单，将一把硬币抛出去，正面朝上的硬币数量最多的一方获胜。我们给这个游戏增加一点儿趣味性，让大家手里握的硬币数量不同。有些人（"小数"组）只有 10 枚硬币，有些人（"大数"组）则有 100 枚硬币。

如果以正面朝上硬币的绝对数量来计分，我们几乎可以肯定获胜方是"大数"组的成员。"大数"组成员大多都有约 50 枚硬币正面朝上，这个数字是"小数"组成员无法企及的。即使"小数"组有 100 名成员，他们当中的最高得分也只能是 8 或 9 枚。

显然，这样的玩法并不公平，因为"大数"组拥有难以逾越的先天优势。因此，我们可以改进这个游戏：在评分时，不以绝对数量为依据，而是根据比例来计分。这样的计分方法，对两个组来说应该是公平的。

但是，这个计分方法仍然不公平。我前面说过，如果"小数"组有 100 名成员，至少有一个人可能抛出 8 枚正面朝上的硬币，因此他的得分为 80%。那么"大数"组的成员呢？他们都不会有 80% 的硬币是正面朝上的。当然，可能性是存在的，但却不会发生。事实上，从概率的角度看，"大数"组必须包含 20 亿名成员，出现过高或过低的结果才是合理的。这个结论符合我们对于概率的直觉认识，抛的硬币越多，越有可能出现一半正面朝上一半正面朝下的结果。

读者朋友们可以自己尝试一番，我就动手做过这个实验。为了模拟"小数"组成员，我一次抛 10 枚硬币，连续抛很多次，硬币正面朝上的数量构成下面这个序列：

4，4，5，6，5，4，3，3，4，5，5，9，3，5，7，4，5，7，7，9……

然后，我模拟"大数"组成员，一次抛出 100 枚硬币，多次抛投的结果为：

46，54，48，45，45，52，49，47，58，40，57，46，46，51，52，51，50，60，43，45……

每次抛 1 000 枚硬币的结果是：

486，501，489，472，537，474，508，510，478，508，493，511，489，510，530，490，503，462，500，494……

算了，还是跟大家坦白吧。我并没有真的抛 1 000 枚硬币，而是用计算机模拟得出的结果，谁有那么多的时间抛 1 000 枚硬币呢？

不过，还真的有人这样做了。1939 年，南非数学家克里奇（J. E. Kerrich）因为冒失地跑到了欧洲，结果很快在丹麦被逮捕并被关进了集中营。如果一个普通人被关在集中营，不知道猴年马月才能重见天日，那么他可能会在牢房的墙壁上刻画记号记录天数，以此来帮助自己度过这段难熬的时光。不过，克里奇这位热衷于统计学研究的囚犯则不同，他总共将一枚硬币抛了 1 万次，还记录了正面朝上的数量，统计结果如下图所示。

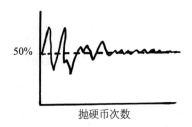

抛硬币次数

从中我们可以看出，随着硬币的数量越来越多，正面朝上的概率明显地向50%靠近，就好像被一把看不见的老虎钳钳住了一样。计算机模拟也会产生同样的结果。抛10枚硬币，正面朝上的比例范围为30%~90%；抛100枚，比例范围缩小，变为40%~60%；抛1 000枚，比例范围仅为46.2%~53.7%。在某个规则的作用下，这个比例越来越接近50%。这只不讲情面、无法抗拒的"手"就是"大数定律"（Law of Large Numbers）。这里，我就不赘述这条定理了（尽管这条定理极具美感），但是我们可以这样理解：抛的硬币越多，正面朝上的比例为80%的概率就越小。事实上，如果抛的硬币足够多，结果为有51%的硬币正面朝上的概率也是微乎其微的！在抛10枚硬币的情况下，如果得到高度失衡的结果，并不值得我们关注。但是，如果抛100枚硬币，结果仍然失衡，那就让人吃惊了，我们甚至会怀疑：是不是有人在硬币上动了手脚？

随着实验不断重复，实验结果往往会趋于稳定，并接近一个固定的平均值。事实上，自从运用数学方法研究概率以来，我们经常会得出这样的结论。16世纪的吉罗拉莫·卡尔达诺（Girolamo Cardano）就用不是十分正式的方式提出了这个原则，但是，直到19世纪初，西莫恩·德尼·泊松（Simeon-Denis Poisson）才赋予它一个简明扼要的名字：大数定律。

抛硬币与法国警察的帽子

18世纪初，雅各布·伯努利（Jakob Bernoulli）完成了对大数定律的精确表述与数学证明。如今，人们不再把他的研究结果视为观察结果，而是一个定律。

根据这个定律，这种大数-小数的游戏并不公平。由于有大数定律，"大数"组成员的得分有向50%靠拢的趋势，而"小数"组的得分变化程度则较大。我们不能就此得出结论，认为"小数"组成员"更善于"抛硬币，即使他们每次都能获胜。如果我们把所有"小数"组成员（而不仅仅是得分高的成员）正面朝上的比例进行平均，结果就会与"大数"组相仿，也接近50%。如果我们统计的不是硬币正面朝上数量最多的，而是最少的，那么"小数"组成员的成绩就会一下子变得非常糟糕，很有可能某位选手抛的正面朝下的硬币比例仅为20%，而所有

"大数"组成员的得分都不会这么低。统计正面朝上的绝对次数会让"大数"组拥有无与伦比的优势，但是统计比例的方法同样会使游戏不公平，只不过这次是"小数"组占便宜罢了。硬币的枚数（我们在统计学中称之为"样本大小"）越少，正面朝上的硬币所占比例的变异性就会越显著。

因此，在进行政治民意测验时，如果投票人数很少，调查结果就不那么可靠。脑癌的调查也是如此。在人口较少的州，其样本数量比较小，因此，统计结果就会像羸弱的小草一样，一旦概率这股狂风吹过来，它们就会东倒西歪，而那些人口大州就像参天大树，在狂风中傲然挺立。如果统计脑癌致死的绝对人数，人口大州的结果就会偏高，但是，如果计算脑癌致死人数的最高比例（计算最低比例的结果也一样），又会把人口少的州推到靠前的位置。南达科他州是脑癌死亡人数比例最高的州之一，而北达科他州却位于最低的行列，原因就在这里。不是因为拉什莫尔山或者华尔药局会散布某种对大脑有害的毒素，而是因为小数比例天性多变。

我们都非常熟悉这个数学事实，只是有时我们视而不见罢了。大家知道谁是NBA（美国职业篮球联赛）中的神投手吗？在2011~2012赛季中的某一个月里，有5名球员投篮命中率相同，并列全联盟榜首。这5名球员是阿蒙·约翰逊（Armon Johnson）、德安德鲁·利金斯（DeAndre Liggins）、莱恩·瑞德（Ryan Reid）、哈西姆·塔比特（Hasheem Thabeet）和罗尼·图里亚夫（Ronny Turiaf）。

那么，到底谁投篮最准呢？

这个问题可不好回答。他们都不是NBA最优秀的投手，连上场机会都很少。比如，阿蒙·约翰逊只代表波特兰开拓者队打了一场比赛，他有一次投篮，而且投进了。名单上的这5个家伙一共投篮13次，全部命中。小样本更多变，因此NBA的最优秀投手总是多次投篮而且运气不错的球员。尼克斯队的泰森·钱德勒（Tyson Chandler）一个赛季投篮202次，有141次命中得分，在打满所有场次比赛的球员中名列榜首。显然，我们不会说阿蒙·约翰逊的投篮比钱德勒更精准。（如果有人对此表示怀疑，可以去看看约翰逊在2010~2011赛季的表现。在那个赛季，他的投篮命中率一直保持在45.5%，这样的命中率十分普通。）因此，阿蒙·约翰逊这样的球员根本不会出现在NBA的球星排行榜上。NBA的各种排名都对上场时间设定了最低要求，否则，由于小样本的特点，上场时间很短的不知名球员就会上榜。

但并不是所有人都了解这些数量关系，因此在设计排名系统时可能没考虑到大数定律。如今，许多地方都在实施教育责任制，例如，北卡罗来纳州制订了一个奖励计划，对标准化考试成绩出众的学校实施奖励。该计划根据每名学生的考试成绩在一年时间内（从春季开始）取得进步的平均幅度，来评定各校的教学情况，在全州范围内排名前 25 位的学校，可以在体育馆悬挂横幅，还可以在周边城镇炫耀一番。

哪所学校获胜了呢？ 1999 年，获得最高分的是北威尔克斯博纳的莱特小学，该校的"教学质量得分"为 91.5 分。北卡罗来纳所有小学的平均在校人数接近500 人，而莱特小学属于学生较少的学校，只有 418 人就读。排在莱特小学之后的是金斯伍德小学，得分为 90.9 分。里弗赛德小学名列第三，得分为 90.4 分。金斯伍德只有 315 名学生，而位于阿帕拉契山脚下的里弗赛德小学规模更小，只有 161 名学生。

事实上，在北卡罗来纳州的这次评比中，规模较小的学校大多取得了不错的成绩。托马斯·基恩（Thomas Kane）与道格拉斯·施泰格（Douglas Staiger）的一项研究发现，在历时 7 年的研究中，该州规模最小的学校中有 28% 的学校曾经排在前 25 位，而在所有学校中，只有 7% 的学校曾经悬挂过横幅。

这次评估似乎说明，在规模较小的学校里，老师们了解学生及其家庭的情况，有时间进行单独辅导，因此更有可能提高学生的考试成绩。

不过，我要告诉大家一个事实：基恩与施泰格合作完成的论文标题为"学校教育评估手段失当的可能与常见问题"。平均而言，在规模较小的学校中，学生的考试成绩并没有表现出显著高于其他学校的情况。此外，该州被派驻"帮扶工作组"的学校（我的理解是因考试成绩低下而被该州官员训斥的学校）大多规模较小。

在我看来，上述情况表明，里弗赛德小学算不上北卡罗来纳州最优秀的学校，其道理就与阿蒙·约翰逊不是联盟最优秀的投手一样。前 25 名之所以大多是规模小的学校，并不是因为这些学校更加优秀，而是因为它们的考试分数更加多变。只要有几名天才学生或者三流的差生，它们的平均成绩就会发生很大的起伏。而在规模较大的学校，即使出现几个过高或过低的分数，在庞大的学生总数面前，其影响作用也几乎可以忽略不计。

既然求平均数这个简单方法无法奏效，那么我们如何了解哪所学校最优秀，或者哪个州的癌症发病率最高呢？如果我们管理着多支团队，那些小型团队很有可能占据评定系统的两端，我们又如何评估各团队的绩效呢？

这个问题并不容易解决。如果在南达科他这样人口很少的州接连出现脑癌病例，我们可以推测脑癌病例数量激增很有可能是因为运气欠佳，我们还可以估计，该州将来的脑癌发病率很有可能会有所下降并接近全美整体水平。为了分析这种情况，我们可以用全美脑癌发病率对南达科他州脑癌发病率进行某种加权处理。但是，如何加权呢？这是一种艺术，同时还需要完成大量的技术性工作。这里，我就不一一赘述了。

第一个观察相关事实的是亚伯拉罕·棣莫弗（Abraham de Moivre）。棣莫弗为现代概率论的初期研究做出了贡献，他在 1756 年出版的著作《机会论》（*The Doctrine of Chances*）是这一领域的重要文献。早在棣莫弗的时代，人们就已经开始不遗余力地从事数学新进展的推广工作，埃德蒙·霍伊尔（Edmond Hoyle）是其中的典型代表。他在牌类游戏方面是绝对权威，时至今日，人们还在说"根据霍伊尔规则"……霍伊尔写过《机会论快速入门》，目的是帮助赌徒们掌握这套新理论。

大数定律认为，从长远看，不断地抛硬币，正面朝上的比例会越来越接近50%。但是，棣莫弗觉得这样的表述不够完美，他希望精确地了解接近的程度。为了更好地解释棣莫弗的发现，我们再次研究抛硬币时使用的计数方法。不过，我们这一次不再只是简单地列出正面朝上的硬币数量，而是记录实际得到的正面朝上的数量与期望值（硬币总数的50%）之间的偏差。换句话说，我们计算实际情况与理想情况之间的偏差。

用 10 枚硬币做实验，多次抛投后得到的偏差为：

1, 1, 0, 1, 0, 1, 2, 2, 1, 0, 0, 4, 2, 0, 2, 1, 0, 2, 2, 4……

每次抛 100 枚硬币后得到的偏差为：

4，4，2，5，2，1，3，8，10，7，4，4，1，2，1，0，10，7，5……

每次抛 1 000 枚硬币后得到的偏差为：

14，1，11，28，37，26，8，10，22，8，7，11，11，10，30，10，3，
38，0，6……

从中可以看出，随着抛硬币次数的增加，虽然偏差与硬币总数的比值在逐步缩小，但是绝对偏差在不断变大（这是由大数定律决定的）。棣莫弗敏锐地发现，硬币数量的平方根直接影响典型偏差的大小。如果硬币的数量是上一次的 100 倍，那么典型偏差的增长系数就是 10，至少绝对偏差的增长系数为 10。如果以在硬币总数中所占的比例来计算，偏差就会随着硬币数量的增加而减小，因为硬币数量平方根的增加速度比硬币数量的增加速度慢得多。抛 1 000 枚硬币，与理想情况的偏差可能多达 38，但是如果计算占硬币总数的比例，则与 50% 的偏差仅为 3.8%。

棣莫弗的观察结果，与政治民意测验中计算标准误差（standard error）[1]的基本原理一致。如果希望将误差条线（error bar）减小一半，就需要将调查对象增加三倍。如果希望体验连续抛出正面朝上的结果有多么令人惬意，先要想一想这个概率与 50% 之间有几个平方根的差距。100 的平方根是 10，因此，如果抛 100 枚硬币，有 60 枚正面朝上，那么与 50% 之间的差距正好是一个平方根。1 000 的平方根约为 31，因此，如果 1 000 枚硬币中有 538 枚正面朝上，尽管这一次正面朝上的比例为 53.8%，而上次为 60%，但这一次的结果会更让我意想不到。

棣莫弗的研究还没有结束。他发现，随着硬币数量的增加，正面朝上的比例与 50% 之间的偏差逐渐形成了完美的钟形曲线，也就是商业中所谓的正态分布。统计学先驱弗朗西斯·伊西德罗·埃奇沃思（Francis Ysidro Edgeworth）建议把这条曲线叫作"法国警察的帽子"，但遗憾的是，他的这个提议没有得到广泛的认可。

钟形曲线的中间部分高高隆起，而边缘部分则非常平坦，也就是说，硬币

---

① 统计学专业知识丰富的读者应该可以注意到，我一直小心翼翼地避免使用"标准偏差"（standard deviation）这个术语。其他读者如果希望进一步了解它，需要查询相关资料。

的数量与零的距离越远，发生偏差的可能性就越小，而且可以精确地量化。抛 N 枚硬币，与有 50% 的硬币正面朝上这个理想结果之间的偏差，不超过 N 的平方根的概率约为 95.45%。1 000 的平方根约为 31，在上面讨论的抛 1 000 枚硬币、重复 20 次的实验中，正面朝上的硬币数量与 500 的差在 31 以内的有 18 次（90%）。如果继续进行这个实验，正面朝上的硬币数量为 469~531 枚的概率就会越来越接近 95.45%。①

法国警察

这种情况似乎是某种力量在刻意为之。棣莫弗也有这种感觉，他多次提到这个问题，认为抛硬币（或者其他研究概率的所有相关实验）都出现这样的规律，是上帝之手在起作用。上帝把抛硬币、掷骰子和人类生活的短时不规则行为，转化为可以预测的长期行为，其中的规律无法更改，但是公式可以破译。

这样的想法其实十分危险。如果我们认为有一只超自然的手（上帝的手也好，幸运女神或者印度教吉祥天女的手也罢）在操纵这些硬币，使半数硬币正面朝上，我们就会掉进所谓的"平均定律"（law of averages）的陷阱：认为在出现数次正面朝上之后，下一枚硬币几乎肯定是反面朝上；或者认为在生了三个男孩之后，下一个肯定会生女儿。棣莫弗不是说过极端结果是极不可能发生的吗？例如连生 4 个儿子，他确实说过这样的话。但是，在生了三个儿子之后，第四个仍

---

① 准确地讲，这个概率比 95.45% 略小，更接近 95.37%，因为 1 000 的平方根不是 31，而是略大于 31。

然是男孩的情况并不是不可能。事实上，这一次与第一次生男孩的概率相同。

乍一看，这似乎与大数定律互相矛盾。根据大数定律，我们生男孩和生女孩的概率应该是相等的。①其实，这种矛盾是一种假象。看看抛硬币的情况，更容易理解这个问题。如果我们抛硬币连续 10 次得到正面朝上的结果，我们可能会觉得这枚硬币很奇怪。后文会接着讨论这个问题，但是目前我们假设这枚硬币没有问题，随着抛硬币的次数增多，正面朝上的比例肯定会接近 50%。

根据常识，在连续 10 次得到正面朝上的结果后，下一次反面朝上的概率肯定要略高一点儿，只有这样才能修正目前的不平衡状况。

但是，常识也非常明确地告诉我们，硬币肯定无法记得前 10 次是什么样的结果！

我还是开诚布公地为大家答疑解惑吧：我们根据常识完成的第二次分析是正确的。"平均定律"这个说法不妥当，因为"定律"应该是正确的，而所谓的"平均定律"却是错误的。硬币没有记忆，因此，再次抛出硬币时，正面朝上的概率仍然是 50%。总的比例会趋近于 50%，但这并不意味着在出现若干次正面朝上的结果后，幸运女神就会青睐反面。实际的情况是，随着抛硬币的次数越来越多，前 10 次结果的影响力就会越来越小。如果我们再抛 1 000 次，那么这 1 010次正面朝上的比例仍然接近 50%。大数定律不会对已经发生的情况进行平衡，而是利用新的数据来削弱它的影响力，直至前面的结果从比例上看影响力非常小，可以忽略不计。这就是大数定律发生作用的原理。

评判暴行的数学方法

前文对抛硬币与考试分数的分析，同样适用于大屠杀与种族灭绝行为。如果我们根据死亡人数在全国人口中所占比例来评判这些事件，那么在分析人口总数非常小的国家所发生的暴行时往往会犯非常严重的错误。马修·怀特（Matthew White）在他的《暴行备忘录》（*Great Big Book of Horrible Things*）一书中，心

---

① 其实，生男孩的概率是 51.5%，生女孩的概率是 48.5%，但是，这又有什么关系呢？

平气和地研究了各种恐怖事件，并使用上述方法来评判 20 世纪发生的暴行。他认为，排在前三位的分别是德国殖民者对纳米比亚赫雷罗人的大屠杀、波尔布特对柬埔寨人的屠杀和利奥波德国王在刚果发起的殖民战争，而希特勒的暴行却榜上无名。

这种分析方法对人口较少的国家有失公允，因此有可能导致某些问题。我们在阅读以色列、巴勒斯坦、尼加拉瓜或者西班牙人惨遭屠杀的报道时，心情会十分沉痛。在衡量这种悲痛程度时，我们能找到经过数学方法验证的评判方法吗？

我可以告诉大家一个我自认为行之有效的经验法则：如果屠杀的规模非常之大，导致"幸存者"为数不多时，用比例的方式来表示死亡人数是可行的。我们在提到卢旺达种族大屠杀的幸存者时，指的很可能是生活在卢旺达的图西人，因此，我们可以说种族暴力行为屠杀了 75% 的图西人。我们也可以说，导致 75% 的瑞士人罹难的灾害，其悲惨程度等同于图西人遭遇的种族灭绝惨剧。

但是，如果我们把一名西雅图居民称作"9·11"恐怖袭击事件的"幸存者"，就有点儿荒谬了。因此，用其在美国人口中所占比例来评价"9·11"恐怖袭击的恶劣程度，可能并不是很妥当，在"9·11"恐怖袭击事件中死亡的人占美国人口的比例仅为 0.001%。这个数字非常接近于零，凭直觉我们很难正确理解这样一个比例到底意味着什么。

我们既不能使用绝对数，又不可以使用比例，那么我们到底如何评判这些暴行呢？有时候，利用比较的方式会取得不错的效果。比如，卢旺达种族大屠杀比"9·11"恐怖袭击事件恶劣，"9·11"恐怖袭击事件比哥伦拜恩校园枪击事件恶劣，哥伦拜恩校园枪击事件又比造成 1 人死亡的醉驾事故恶劣。但是，由于时空关系，还有的事件难以比较。"三十年战争"真的比第一次世界大战更惨烈吗？卢旺达种族大屠杀的发生速度之快令人瞠目结舌，而两伊战争则旷日持久，这两者又如何比较？

大多数数学家认为，历史上的这些惨剧和暴行形成了所谓的"半序集"（partially ordered set）。也就是说，在这些灾难中，有的可以两两比较，其他的则无法比较。这个观点看似高明，其实不然，因为我们并没有统计出精确的死亡人数，在评判导致人员死亡的炸弹袭击与战争引发的饥荒这两类事件时，对于哪一类事件更为恶劣的问题也没有形成明确的结论；因为比较战争残忍程度的问题和比较数量大小的问题，在本质上是完全不同的。比较数量大小时，我们总是能得出答案，而比较战争的残忍程度时，有时候我们却无法判断哪一场战争更加残忍。如果我们希望了解 26 人在恐怖袭击中丧生的悲剧会给我们带来什么样的感受，我们可以想象这次恐怖袭击就发生在我们所在的这座城市，而不是远在地球的另一端，同时还造成 26 人罹难。这个方法无论在数学还是道德层面都是无可指摘的，也不需要进行复杂的计算。

第5章 比盘子还大的饼状图

即使在分析一些相对简单、看似争议不大的问题时，计算比例的方法也可能会误导我们。

经济学家迈克尔·斯宾塞（Michael Spence）与桑戴尔·赫施瓦约（Sandile Hlatshwayo）在一篇论文中描绘了美国就业增长态势的美好图景。一直以来，人们自信地认为美国是一个工业化大国，工厂在夜以继日地生产全世界急需的各种产品。但是，目前的现实却大不一样。1990~2008 年，美国经济实际创造了2 730 万个就业岗位，其中，有 2 670 万个（占 98%）来自非贸易部门，即政府、医疗、零售与饮食服务等领域，这些领域的工作不可外包，产品也不可销往海外。

98%这个数字很好地反映了美国近代工业的发展史，因此，《经济学人》（Economist）杂志、比尔·克林顿（Bill Clinton）的新书等各类出版物纷纷加以引用。但是，我们必须搞清楚这个数字的确切含义。98%与 100%非常接近，那么，这项研究是不是说明美国经济体中的就业增长几乎全部集中在非贸易部门呢？似乎的确如此。实际上，这个结论并不完全正确。1990~2008 年，贸易部门新增的就业岗位仅为 62 万个，而且，就实际情况而言，这还不是最糟糕的结果，因为在这段时间内，贸易部门的就业岗位甚至一度面临不增反降的危险。2000~2008 年，贸易部门的就业岗位有所减少，缩水了大约 300 万个，而非贸易部门则新增 700 万个就业岗位。在 400 万个新增岗位中，非贸易部门贡献了 700 万个，占总数的 175%。

因此，我们必须牢记下面这条箴言：

在数字有可能是负值时，不要讨论它们的百分比。

也许有人会认为我小心过头了。负数也是数字，与其他数字一样，可以进行乘法与除法的运算。实际上，这个问题并不像我们一开始想的那样无足轻重。数学领域的前辈们甚至不清楚负数到底是不是数字，因为负数表示的数量意义与正数不完全相同。卡尔达诺、韦达（Francois Viete）等 16 世纪伟大的代数学家们，就负数与负数的乘积是否为正数的问题争论不休，他们都认为从一致性角度来看负数与负数的乘积必须是正数，但这到底是已经证明的事实还是仅仅针对这套符号系统的权宜之计，他们在这个问题上的观点大相径庭。卡尔达诺在解方程时，如果得到的根中有一个负数，他就习惯性地把这个讨厌的根称作"假根"（ficta）。

针对这个问题，文艺复兴时期的意大利数学家们给出了各种各样的证明过程，在我们看来，有的证明与他们的宗教理论一样深奥难懂，而且相关性不强。但是，他们的有些观点却不无道理：如果把负数与百分比等代数运算相结合，就会让人类的直觉无所适从。如果你们违背我送给你们的这条箴言，各种稀奇古怪的不一致现象就会纷至沓来。

我举个例子来说明这个问题。假设我开了一家咖啡店，但是咖啡卖得并不好。上个月，我在咖啡销售方面亏损了 500 元。不过，我有先见之明，我的咖啡店还销售点心和 CD（光盘），这两种业务则分别为我赚了 750 元。

总的算来，我这个月赚了 1 000 元，其中 75% 的盈利来自点心销售。因此，点心销售似乎是目前的主要赢利项目，而且几乎所有的利润都是销售羊角面包赚来的。但是，我也可以认为，利润的 75% 来自 CD 销售。假如我在咖啡销售方面的亏损增加了 1 000 元，我的总利润就是零，点心销售在盈利中所占的比例就是无穷大。[①] "75%" 似乎意味着 "几乎全部"，但是如果考虑的是可能为正值也可能为负值的数字，例如利润，那么这个百分比所代表的含义可能会发生翻天覆地的变化。

我们在学习只能取正值的数字（例如开支、收入或人口）时，不会出现上述问题。如果 75% 的美国人都认为保罗·麦卡特尼（Paul McCartney）是甲壳虫乐队中最可爱的成员，就不可能会有 75% 的美国人会选择林戈·斯塔尔（Ringo Starr）。林戈、乔治（George）[②] 与约翰（John）只能分享剩余的 25% 的支持率。

我们从就业数据中也能发现此类现象。如果斯宾塞与赫施瓦约说：金融与保险业创造了 60 万个就业机会，在整个贸易部门创造的所有就业机会中所占的比例约为 100%，可不可以呢？可以，但是他们并没有这样说，这是因为他们不希望大家错误地以为，在那段时间里，美国经济的其他领域没有取得增长。大家可能仍然记得，自 1990 年至今，美国经济中至少还有一个领域增加了大量就业机会——那个被命名为 "计算机系统设计与相关服务" 的领域，凭一己之力，新增了 100 多万个就业岗位，就业人数是最初的三倍之多。金融与计算机领域新增的就业机会，远多于整个贸易部门创造的 62 万个新岗位，但是超出的部分与制造业显著减少的岗位数相互抵消了。在将正数与负数放到一起处理时，稍不留意，就会形成错误的认识，以为贸易部门的新增岗位全都是金融业做出的贡献。

对于斯宾塞与赫施瓦约在论文中提出的观点，我们并没有充分的理由表示反对。的确，数百个行业的总就业增长率有可能是负数，但是在一个相当长的时期里，在经济环境正常的情况下，则极有可能是一个正数。毕竟，人口一直在增长，只要不发生大灾难，就业机会就会随之增加。

然而，有些人在分析中使用百分比时却不那么小心。2011 年 6 月，威斯康星州的共和党人发布了一则新闻，大肆吹捧州长斯科特·沃克尔（Scott Walker）创造了就业增长的新纪录。当时，美国经济从整体看延续了上个月的糟糕局面，全国仅增加了 1.8 万个就业岗位，而威斯康星州的就业增长却表现出好得多的势

---

① 除非得到世界公认的数学家的指导，否则绝对不要把零用作除数。

② 实际上，甲壳虫乐队中最可爱的是乔治。

头，净增 9 500 个就业机会。这则新闻宣称："我们发现，全美 6 月的就业增长，有超过 50% 要归功于我们威斯康星州。"共和党的政客们对这个观点津津乐道并四处宣传，议员吉姆·森森布莱纳（Jim Sensenbrenner）就曾在密尔沃基的一个郊区说："上周发布的人力资源报告指出，全美新增 1.8 万个就业机会，其中的一半来自威斯康星州。这说明我们在这里的努力已经取得了效果。"

这个例子充分说明，如果以百分比的方式报道净增就业机会等既可能是正值也可能是负值的数字，就会陷入尴尬的境地。威斯康星州增加了 9 500 个就业机会，这当然是好事，但是，与此同时，邻近的明尼苏达州在民主党人、州长马克·代顿（Mark Dayton）的领导下，创造了超过 1.3 万个新增岗位，得克萨斯州、加利福尼亚州、密歇根州和马萨诸塞州的增长幅度也超过威斯康星州。的确，威斯康星州这个月取得了不错的就业成绩，但是它所做出的贡献，并不像共和党在新闻中暗示的那样，等于其余各州新增就业机会的总和。原来，其中的奥秘在于，其他各州减少的就业机会几乎正好抵消了威斯康星州、马萨诸塞州、得克萨斯州等地的新增就业岗位。也正因为如此，威斯康星州州长才有可能宣称该州为全美的就业增长做出了一半的贡献。如果明尼苏达州州长愿意，他也可以宣布全美新增就业机会中的 70% 要归功于他们州。两位州长的说法从技术上讲正确无误，但是从根本上讲却极易误导人。

接下来，我再以史蒂文·拉特勒（Steven Rattner）在《纽约时报》（New York Times）上发表的专栏文章为例。该文引用了经济学家托马斯·皮凯蒂（Thomas Piketty）和伊曼纽尔·赛斯（Emmanuel Saez）的研究成果，认为美国人从当前的经济复苏中获取的好处并不均衡。

新的统计数据表明，富人与其他人在财富上的差距越发地令人吃惊，我们急需解决这个问题。即使在一个对于收入不均衡已经习以为常的国家，这样的发现也让人震惊。

2010 年，美国经济仍然处于恢复阶段。在 2009 年的 2 880 亿美元国民收入基础上的新增收入中，有高达 93%（比例之高令人瞠目）的部分被前 1% 的纳税人收入囊中，而这些人当中收入最低的也有 35.2 万美元入账……

2010 年，在排除通胀因素之后，收入排名为后 99% 的美国人的人均新增收入，只有微薄的 80 美元。而收入排名前 1% 的人的平均收入是 1 019 089 美元，增加了 11.6%。

这篇文章还给出了一个构思巧妙的信息图，将收入增加部分的构成做了进一步细分：37% 的新增收入为前 0.01% 的超级富豪所有，56% 属于前 1% 中的其他富人，而剩余 99% 的人则只能分享少得可怜的 7%。我们可以利用这些数据制作一个简单的饼状图：

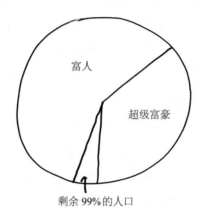

剩余 99% 的人口

接下来，我们把这幅饼状图再细分一次，考虑前 10% 中去掉前 1% 后剩余人口的收入增长情况。这个部分包含家庭医生、非精英律师、工程师与中高级管理人员，他们占多大比例呢？皮凯蒂与赛斯非常热心，在网上分享了他们收集的数据，我们可以从中找到这个问题的答案。我们发现，这个答案有点儿奇怪。2009 年，这部分美国人的平均收入约为 15.9 万美元；2010 年，他们的人均收入有所增加，略高于 16.1 万美元。尽管这个增幅与前 1% 的富人的新增收入相比显得有些寒酸，却为 2010~2011 年全美收入增长总额做出了 17% 的贡献。

饼状图中，在前 1% 的人口所占 93% 的份额的基础上再加上 17%，你会发现，饼状图无法表示了，因为饼比盘子还大。

93% 与 17% 相加的和超过 100%，怎么可能呢？其实很好理解，因为在 2011 年收入排名后 90% 的人口中，有的人经济状况有所好转，有的则没有起色，他们的总体平均收入实际上比 2010 年还要低。当混合到一起时，由于负数的存在，使用百分比的方法就会出错。

在皮凯蒂-赛斯数据中，我们会一次又一次地发现同样的问题。1992 年，收入排名前 1% 的人的新增收入占全美收入增长总额的 131%！这个数字当然会给人留下深刻的印象，但是同时这个数字也表明，百分比的含义与我们惯常的理解并不完全一致——我们无法让 131% 在饼状图中表示出来。1982~1983 年，美国再一次从经济衰退中恢复过来，国民新增收入总额中的 91% 应归功于收入排名前 10% 但不包括前 1% 的那部分人。这个数字是不是意味着比较富裕的职业人士抓住了经济恢复的良机，而中产阶层与非常富裕的人群则被他们甩在身后了？并非如此，前 1% 的超富阶层也取得了令人满意的进展，贡献了国民新增收入总额的 63%。对于收入排名前 10% 的人而言，经济形势一片光明，但是排名后 90% 的人口却节节败退，收入没有增加。

这些研究都没有否认经济复苏的曙光照射到美国富人身上的时间要稍早于中产阶层，但是，对美国经济形势的分析却有失偏颇。研究似乎表明，经济复苏仅使 1% 的人受益，而其余美国人都饱受折磨，但真实情况并非如此。排名前 10% 但没进入前 1% 的美国人（坦率地讲，很多《纽约时报》专栏评论的读者也包含在内），收入也很高，收入增加的幅度是饼状图所示的 7% 的两倍还多。前景一片黯淡、看不到一点儿希望的是剩余 90% 的人口。

即使所涉及的数字碰巧都是正数，人们仍然有可能曲解百分比。2012 年 4 月，民意测验结果显示，米特·罗姆尼（Mitt Romney）在女性选民中的支持率很低，于是他的竞选团队发表了一项声明："奥巴马政府导致美国女性陷入了非常艰辛的境地。在奥巴马总统的领导下，苦苦挣扎、四处找工作的女性人数是有史以来最多的，失业人口中有 92.3% 的人是女性。"

从演讲的角度来看，这则声明毫无破绽。据美国劳工统计局的相关数据，2009 年 1 月美国的总就业人口为 13 356.1 万，而 2012 年 3 月仅为 13 282.1 万，减少了 74 万。在女性人口中，这两年的就业人数分别是 6 612.2 万和 6 543.9 万，因此与奥巴马入主白宫的 2009 年 1 月相比，2012 年 3 月的女性就业人数减少了 68.3 万。拿这个数字与第一个数字相除，就会得到 92% 这个数字。看起来，奥巴马总统似乎一直在四处奔走，劝说所有的企业解雇所有的女性员工。

这样的算法并不正确。这些数字都是岗位损失净值，而且我们也不知道在这三年时间里，增加与减少的工作岗位分别有多少，我们只知道这两者的差是 74 万。岗位损失净值有时是正值，有时则是负值，因此单纯地计算百分比有可能会出问题。假设罗姆尼竞选团队从 2009 年 2 月[①]才开始统计美国失业人口，结果会怎么样呢？2009 年 2 月，美国经济没有任何好转，总就业人口跌至 13 283.7 万。到 2012 年 3 月，美国的岗位损失净值为 1.6 万，女性减少的工作机会为 48.4 万（不过，这个数字的绝大部分被男性岗位的增加数抵消了）。由此可见，罗姆尼团队错失了一个良机。如果他们在奥巴马就任总统满一个月后，即从 2009 年 2 月开始计算美国女性的就业情况，他们就可以理直气壮地指出，在奥巴马任期内，女性损失的工作岗位数在岗位减少总数中占 3 000%！

但是，稍有头脑的选民都能看出来，这样的百分比应该是不正确的。

那么，从奥巴马宣誓就职到 2012 年 3 月这段时间里，男性与女性就业人口到底发生了哪些变化呢？这需要分成两个时间段来看。2009 年 1 月~2010 年 2 月，由于受到经济衰退及其余波的影响，男性与女性的就业形势急转直下。

2009 年 1 月~2010 年 2 月：

男性岗位损失净值：297.1 万

女性岗位损失净值：154.6 万

第二阶段是后衰退期，就业情况开始逐渐好转。

2010 年 2 月~2012 年 3 月：

男性岗位增加净值：271.4 万

女性岗位增加净值：86.3 万

在就业情况急剧恶化时期，男性面临的就业形势十分严峻，损失的工作岗位

---

① 格伦·柯斯勒（Glenn Kessler）撰文分析了罗姆尼在 2012 年 4 月 10 日《华盛顿邮报》（*Washington Post*）上刊登的竞选广告，本书借鉴了柯斯勒的分析结果。

数几乎是女性的两倍。而在经济恢复期，男性得到的新工作机会占新增岗位总数的 75%。综合考虑这两个时期，男性的就业人数几乎持平。但是，如果认为当前面临糟糕经济形势的只有女性，那么这样的观点非常不明智。

《华盛顿邮报》对罗姆尼团队提出的 92.3% 这个数字给出的评价是"真实但是不正确"。罗姆尼的支持者们对这个评价大加嘲讽，而我认为这个评价不仅没有问题，还告诉我们使用统计数字时应当注意的一些深层次问题。毫无疑问，这个数字是正确的，用女性岗位损失净值除以岗位损失总净值，就会得到 92.3%。

但是，这样的"真实性"没有多大意义。如果奥巴马团队发表声明："有人指控，多年来罗姆尼操控着一个在哥伦比亚与盐湖城之间贩卖可卡因的贩毒团伙，而罗姆尼本人也从来没有否认这项指控。"其效果就与这个数字的影响力相仿。

这则声明也是 100% 真实的，但它的目的是给人们留下一个不正确的印象。因此，"真实但是不正确"这个评价完全公平合理。这是一个错误问题的正确答案，从某种意义上讲，它的影响比单纯的计算错误更为恶劣。我们往往以为所谓谨慎的定量分析，就是我们用计算器完成某个计算，但是，我们必须先弄清楚计算的对象，然后才能使用计算器进行计算。

我认为这样的错误应归咎于数学应用题，人们之所以对数学与现实之间关系的认识严重失真，数学应用题难辞其咎。"鲍比有 300 颗弹子，他把 30% 的弹子给了詹尼，他给吉米的弹子是给詹尼的一半，他还剩多少颗弹子？"这个问题看上去是现实世界中发生的问题，但其实就是一个代数问题，只不过有了一层并不高明的伪装而已。这道应用题与子弹没有一点儿关系，我们也可以这样说：在计算器里输入"$300-0.30\times300-0.30\times300\div2=$　"，然后抄写答案！

但是，现实世界中的问题与数学应用题完全不同。现实问题应该是："经济衰退及其余波是否对职场女性的影响尤为显著？如果是，它在多大程度上是由奥巴马政府的各项政策造成的？"而计算器上根本找不到这样的按键。为了给出合乎情理的答案，我们不仅需要知道一些数字，还需要回答多个问题。在某个经济衰退期内，表示男性、女性工作岗位减少情况的曲线是什么形状？从工作岗位减少的情况看，本次经济衰退是否显著不同？与男性相比，女性从事的哪些工作比例失衡？奥巴马的哪些决定对这个经济领域产生了影响？我们必须先把这些问题转变成算式，然后才可以用计算器计算。等到使用计算器时，真正需要思考的问题应该已经解决了。用一个数除以另一个数只是单纯的计算，考虑清楚用什么除以什么才是真正的数学问题。

HOW NOT TO
BE WRONG

第二部分　推理

精彩内容：

- ●《托拉》中隐含的信息
- ● 古老的预言与回旋余地
- ● 零假设与显著性检验
- ● 斯金纳与莎士比亚
- ●"霹雳旋风式扣篮"
- ● 紧密相连的素数对
- ● 被"屈打成招"的数据
- ● 公立学校讲授"神创论"的正确方法

第6章　圣经密码与股市预测

人们在处理小到日常琐事（"我还要等多长时间，下一趟车才会来"），大到宇宙探索（"在创世大爆炸发生百亿分之一秒之后，宇宙是什么样"）等各类问题时，都会用到数学知识。

但是，有大量的问题却超出了宇宙探索的范畴，它们关注的是万物的意义与起源。对于这类问题，我们可能会认为数学知识无能为力。

绝不可以小看数学扩张领土的雄心。希望了解上帝吗？没问题，我们有数学家正在从事相关研究。

很早以前，有人认为尘世间的凡人可以通过理性观察了解高高在上的神。20世纪犹太学者迈蒙尼德（Maimonides）宣称，早在一神论诞生之际，就存在这样的观点。迈蒙尼德的重要著作《第二托拉》（*Mishneh Torah*）对亚伯拉罕的启示有如下描述：

> 虽然亚伯拉罕刚断奶时年纪尚幼，但是他已经开始思考了。他日夜不停地考虑这些问题："这个（天）球一直引导着我们的世界，但却没有人引导它，也没有人让它转动，这怎么可能呢？它不可能自动旋转啊？"他苦思

冥想，终于找到了真理之路。他知道冥冥之中有一个上帝，是上帝引导这个球，创造了万物。在所有的存在之中，上帝是唯一的神……于是，他不遗余力地向全世界传播他的发现，引导人们相信整个宇宙只有一位创世者，那就是上帝，我们应该对其顶礼膜拜……人们纷纷找上门来，对他的断言提出了各种质疑，他尽其所能为每个人答疑解惑，直到他们也走上真理之路。于是，成千上万的人加入了他的行列。

关于宗教信仰的想象特别对数学思维的胃口。我们相信上帝，不是因为有天使与我们接触，不是因为某一天我们敞开了心扉、让上帝的圣光照射进来，当然也不是因为父母亲的谆谆教诲，而是因为上帝是一种必然存在，就像 8×6 一定等于 6×8 一样。

如今，亚伯拉罕式的辩论（只要看看周围万物就会知道，如果没有经过精心设计，它们怎么可能如此美妙绝伦）已经被认定为说服力不足，至少在科学界大多数人是这样认为的。我们现在拥有显微镜、望远镜和计算机，我们无须再把自己关在屋子里，茫然无措地盯着月亮发呆，我们还收集了海量数据，也拥有各种工具去处理这些数据。

犹太拉比学者最青睐的数据集是《托拉》（*Torah*），因为这本著作是有限字母表中的所有字母有序排列形成的字母串。犹太人在传播时非常虔诚，唯恐发生错误。尽管这本著作是写在羊皮纸上，但它是一种原始的数字信号。

20 世纪 90 年代中叶，耶路撒冷希伯来大学的一群研究人员开始分析这些数字信号，并且发现了一些非常奇怪的现象。当然，从神学研究的角度来看，这些现象并不奇怪。这些学者来自不同的专业领域：伊利亚胡·芮普斯（Eliyahu Rips）是一位数学教授、著名的群论学家；约阿夫·罗森博格（Yoav Rosenberg）是计算机硕士；道伦·魏茨滕（Doron Witztum）是物理学硕士。他们都对《托拉》颇感兴趣，痴迷于研究《托拉》讲述的故事、系谱与训诫，以期发现其中隐含的神秘信息。他们选用的研究工具是"等距字母序列"（equidistant letter sequence，以下简称ELS），即按照固定间距从《托拉》中选取字母构成文本。例如，在下面这个短语中

DON YOUR BRACES ASKEW

我们可以从头开始，依次读取第五个字母

DON Y**O**UR BR**A**CES AS**K**EW

由此得到的ELS为DUCK，至于这个词的意思是"低头躲避"还是"鸭子"，得根据上下文来决定。

但是，大多数ELS并不是单词，例如，如果在"Most ELSs don't spell words; if I make an ELS out of every third letter in the sentence you're reading"中，从头开始依次读取第三个字母，就会得到MTSOSLO……这样毫无意义的ELS。不过，《托拉》是一个很长的文本，只要我们耐心寻找，总可以从中找出某些规律。

这种宗教探究的模式，乍一看似乎非常奇怪。《圣经》旧约部分中的上帝难道真的会在这种词条检索中彰显他的存在吗？在《托拉》中，如果上帝希望你知道他的存在，你自然就会知道，因为90岁的老妪怀孕了，灌木丛着火并且有说话声，晚餐从天而降等。

而且，从《托拉》的ELS中寻找信息，并不是芮普斯、魏茨滕与罗森博格等人首创的，古代的拉比中早有零星的先行者，但真正的先驱当属20世纪的迈克尔·威斯曼德（Michael Dov Weissmandl）。威斯曼德是斯洛伐克的一位拉比，在"二战"期间，他想要通过筹集资金贿赂德国官员，来缓解斯洛伐克的犹太人所遭受的迫害，但他的努力基本上徒劳无功。威斯曼德在《托拉》中发现了几个非常有趣的ELS，其中最有名的是"mem"（希伯来语中发音类似"m"的字母）。我们按照50个字母的间距读取字母，就会得到希伯来语单词"Mishneh"，是迈蒙尼德《第二托拉》这本书书名的第一个单词。然后，跳过613个字母（为什么是613个字母呢？因为613正好是《托拉》中戒条的总数，请记住这个数字），再每隔50个字母读取，就会发现这些字母可以拼出单词"Torah"。也就是说，在《托拉》这本比迈蒙尼德出生早1 000年就定稿的经文中，通过ELS的形式预言了他的著作的出版。

我前面说过，《托拉》是一个非常长的文本。有人统计过，它一共包含304 805

个字母。因此，按照威斯曼德所发现的规律或者类似规律，我们不清楚能得到哪些信息。分析《托拉》的方法有无数种，必然有一些方法可以发现某些单词。

魏茨滕、芮普斯与罗森博格等人接受过数学方面的专业训练，又对宗教教义有所研究，因此，在完成这项任务时他们所采取的方法更具系统性。他们从现代犹太历史的不同时期选择了 32 位著名的拉比，其中包括亚伯拉罕·哈马拉齐（Avraham HaMalach）与 The Yaabez。在希伯来语中，数字可以用字母表示，因此这些拉比的出生与死亡日期为他们的研究提供了更多的字母序列。他们需要研究的问题是：这些拉比的姓名在等距字母序列中出现的位置，是不是大多与他们的生卒日期所在的位置非常接近呢？

换一个更具挑衅性的说法，就是《托拉》能预测未来吗？

魏茨滕与同事们采用一个巧妙的方法，对这个假说进行验证。首先，他们在《创世记》（Genesis）中搜索能拼出这些拉比姓名与生卒日期的 ELS，然后计算含有姓名的字母序列与含有生卒日期的字母序列在文本中的距离。然后，他们打乱这 32 个日期，让每个日期与一位随机选取的拉比相匹配，并重复进行上述验证程序，一共 100 万次。如果在《托拉》的文本中，拉比的姓名与对应的生卒日期之间没有相关性，就可以证明，真正构成对应关系的拉比姓名与生卒日期在文本中的距离，与随机搭配的情况不会有明显区别。结果，他们发现情况并非如此。正确匹配的结果，在总共 100 万个实验结果中排名第 453 位，非常靠前。

随后，他们又针对其他文本，包括《战争与和平》（War and Peace）、以赛亚书（《圣经》的一个部分，但不包括传言由上帝所书的部分），以及将《创世记》中的字母随机打乱后得到的一个文本，用同样的方法进行了验证。在这些实验结果中，正确匹配的结果排在中游位置。

他们在论文中陈述结论时，使用了非常严肃的数学语言："我们可以肯定，在《创世记》中，真正构成对应关系的 ELS 彼此位置接近，并不是偶然因素造成的。"

尽管这些语句并不起眼，但人们却认为这是一个令人震惊的发现，而且，由于这些作者都有数学背景（其中芮普斯尤为突出），因此这个发现更具震撼性。1994 年，这篇论文被提交并发表于《统计科学》（Statistical Science）杂志，编辑罗伯特·凯斯（Robert E. Kass）还为该文写了一篇异乎寻常的序言。在序言中凯斯指出：

> 我们在审阅本文时感到左右为难。根据之前的观念，《创世记》不可能包含当今时代某些人的有价值的参考信息，但是本文作者经过再三分析与核实，得到了相同的结果。因此，我们把本文奉献给《统计科学》的读者，由你们来解开这个极具挑战性的谜团。

尽管魏茨滕的这些发现非比寻常，但是他的这篇论文却没有立刻引起公众的注意。不过，在美国记者迈克尔·卓思宁（Michael Drosnin）发现这篇论文之后，事情立刻发生了显著的变化。卓思宁亲自动手搜寻各种ELS，他摒弃了科学研究的各种限制，把找到的字母序列全部收集起来。1997 年，他出版了《圣经密码》（*The Bible Code*）一书。在封面的显著位置上，印着一卷已经发黄、看上去十分破旧的《托拉》的图案，还有一个希伯来语字母序列，意为"伊扎克·拉宾"和"准备暗杀的刺客"。卓思宁宣称，在拉宾（Rabin）于 1995 年遇刺之前，他提前一年向拉宾发出了警告，他的这番言论为他的这本书做了很好的宣传。此外，这本书还重点介绍了他根据《托拉》做出的两次预测：海湾战争与 1994 年苏梅克-列维 9 号彗星撞击木星。虽然魏茨滕、芮普斯与罗森博格公开指责卓思宁采用的是特设性方法，但因为能预测死亡与未来，《圣经密码》成了一本畅销书，卓思宁本人也成了奥普拉·温弗瑞谈话节目的嘉宾。美国有线电视新闻网（CNN）报道了他的发现，他还为雅瑟·阿拉法特（Yasser Arafat）、西蒙·佩雷斯（Shimon Peres）与比尔·克林顿的幕僚长约翰·波德斯塔（John Podesta）做了专场报告，介绍他对即将到来的世界末日的预言。[1]成千上万的人都认为，卓思宁用数学方法证明了《圣经》是上帝的旨意，拥有科学世界观的现代人面前意外地出现了一条通向宗教信仰的坦途，而且不少人真的踏上了这条路。但我坚信，不信教的犹太男子在初为人父时，千万不要草率行事，一定要等《统计科学》上的这篇论文被正式认可之后再考虑是否给儿子举行割礼仪式。（为了这个孩子，我希望论文

---

① 卓思宁当时预测世界末日会在 2006 年到来。

的审阅程序快点儿完成。）

人们对这些圣经密码褒贬不一：公众普遍认可，但是数学界却大肆攻击其理论基础。在人口众多的正统派犹太教数学家当中，分歧尤为突出。在我曾经攻读博士学位的哈佛大学数学系，教师们对于这些密码的意见也非常不统一：戴维·卡兹丹（David Kazhdan）表现出谨慎的开明态度；而梭罗莫·斯滕伯格（Shlomo Sternberg）则明确表示反对，他认为，如果大肆宣扬这些密码，就会让人觉得正统派犹太教受到了蒙蔽，教徒是一群傻瓜。斯滕伯格在《美国数学会通讯》（*Notices of the American Mathematical Society*）上对这些密码发起了猛烈的攻击，指责魏茨滕、芮普斯和罗森博格的论文是一出"恶作剧"，并且批评卡兹丹等持类似观点的人"不仅使他们自己蒙羞，同时还是数学界的耻辱"。

我能感觉到，在斯滕伯格这篇文章发表的当天，数学系下午茶的氛围有多尴尬。

即使是笃信宗教的学者，也会抵制这些密码的诱惑。有的学者欣然接受了这些密码，例如犹太神学院 Aish HaTorah 的管理层，他们认为这些密码会促使那些不遵守教义的犹太人重新坚定自己的信仰。然而，其他学者则认为这种方式完全背离了传统的《托拉》研究，对其心存疑虑。我就听说过这样一件事：在某个传统的普林节晚宴上，宾客们的豪饮已经接近尾声。这时，一位地位崇高的拉比问宾客当中的一位信徒："请问，如果你发现《托拉》中有一个密码，指出安息日应该设在星期日，你会怎么办？"

这位客人说："《托拉》中不会有这样的密码，因为上帝指示我们把星期六定为安息日。"

这些年迈的拉比却不依不饶地问："哦。如果真的有这样的密码呢？"

这位年轻的客人沉默了一会儿，最后说："那样的话，我可能就需要考虑考虑了。"

谈话进行到这里，这位拉比做出了抵制圣经密码的决定。的确，用数字分析的方法研究《托拉》中的字母串，这是犹太人（尤其是有神秘主义倾向的拉比们）的一个传统，但是这个方法的唯一目的就是帮助人们更好地理解并重视这本神圣的经书。如果这个方法真的可能导致人们对宗教基本戒律产生怀疑，哪怕仅仅是理论上存在可能性，那么，该方法就和腊肉奶酪三明治一样，是不符合犹太教教义的。

这些密码似乎是明显的证据，可以证明《托拉》中隐藏着神的启示，但是数学家们为什么抵制它们呢？为了解释这个问题，我们需要引入一个新角色：巴尔的摩的股票经纪人。

选股必涨的巴尔的摩股票经纪人

我先给大家讲一个小故事。有一天，一位巴尔的摩的股票经纪人主动给你发来一份行业资讯，透露了某只股票将要大涨的内部消息。一周之后，这位巴尔的摩股票经纪人的预言应验了，这只股票真的涨了。第二周，你又收到一期行业资讯。这一次，这位经纪人认为某只股票会跌。结果，这只股票真的跌了。10 周过去了，这份神秘的行业资讯每期都有新预测，而且它们全都应验了。

第 11 周的行业资讯又到了，劝说你将钱交给这位巴尔的摩的股票经纪人帮你做投资。由于连续 10 期行业资讯的预测都非常成功，这充分说明这位经纪人眼光敏锐，能捕捉到股票市场上稍纵即逝的良机，因此，他的佣金收入自然相当可观。

这样的交易似乎有利可图，是吧？毋庸置疑，这位巴尔的摩的股票经纪人是有些本领的。如果他是一个没有股票市场专业知识的傻瓜，绝不可能连续 10 次正确地预测股票的涨跌。我们可以准确地计算出这个概率：如果一个股票白痴做出正确预测的概率是 50%，他前两次预测正确的概率就是一半的一半，即 1/4，前三次都正确的概率是 1/4 的一半，即 1/8，以此类推，连续 10 次预测全部命中的概率[①]为：

$$1/2 \times 1/2 \times 1/2 \times 1/2 \times 1/2 \times 1/2 \times 1/2 \times 1/2 \times 1/2 \times 1/2 = 1/1\ 024$$

换言之，股票白痴取得这个成绩的概率几乎为零。

---

① 该计算方法中隐含着一个非常有用的原则，即乘法定则。甲事件发生的可能性是 p，乙事件发生的可能性是 q，且甲事件、乙事件相互独立（甲事件的发生不会对乙事件的发生概率产生任何影响），那么，甲事件与乙事件同时发生的概率是 $p \times q$。

　　但是，如果从那位巴尔的摩股票经纪人的视角来讲这个故事，情况就大不一样了。第一周，你不是该经纪人的行业资讯的唯一接收对象，因为他一共发出了10 240份。[1]但是这些行业资讯的内容并不一样，其中一半人收到的资讯与你的一模一样，预测那只股票会涨；而另一半行业资讯的内容则正好相反。收到后一种行业资讯的5 120人，再也不会收到第二份行业资讯。但是，包括你在内的收到前一种行业资讯的5 120人，第二周会收到第二期行业资讯。在这5 120人中，有一半人与你收到的第二期行业资讯相同，另一半人则正好相反。因此，第二周过后，有2 560人收到了连续两次预测正确的资讯。

　　到了第10周，有10名幸运儿会连续10次收到这位巴尔的摩股票经纪人的正确预测（无论股市是什么情况，这个结果都不会改变）。这位经纪人有可能会密切关注股市动态，也有可能通过掷骰子的方式随便选一只股票，但都会有10个人在收到10期行业资讯后认为这位经纪人是个天才。这位经纪人很有可能会从这10个人身上狠赚一笔，但是对这10个人而言，前面10次的正确预测并不能保证后面的预测也是正确的。

　　经常有人煞有介事地跟我讲这个故事，但是我没有找到能证明确有其事的任何证据。不过，2008年的一档真人秀电视节目与之非常相似。在这档节目中，魔术师德伦·布朗（Derren Brown）成功地表演了类似的魔术。他给成千上万个英国人发邮件，预测各种赛马的结果，最后，他成功地让其中一个人相信了他所谓的"万无一失预测法"。在有人宣称自己拥有某种神秘能力时，布朗最经常做的不是推波助澜，而是揭穿他的把戏。在这次节目的最后，他公布了其中的奥秘。他的这一举动相当于在英国做了一次数学知识普及，其影响力可能超过十几部英国广播公司（BBC）的专题片。

　　但是，如果对这个游戏稍加改进，让它的欺骗性没有那么明显，最后也不揭穿其中的奥秘，我们就会发现金融业真的是巴尔的摩股票经纪人的乐土。公司在

---

　　① 这个故事发生的时候，寄出1万份邮件是一个大工程，需要复制1万份实体文件，然后一份一份地装订起来。但是，在当今这个时代，这种邮件可以通过电子邮箱群发，而且几乎不需要任何成本，因此这种做法更加现实。

发行共同基金时，通常会先在机构内部持有这笔基金，过一段时间之后才向公众开放。这种做法名为"基金孵化"（incubation），但是，基金孵化并不像它的名称暗示的那样温馨安全。通常，公司会同时孵化多笔基金，尝试无数种投资策略与投资额度，让这些基金在母体中相互竞争。有的基金会拥有很好的回报率，公司很快就开始向公众兜售这些基金，同时提供大量证据证明这些基金拥有的收益情况。而那些收益不佳的基金则被扼杀在襁褓中，公众通常都不知道它们的存在。

从孵化器中顺利破壳而出的基金之所以能够幸存，原因可能在于它们真的可以代表更精明的投资行为，出售这些共同基金的公司可能更加相信这一点。投机得手之后，谁都会认为自己头脑聪明，掌握了窍门，从某种意义上讲应该得到这份荣誉，不是吗？但是，数据却显示出相反的结果：基金一旦到了公众手中，就无法维持它们在公开发行之前的优秀业绩，其收益情况大致只能处于中游水平。

如果你运气不错，手头正好有一些资金可用来投资，那么上述情况对你来说意味着什么呢？答案是你最好抵制住诱惑，不要认购在过去 12 个月里回报率达到 10% 的那些热门的新基金，而最好接受那些听起来一点儿都不令人兴奋甚至让人感到厌烦的投资建议，或者"吃蔬菜、爬楼梯"的理财计划。也就是说，不要四处寻找效果神奇的投资策略或者可以点石成金的投资顾问，而应该把资金投到一只收费较低、不怎么热门的指数型基金中，然后长期持有。如果把积蓄投到热门的新基金中，然后眼巴巴地等着赚钱，这种做法与收到巴尔的摩股票经纪人的行业资讯之后，把毕生积蓄交给对方的做法没有什么区别。热门新基金的前期业绩非常可观，令你心动不已，但是你不知道它继续维持如此佳绩的概率到底有多大。

这种情况非常像我与 8 岁的儿子一起玩的"涂鸦拼字"（Scrabble）游戏。如果对抽出的字母不满意，他就会把这些字母放回袋中，重新抽取，直至抽到他满意的字母为止。在他看来，他的这种做法非常公平，因为他是闭着眼睛抽的，所以他不知道会抽到什么字母！但是，如果你给自己足够多的机会，你最终肯定会抽到自己期望的"Z"。之所以能抽到自己满意的字母，并不是因为你很幸运，而是因为你在作弊。

巴尔的摩股票经纪人的这套把戏之所以能够奏效，是因为它并不是彻头彻尾地骗你，其原理与精彩的魔术非常相似。也就是说，它告诉你的不是虚假信息，而是真实信息，但是这些真实信息会让你形成错误的结论。连续 10 次选择的股票都涨了，或者魔术师连续猜中 6 场赛马的结果，或者共同基金以 10% 的回报率笑傲股市，这些情况的确不大可能发生。但是，我们之所以会得出错误的结论，就是因为这种"不大可能"真的会发生，并且令我们感到惊讶不已。宇宙之大，无奇不有。只要我们尝试足够多次，总会遇到这些发生概率极小的事件。

小概率事件并不少见。遭遇雷击或者彩票中奖的可能性就非常小，但是这样的事情却在不断发生。这是因为世界上人口众多，有很多人买彩票，也有很多人在暴雨中打高尔夫球。如果视野放得足够宽，大多数巧合事件就不足为奇了。2007 年 7 月 9 日，北卡罗来纳州"34 选 5"彩票开出了"4、21、23、34、39"这个中奖组合，两天后这组数字再次中奖。这样的情况似乎极不正常，我们之所以有这样的感觉，是因为这种情况的确不大可能发生。如果纯粹靠运气，彩票中奖号码相同的概率非常小，不足百万分之二。但是，如果你觉得这种情况令你难以释怀，就不应该了。毕竟，在这种巧合的情况出现时，"34 选 5"的玩法已经存在差不多一年时间了，发生巧合的机会很多。因此，在 1 000 次机会中，"34 选 5"玩法在大约三天时间内开出两组相同的中奖号码，就没有那么神奇了。而且，"34 选 5"并不是唯一的玩法，在全美范围内，有好几百种"X 选 5"的彩票玩法，而且已经存在了多年。如果把所有这些因素都考虑进去，在三天时间内开出相同中奖号码的巧合事件就根本不值得我们大惊小怪。还是那句老话，小概率事件并不少见。

亚里士多德再次第一个站出来，尽管没有正式提出概率的概念，但他认为"不可能发生的事情也会发生。在接受了这个观点之后，我们就有理由认为不可能发生的事情仍然有可能发生"。

一旦我们真正地掌握了这条基本真理，巴尔的摩股票经纪人的那套把戏就毫无作用了。尽管这位股票经纪人为你连续选对 10 只股票的可能性非常小，但是他为某些人给出建议时，考虑到共有 1 万种可能性，所以连续猜中根本不足为奇。英国统计学家费舍尔（R. A. Fisher）有一个著名的论断："概率为'百万分之一'的事件如果发生在我们身上，我们可能会感到非常吃惊。但是，无论我们有多么吃惊，这件事都肯定会发生，而且发生的概率不会超过其应有的范围。"

那些古老预言的真相

当然，圣经密码的编码者并没有把他们的论文复制 1 万份，然后寄送到 1 万种统计学杂志那里。因此，乍一看，我们似乎很难发现他们的情况与巴尔的摩股票经纪人的把戏有什么相似之处。

但是，等到数学家着手解决凯斯在杂志序言中提出的"挑战"、为圣经密码寻找不同于"上帝为之"的其他解释时，他们发现这件事并不像魏茨滕及其合作伙伴所说的那么简单。在这方面率先做出突出贡献的是澳大利亚计算机学家布伦达·马凯（Brendan McKay），以及希伯来大学教授、以色列数学家德罗尔·巴纳丹（Dror Bar-Natan）。他们提出了一个非常重要的观点：中世纪的拉比们没有护照，也没有出生证明，因此我们并不知道他们的真实姓名。人们用称谓来称呼他们，而且不同的作者对他们可能会使用不同的称谓。比方说，假设德维恩·"洛克"·约翰逊是一位著名的拉比，那么我们在《托拉》中寻找他的出生日期预言时，这位拉比的姓名应该采用德维恩·约翰逊、"洛克"、德维恩·"洛克"·约翰逊、D·T·R·约翰逊，还是所有这些称谓一起用呢？

模棱两可的姓名为密码搜寻提供了回旋余地，我们以拉比亚伯拉罕·本·多夫·波尔·弗雷德曼为例。这位 18 世纪哈希德教派的神秘主义者生活在乌克兰一个名叫法斯托夫的犹太人聚居的小镇，魏茨滕、芮普斯与罗森博格在称呼他时用的是"亚伯拉罕拉比"和"哈马拉齐"。但是，马凯与巴纳丹提出疑问：人们也经常把这位拉比称作"拉比亚伯拉罕·哈马拉齐"，但是他们只使用了"哈马拉齐"，而没有使用"拉比亚伯拉罕·哈马拉齐"，这是为什么呢？

马凯与巴纳丹发现，如果姓名的选择存在回旋余地，将会导致分析结果发生显著变化。他们在针对这些拉比进行分析时采用了不同的称谓，而且在圣经学者们看来，这些称谓与魏茨滕选用的那些同样合理（一位拉比说这两组称谓"同样令人敬畏"）。结果他们发现，采用一组新称谓后，一些令人惊讶的现象发生了。

《托拉》似乎再也无法预言这些著名的拉比们的生卒日期了，但是，希伯来语的《战争与和平》却完成了这项使命，准确地给出了相关日期，其效果堪比魏茨滕论文中的《创世记》。

这个发现意味着什么？我敢肯定，这并不意味着列夫·托尔斯泰（Leo Tolstoy）在创作这部小说时把这些拉比的姓名隐藏其中，目的仅仅是等到现代希伯来语发展成形，人们把世界上的经典文学作品翻译成希伯来语时，让人们发现这个秘密。我认为这个发现说明，马凯与巴纳丹关于回旋余地所起作用的观点，具有很强的说服力。借助回旋余地，那位巴尔的摩的股票经纪人为自己的成功创造了大量机会，共同基金公司在判断秘密孵化的基金孰优孰劣时可以使自己处于不败之地，马凯与巴纳丹则提出了一组适合对《战争与和平》进行密码分析的拉比的姓名。因此，如果我们试图从小概率事件中得出可靠的参考信息，回旋余地就是我们应当规避的大敌。

马凯与巴纳丹随后又发表了一篇文章，请犹太法典教授西姆奇·伊曼纽尔（Simcha Emanuel，当时在特拉维夫大学任教）列出了另外一组拉比的姓名，但这个名单的目的不是研究这些姓名与《托拉》或《战争与和平》的兼容性。基于该名单的分析表明，《托拉》中拉比姓名与生卒日期的匹配程度略高于正常水平（而《战争与和平》的情况则没有提及）。

任意选择一组姓名，在《创世记》中都能与这些拉比生卒日期高度匹配的可能性的确很低，但是姓名的选择方法良多，因此，找到一种可以使《托拉》显示出超强预测能力的方案，是完全有可能的。只要机会足够多，找到这些密码就不是一件难事，而且，卓思宁寻找密码的方法不讲科学，要实现这个目的更加轻而易举。卓思宁回应密码怀疑论者："如果批评者能从《白鲸记》（Moby-Dick）中找到某位总理的遇刺信息，我就接受他们的批评。"结果，马凯很快就从《白鲸记》中找到了一些等距字母序列，当中包含了约翰·肯尼迪（John Kennedy）、英迪拉·甘地（Indira Gandhi）、列夫·托尔斯泰等人遇刺的信息。此外，他还找到卓思宁本人将遇刺身亡的信息。尽管有这样的预言，但直到我撰写本书时，卓思宁还舒舒服服地活在人世间，而且正在创作他的第三本关于圣经密码的书。2010年12月，在他的第二本书问世之际，他在《纽约时报》上刊登了一个整版广告，警告奥巴马总统：从《圣经》中隐含的信息来看，本·拉登（Osama bin Laden）可能拥有核武器。

魏茨滕、芮普斯与罗森博格强调他们的做法与共同基金公司不同，后者向公众展示的仅仅是那些于实验期取得最佳收益的基金。他们声称，在所有测试程序启动之前，他们就预先拟定了准确的名单。他们的这个说法可能是真的，然而即便如此，也只不过是为圣经密码取得令人惊诧的成功，给出了一个不同的解释。在《托拉》（以及《战争与和平》）中成功找到拉比的姓名，这件事并不神奇。如果真有神奇的地方，就在于魏茨滕及其同事做出了非常精确的选择，所采用的拉比姓名使《托拉》取得了最佳预测成绩。

不过，这件事还留有一个令我们感到棘手的尾巴。马凯与巴纳丹经过充分的论证，得出了一个令人信服的观点：因为魏茨滕的实验在设计上留有足够的回旋余地，所以他在解释圣经密码时可以做到游刃有余。但是，魏茨滕在论文中使用的是标准的统计学检验方法，科学家们在判断各种（包括医药与经济政策等）论断是否正确时采用的正是这种方法。这也是《统计科学》杂志刊发这篇论文的原因之一。如果这篇论文能顺利地通过统计学检验，那么，无论其结论看上去多么超自然，我们是不是都应该接受呢？换言之，如果我们能够坦然地拒绝魏茨滕通过研究得出的这些结论，那么，我们将标准的统计学检验的可靠性置于何地呢？

因此，我们在使用标准的统计学检验方法时应该小心谨慎。事实上，早在魏茨滕运用统计学检验方法来验证从《托拉》中找出的等距字母序列之前，科学家与统计学家就已经注意到这个问题了。

第7章　大西洋鲑鱼不会读心术

统计学检验方法之所以引起了人们的关注，是因为人们在使用这个标准的统计学工具时，得出的结果有时会令人感到不可思议，关于圣经密码的争议仅是个案。例如，医学上的功能性神经成像技术就引发了非常热烈的争论。功能性神经成像技术的作用原理，是通过准确性不断提高的传感器，让科学家看到在人体神经突触上传递的各种想法与感受。2009年，在旧金山召开的国际人脑成像组织大会上，加州大学圣塔芭芭拉分校的神经学家克雷格·班尼特（Craig Bennett）做了一个会议报告，题目是"大西洋死鲑鱼对人类神经活动的观察——论多重比较修正的重要性"。要解读这个专业性较强的标题，需要花费一些时间，不过，只要我们认真阅读，就会发现在这个报告中，作者提出了一些非常鲜明的观点。研究者将一些人类活动的照片展示给一条死鱼"看"，通过功能性磁共振成像（fMRI）装置，他们发现这条死鱼竟然能够正确地判断出照片中人物的情绪。即使是一个死人或者一条活鱼有这样强的能力，都足以给人留下深刻的印象。如果有谁发现一条死鱼拥有这种能力，那他一定可以凭借此项发现问鼎诺贝尔奖！

当然，这仅仅是一个冷笑话。（不过，这个报告的质量非常高，我特别喜欢其中介绍"研究方法"的那个部分。作者首先说明："一条成年大西洋鲑鱼参与了功能性磁共振成像研究。这条鲑鱼长约 18 英寸[①]，重 3.8 磅[②]，在扫描时已经死亡……在头部线圈内放置发泡垫，以便在扫描过程中限制鲑鱼的活动，但是事实证明，实验对象的活动性极小，因此基本不需要该装置。"）同所有的笑话一样，它实际上是一种含蓄的批评：某些神经成像技术研究人员的方法不够严谨，忽略了"小概率事件并不少见"这个基本真理，从而犯下错误。神经学家将 fMRI 扫描图像分成成千上万个细小的部分（体素），每个体素对应大脑的一个极小区域。在扫描大脑时，即使扫描的是死鱼的脑部，每个体素上也会有一定数量的随机噪声。在向这条死鱼展示某个人抓狂的拍照片时，随机噪声正好达到峰值的可能性极低。但是，神经系统非常庞大，可供选择的体素有成千上万个。在这些体素中，很可能出现一个体素的数据与照片正好匹配的情况，班尼特与实验伙伴们发现的正是这种情况。事实上，他们找到了对人类情感做出明显反应的两组体素，一组位于鲑鱼颅腔的中部，另一组位于鲑鱼脊柱的上部。班尼特的这份报告向我们发出警告：在这个时代，我们可以轻易地获得海量数据，因此，在运用功能性神经成像这个方法区分真实现象与随机噪声时，这些海量数据有可能导致我们犯错误。如果这条鲑鱼与人类产生了情感共鸣，我们就必须小心谨慎，并考虑我们的取证标准是否足够严格。

意外发现越多，就越应该提高意外发现的定义门槛。如果某个陌生人声称，他不再摄入任何北美谷类之后体重减轻了 15 磅，湿疹也消失了，当我们是在机缘巧合的情况下看到他的声明时，就不能认为这是"不摄入玉米有益健康"观点的有力证据。原因在于，如果某个人在兜售倡导这种饮食计划的书，那么会有数以千计的人购买这本书并尝试这个饮食计划，单从概率的角度说，这些人当中很可能有一个人在经过一周的尝试之后，体重有所减轻，皮肤也变得光滑了。于是，在兴奋之余，这个家伙就以"向 452 号玉米说再见"的名义登录网站，并发帖推荐这个饮食计划。而那些尝试这种饮食计划之后没有效果的人则会保持沉默。

班尼特的这篇论文引人关注的地方，不在于他指出死鱼身上有一两个体素通过了统计学检验，而是他的一个惊人发现。他参阅了多篇神经成像方面的论文，

---

① 18 英寸≈45.72 厘米。——编者注

② 3.8 磅≈1.723 千克。——编者注

发现这些论文中竟然有相当高比例的文章没有使用统计偏差预防措施——"多重比较修正"（multiple comparisons correction），也就是说，这些文章没有考虑小概率事件的普遍存在。缺乏这个修正措施，科研人员很有可能把自己的研究结论变成巴尔的摩股票经纪人玩的那套把戏，不仅使他们的同事受到蒙蔽，自己也会误入歧途。如果在收到一连串预测正确的股票行业资讯后异常兴奋，全然不知还有更多的预测在失败之后被扔进了垃圾桶，我们就会招致潜在的风险。同样，因为看到死鱼身上有一两个体素的反应与照片上人物的情绪相吻合而兴奋不已，却忽略了其余的体素，这样的做法也是非常危险的。

代数为什么那么难学？

上学期间，很多孩子会在两个时间点放弃数学学习。第一个时间点是在小学阶段开始学习分数时。在此之前，孩子们接触的都是自然数，也就是 0、1、2、3 等数字，这些数字可以回答"有几个"这种形式的问题。[1]自然数的概念非常简单，据说很多动物都能理解，但是，分数表示"几分之几"，是一个极为宽泛的概念。因此，从自然数到分数是一个哲学上的飞跃。19 世纪的代数学家利奥波德·克罗内克（Leopold Kronecker）有一句名言："自然数是上帝的杰作，而其余的数字则是人类创造的。"

第二个时间点是学习代数时。代数为什么那么难呢？这是因为在代数问世之前，我们对数字的计算都是简单的算术运算。我们把一些数字代入加法或者乘法（在一些传统的学校里，还有长除法）算式中，随后我们就可以得到结果了。

但是代数不同，它是一种自后向前的计算过程，例如：

$x+8=15$

我们已知加法运算的得数（15），因此我们要完成的是一个逆向运算，即找出与 8 相加等于 15 的那个数字。

---

① 长期以来，人们一直为"自然数"是否应该包括"0"这个毫无意义的问题争论不休。如果读者朋友坚持认为不应该包括"0"，就当我在这里没有提到"0"。

七年级的数学老师肯定告诉过我们，在这种情况下，我们可以做一些调整以便于计算，于是上式变成：

$$x=15-8$$

此时，我们通过 15 减去 8 的减法运算算出 x 等于 7。

但是，并不是所有的代数问题都如此简单。我们还有可能需要解二次方程式，例如：

$$x^2-x=1$$

不会吧？（我听到你发出的惊呼声了。）我们有没有可能遇到这样的问题呢？如果老师不要求，我们才不会解这样的难题呢，不是吗？

我们回过头去思考第 2 章讨论的导弹问题，那颗导弹正在向我们快速飞来。

也许，我们知道导弹是从高于地面 100 米的位置发射的，上升的速度为 200 米/秒。如果没有万有引力的作用，根据牛顿定律，导弹将一直沿直线轨迹向上运动，每秒爬升 200 米，x 秒之后的高度可用下列线性函数表示：

$$高度 = 100 + 200x$$

但是，导弹肯定会受到万有引力的影响，因此，它会沿弧形轨迹落在地球上。研究发现，在上述函数中添加一个二次项，就能描述万有引力的作用：

$$高度 = 100 + 200x - 5x^2$$

其中，该二次项前有一个负号，这是因为万有引力对导弹的作用力是向下而不是向上的。

有导弹朝我们飞来时，我们可能需要回答很多问题，其中尤为重要的一个问题是：导弹何时着陆？或者说，什么时候导弹的高度为零？也就是说，x 的值为多少时，下列方程式成立？

$$100+200x-5x^2=0$$

如何才能解出 x 的值呢？我想大家可能没有一点儿头绪。但是我们无须担心，因为我们可以借助试错法这个强大的武器。如果我们把 $x=10$ 代入方程式，就会发现 10 秒钟之后导弹的高度为 1 600 米。把 $x=20$ 代入，得数为 2 100 米，这个结果似乎告诉我们导弹仍然在上升。当 $x=30$ 时，得数又是 1 600 米。这时候我们看到了希望，导弹肯定已经过了最高点。当 $x=40$ 时，导弹距离地面的高度为 100 米，已经非常接近地面了。如果把 x 的值再增加 10 秒，肯定就会超过弹着时间。当 $x=41$ 时，得数为 -105 米，这个数字并不是说我们预测导弹钻到了地面以下，而是说导弹已经落地。此时，我们这个简洁有效的导弹运动模型已经失去效用了。

如果 41 秒太长，那么 40.5 秒呢？当 $x=40.5$ 时，得数为 -1.25 米，比 0 略小一点儿。把时间稍稍回拨至 40.4 秒，得到 19.2 米，说明此时导弹还在下降。40.49 秒呢？非常接近了，仅比地面高出 0.8 米……

我们可以看出，只要小心地调整时间，就可以通过试错法，尽可能准确地估算弹着时间。

但是，这是不是意味着我们已经求出了方程的解呢？也许吧。因为无论怎么微调时间，哪怕我们把弹着时间精确至发射后 40.493 901 531 9……秒，我们也无法知道正确答案到底是多少，我们求出的只是一个近似值。不过，在现实中，把弹着时间精确到百万分之一秒是没有必要的，不是吗？也许，"大约 40 秒"就足够了。如果试图寻找更准确的答案，那纯属浪费时间，而且，所得出的答案甚至有可能是错误的。这是因为我们的导弹运动模型非常简单，没有考虑空气阻力、天气条件造成的空气阻力变化、导弹的弹体自旋等其他因素。这些因素的影响可能很小，但是，在我们希望把导弹到达预定地点的时间精确到微秒时，它们却足以导致我们无法实现这个目标。

不过，即使要为这个方程式找出足够准确的根，也无须担心，因为我们可以借助一元二次方程式这个工具。这个方程式我们曾经学过，但是现在未必能想起来，除非我们记忆力超群，或者现在正好 12 岁。所以，我在这里列出这个方程式。

如果 x 是方程式 $c+bx+ax^2=0$ 的一个根，其中，a、b 和 c 为任意数字，那么

$$x = -\frac{1}{2a}\left(b \pm \sqrt{b^2 - 4ac}\right)$$

在描述导弹高度的方程式中，$c=100$，$b=200$，$a=-5$，由此可以求出 x 的值：

$$x = \frac{1}{10}\left(200 \pm \sqrt{200^2 + 4\times5\times100}\right)$$

在这个算式中，大多数符号都很常见，但是有一个例外，那就是"$\pm$"。这个符号看上去好像正号与负号的关系非常亲密。尽管我们写的这个公式充满自信地以 "$x =$" 作为开头，但到最后却变得举棋不定、犹豫不决。符号 "$\pm$" 就像涂鸦拼字游戏中的空白牌一样，既可以看作 "+"，又可以看作 "–"，非常灵活。每个选择所对应的 x 值都会使方程式 $100+200x-5x^2=0$ 成立。因此，该方程式的根不是一个，而是两个。

哪怕我们早已忘记一元二次方程式，我们也会知道满足该方程的 x 值有两个。我们将方程 $y=100+200x-5x^2$ 绘制成图，就会得到下图所示的开口向下的抛物线。

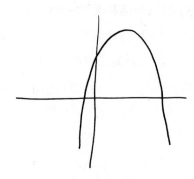

图中水平直线为 x 轴，表示该平面上 y 坐标为 0 的所有点。当曲线 $y=100+200x-5x^2$ 与 x 轴相交时，就表示 $y=0$，即 $100+200x-5x^2=0$。这正好是我们要求解的方程式，只不过它现在变成曲线与水平直线相交的几何问题了。

如果开口向下的抛物线向 x 轴延伸，那么它与 x 轴的交点正好是两个。换言之，使 $100+200x-5x^2=0$ 成立的 x 值有两个。

那么，这两个值到底是多少呢？

如果把"±"定为"+"，就会得到 $x=20+2\sqrt{105}$，即 40.493 901 531 9……，与我们用试错法得出的结果相同。

但是，如果我们选择"–"，就会得到 $x=20-2\sqrt{105}$，即 –0.493 901 531 9……。对于我们最初考虑的那个问题而言，这样的答案是没有意义的。对于问题"导弹将在何时击中我"来说，答案不可能是"半秒钟以前"。

不过，x 的这个负数值肯定是该方程的一个根。数学上的任何结果，都不会是无的放矢。那么，这个负数表示什么含义呢？我们可以用下面这个方法来理解。我们说过，导弹的发射位置比地面高出 100 米，飞行速度为 200 米/秒。但是，我们在计算中应用的条件是：在时间为零时，导弹在该位置以该速度飞升。如果该位置不是发射时导弹所在的位置呢？也许导弹发射的时间不为零，位置也不是在地面上方 100 米的高度，而是发射得稍早一些，从地面直接发射的。那么它是什么时间发射的呢？

通过计算，我们知道导弹位于地面的时间点正好有两个。一个时间点是在 0.493 9……秒以前，这就是发射时间；另一个时间点是在 40.493 9……秒之后，这是弹着时间。

求出上述方程式的两个根似乎并不难，如果我们经常使用一元二次方程式，就更容易了。但是，如果我们年仅 12 岁，这个方程式将会成为我们哲学观的一个转折点。在这之前的 6 年时间里，我们一直在寻找问题的唯一答案，但是从这一刻起，我们突然发现并不存在"唯一答案"这样的东西，这让我们感到无所适从。

这还仅仅是一元二次方程式引起的问题。如果我们需要求解的是 $x^3+2x^2-11x=12$ 这样一个一元三次方程式，也就是说 x 升级为三次幂了。幸运的是，我们可以解开一元三次方程式，通过计算就能知道 x 的值是多少。文艺复兴后期，一些代数学家在意大利四处游历，以金钱与地位为赌资，与人在公开场合打赌求解方程式。在这个过程中，一元三次方程式诞生了。但是，知道一元三次方程式的人为数不多，他们秘而不宣，记录时也会采用隐晦的韵文形式。

这件事说来话长，而我在这里要告诉大家的是，逆向运算的难度非常大。

圣经密码研究者们一直琢磨的推理问题也是一种逆向运算，因此不是轻而易举就能解决的。在我们钻研科学、研究《托拉》或者蹒跚学步时，我们需要通过摆在我们面前的各种观察结果，形成一个个理论。我们要解决的是眼前这个世界的难题，那么答案是什么呢？推理是一项难度很大的工作，甚至是难度最大的工作。我们根据眼前的蛛丝马迹，努力地求解一个又一个 x，希望最终能拨开迷雾，找到答案。

推翻零假设

有一个基础性问题一直在我们的脑海中挥之不去：在现实生活中发现的各种现象，有的令人惊讶，有的则无须大惊小怪，那么我们应该采取何种判断标准呢？既然本书介绍的是数学，大家肯定认为能找到某种数学方法来解决这个问题。数学的确能帮我们实现这个愿望，但是有时也需要冒很大的风险。因此，我们必须讨论 p 值的问题。

在此之前，我们需要先讨论"不可能性"（improbability）这个概念。关于不可能性，我们的理解到目前为止还非常含糊，甚至到了令人无法接受的程度。出现这种局面，是有原因的。数学中某些领域（如几何、代数）的知识是通过代代相传的方式传承下来的，这些领域与我们的直觉关系最为密切。我们几乎一出生就会数数，还会根据物体的位置与形状对其进行分类。对这些概念的诠释，与本书开头所讨论的也没有多大区别。

但是，概率这个概念则大不一样。当然，我们对于不确定的事物也有某种直觉，不过，想要明确地表达出我们的这种感受是很困难的。一个原因就是概率论在数学史上出现的时间非常晚，最终成为数学课内容的时间就更晚了。如果我们认真思考概率的含义，往往会晕头转向。"抛硬币时正面朝上的概率是 1/2"，这个说法的依据是我们在第 4 章讨论的大数定律。根据大数定律，抛硬币的次数越多，正面朝上的比例就会越趋近于 1/2，仿佛在逐渐变窄的航道中航行时船只能前进一样。这就是所谓的概率论。

但是，有时我们会说"明天的降水概率为 20%"，这个说法又是怎么回事呢？明天只会出现一次，无法像抛硬币那样反复实验。经过一番努力，我们也可以把概率论硬套到天气预测上。我们要表达的意思可能是：大量调查发现，如果天气条件与今天类似，那么第二天下雨的天数在总天数中所占比例为 20%。但是，如果有人问"人类在下一个千年灭绝的概率是多少"，我们就会目瞪口呆。因为我们知道，这个实验从本质上讲是无法重复的。我们甚至还会运用概率这个概念来讨论与可能性没有任何关系的事件，例如食用橄榄油预防癌症的概率是多少？莎士比亚是莎剧作者的概率是多少？《圣经》与地球是由上帝创造的概率是多少？用评估抛硬币和掷骰子结果的方法来回答这些问题，似乎是没有道理的。不过，在讨论此类问题时，我们会说"似乎不可能"或者"似乎有可能"。因此，我们可能无法抵制诱惑，从而提出"可能性有多大"的问题。

当然，提出问题与回答问题不是一回事儿。我不知道如何通过实验直接评估"楼上的人"真的"在楼上"（或者真的是一个"人"，对于本例来说结果一样）的可能性。因此，我们只能退而求其次，采用第二有效的方法，至少是得到传统统计学认可的第二有效的方法。（我们马上就会发现，这是有争议的。）

我们说过，从《托拉》中找出的字母序列不可能含有中世纪拉比的姓名。这个说法正确吗？很多笃信宗教的犹太人立刻就会予以反驳，指出人类即将了解的所有东西都以这样或那样的方式隐含在《托拉》中。如果这个观点正确，那么拉比的姓名与生卒日期在《托拉》中的出现不但有可能，而且几乎必然如此。

关于北卡罗来纳的同一组彩票号码两次中奖，我们可以给出类似的解释。同一组号码在一周时间内两次中奖似乎是不可能的事，如果我们认可所有数字随机抽取这个假设前提，这种说法就是正确的。但是，我们也有可能认为这套系统有问题，导致 4、21、23、34 和 39 等数字出现的可能性更大。我们还有可能认为，负责管理彩票游戏的官员比较腐败，会按照自己的意愿挑选中奖号码。后两个假设条件只需满足一个，出现惊人的巧合就不是不可能的事。这里所说的不可能性是一个相对概念，而不是绝对概念。如果我们说某个结果是不可能的，那么无论我们有没有明确指出，我们的意思都是：根据我们对当今世界做出的某些假设，这个结果是不可能的。

很多科学问题都可以被简化为二选一的简单形式：某件事正在发生，是还是不是？针对某种疾病研发的新药对该疾病确有疗效，还是作用为零？某种心理治疗方法可以提升我们的愉悦感（或者让我们更加兴奋），还是毫无效果？这种"毫无效果"的情况就叫作"零假设"（null hypothesis）。所谓零假设，指的是假设所研究的介入活动不起任何作用。如果我们是研发人员，研发了某种新药，那么零假设会让我们辗转反侧、无法入睡。如果无法将之排除在外，就无法知道我们选择的是可以取得医学突破的正确方向，还是做无用功的错误方向。

那么，如何推翻零假设呢？我们可以借助某个标准框架——"显著性检验"（significance testing），来实现这个目的。20 世纪初，现代统计学方法的创始人费舍尔提出了该标准框架的常用形式。[①]

接下来，我向大家介绍显著性检验的作用原理。我们需要做一个实验：找到 100 个实验对象，从中随机选取 50 个人，让他们服用我们研发的新药，剩下的 50 个人则服用安慰剂。我们显然希望服药病人的死亡率低于服用安慰剂的病人。

我们的实验目的似乎非常简单：如果我们观察到服药病人的死亡率低于服用安慰剂的病人，我们就可以宣布新药研发成功，并向美国食品和药品管理局（FDA）递交上市申请。但是，这个观点是错误的。仅仅证明数据与理论相一致还不够，还要证明数据与反面理论不一致，也就是要排除讨厌的零假设。比如，我宣布自己拥有超能力，可以让太阳从地平线上升起。如果你想验证我的这个说法，只要在早晨 5 点钟时走到户外，就能看到我的超能力！但是，这样的证据根本谈不上是证据，因为根据零假设，即使我没有任何超能力，太阳也会照样升起。

---

① 读者可能会有异议，认为费舍尔采用的是统计学方法，而不是数学方法。我的父母都是从事统计学研究的，因此我知道这两个学科之间确有分界线。不过，在撰写本书时，我把统计学思维看作数学思维的一个门类，因此，我在这里把费舍尔采用的方法既看作统计学方法，也看作数学方法。

第 7 章
大西洋鲑鱼不会读心术

在阐释临床试验的效果时同样需要小心谨慎，我们用数字来说明这个问题。假定零假设成立，这就意味着服用新药的 50 名病人与服用安慰剂的 50 名病人的死亡率正好相等（比如说都是 10%）。但是，这并不意味着服用新药和服用安慰剂的病人中各有 5 人死亡。连续多次抛硬币时，正面朝上与反面朝上的硬币刚好一样多的可能性不是特别大。同样，正好有 5 名服药病人死亡的概率也不大，约为 18.5%。而且，在测试过程中，服药病人与服用安慰剂病人的死亡人数刚好相同的可能性也不是很大。通过计算，我发现：

- 服药病人与服用安慰剂病人的死亡人数刚好相同的概率为 13.3%。
- 服用安慰剂病人的死亡人数少于服药病人死亡人数的概率为 43.3%。
- 服药病人的死亡人数少于服用安慰剂病人死亡人数的概率为 43.3%。

如果服药病人的测试结果优于服用安慰剂的病人，并不能说明什么问题，因为即便在新药无疗效这个零假设前提下，出现这样的结果也绝对不是不可能的。

但是，如果服药病人的测试结果好得多，情况就大不相同了。假定在测试过程中，有 5 名服用安慰剂的病人死亡，而服用新药的病人中无人死亡。如果零假设正确，那么两类病人的存活概率应当都是 90%。但是，在这种情况下，服用新药的 50 名病人全部存活的可能性极小。第一个服药病人的存活概率为 90%，前两名病人都存活的概率是 90% 的 90%，即 81%。如果我们希望第三名病人也存活下来，这种情况发生的概率就是 81% 的 90%，即 72.9%。每多一名病人存活，概率就会降低，到最后，所有 50 名病人全部存活的概率会非常小，这个概率是：

$$0.9 \times 0.9 \times 0.9 \times \cdots\cdots \times 0.9 \times 0.9 = 0.005\ 15\cdots\cdots$$

在零假设前提下，出现这种理想结果的概率约为 1/200。可能性这样小，说服力就要大得多。如果我说自己可以用超能力让太阳升起，结果太阳升起来了，此时，你不会认为我有超能力；但是，如果我说自己可以让太阳不升起来，结果太阳真的没有出现，这就说明我得到了一个在零假设前提下极为不可能的结果。在这种情况下，你可得考虑考虑了。

下面，我们以管理中常用的逐条列举的形式给出推翻零假设的程序：

1. 开始实验。

2. 假定零假设为真，设 p 为观察结果中出现极端情况的概率（零假设前提下）。

3. 数字 p 叫作 p 值。如果 p 值很小，我们就可以认为实验结果具有统计学显著性；如果 p 值很大，我们就得承认零假设还没有被推翻。

那么，p 值多小的时候我们可以说它很小呢？在显著性与非显著性之间并没有一条泾渭分明的原则性分界线，但是传统观点认为 $p=0.05$ 是临界点，这个传统观点始于费舍尔本人。

显著性检验体现了我们对不确定性的直觉推理，因此人们普遍接受这个方法。圣经密码至少在乍看上去时令人信服，是什么原因呢？这是因为在《托拉》无法预见未来这个零假设前提下，对于魏茨滕所发现的这类密码而言，其存在的可能性极低，p 值（即发现大量等距字母序列，可以准确地对著名拉比进行人口统计分析的可能性）与 0 非常接近。

多种版本的神创论在时间上远早于费舍尔正式提出的这个检验方法。我们的世界包罗万象、秩序井然，如果我们设定的零假设为"这一切并不是某位首席设计师的杰作"，那么在这个前提下，出现这样一个世界的可能性实在是太小了！

首次尝试用数学语言做出这个论断的人是约翰·阿布斯诺特（John Arbuthnot）。阿布斯诺特是一位物理学家、讽刺作家、亚历山大·蒲柏（Alexander Pope）式的人物，还是一位数学爱好者。他研究 1629~1710 年的伦敦人口出生记录，发现了显著的规律性：在这 81 年间，每年出生的男孩都多于女孩。于是，阿布斯诺特提出了一个疑问：在上帝不存在、新生儿性别随机分布这个零假设前提下，出现这种巧合情况的概率是多少呢？假设在任一特定年份，伦敦新生人口中男孩多于女孩的概率为 1/2，那么 p 值（即连续 81 年出生的男孩多于女孩的概率）为：

$$1/2 \times 1/2 \times 1/2 \times \cdots\cdots \times 1/2$$

81 个 1/2 相乘的得数略小于 $\dfrac{1}{4 \times 10^{24}}$，也就是说，几乎等于 0。阿布斯诺特根据这个发现撰写并发表了一篇论文，论文的题目为"神圣天意的论据——从新生儿性别研究中发现的永恒规律"。

阿布斯诺特提出的这个论据受到了神学研究名流的普遍赞誉，并被他们反复引用。但是，其他数学家却迅速指出他的推理过程存在某些缺陷，其中最主要的问题是他的零假设不合理，即婴儿性别是随机确定的，生男孩与生女孩的概率相同。这两个概率一定是相同的吗？尼古拉斯·伯努利（Nicholas Bernoulli）提出了一个不同的零假设：婴儿性别是由偶然性决定的，是男孩的概率为 18/35，是女孩的概率为 17/35。与阿布斯诺特的零假设一样，伯努利的零假设也否认了神的存在，但是与统计数据极为吻合。如果我们将一枚硬币抛了 82 次，结果全为正面朝上，那么我们应该认为"这枚硬币有问题"，而不是"上帝青睐硬币的正面"。[①]

尽管阿布斯诺特的论证没有得到广泛认可，但是其中的精神却得以传承。阿布斯诺特不仅是圣经密码学术研究之父，而且对神学研究者影响极深。时至今日，神学研究者仍然认为数学研究证明上帝必然存在，理由是没有神的世界绝不可能是现在这样。

不过，显著性检验的对象不应仅仅是神学研究给出的各种辩词。从某种意义上讲，查尔斯·达尔文（Charles Darwin）——在神学研究者眼中，他就是一个粗野、邪恶的无神论者——在论证自己的研究成果时，也采用了基本相同的方式。

> 自然选择理论对上述几大类事实的解释非常完美，几乎可以肯定，错误的理论是不可能拥有如此令人满意的效果的。最近，有人质疑这是一种危险的论证方法，但是人们评判生活中一些常见事件时都会使用这种方法，而且伟大的自然哲学家们也经常采用这种方法。

换句话说，如果自然选择理论是错误的，那么我们面前的生物世界几乎不可能与该理论的预测完全一致。

---

① 阿布斯诺特把男婴数量略高的倾向性看作可以证明神圣天意存在的论据：由于战争及事故中死于非命的成年男性高于女性，因此必须有人或者神做出适当的调整，使新生儿中男性多于女性，以便平衡人口的性别比例。

费舍尔的贡献是把显著性检验变成了一种形式主义的手段，借助这个系统性的方法可以客观地分析实验结果的显著性（或非显著性）。近100年来，显著性检验一直是评估科研结果的标准方法。有一本权威教材把这个方法称作"心理学研究的支柱"，我们在判断实验成功与否时也以此为标准。我们所看到的医学、心理学或经济调查的研究结果，很有可能都经过了显著性检验。

但是，达尔文从"危险的论证方法"这个说法中看出人们心存疑虑，而且这种担忧从未消失。几乎自成为标准方法之日起，就一直有人认为这个方法是一个天大的错误。早在1966年，心理学家戴维·巴肯（David Bakan）就撰文讨论过这个"心理学危机"，巴肯认为这是"统计学理论的危机"。

> 显著性检验并不能告诉我们该显著性引发的心理现象具有何种特征……它的应用已经造成了大量问题……就像那个孩子大声说出皇帝其实什么也没穿一样，我们也需要"大声疾呼"，揭穿它的真相。

近50年过去了，尽管越来越多的孩子四处奔走，传播皇帝赤身裸体的消息，但是这位皇帝仍然一丝不挂地待在他的办公室里，继续寻欢作乐。

并不显著的显著性

显著性到底有什么问题呢？首先，这个名称并不恰当。数学与文字之间的关系颇为奇怪。数学研究论文的主要表述工具不是数字与符号，而是文字，这种现象有时会令外行感到惊讶。我们提到的数学对象往往是《韦氏词典》编纂者们漫不经心列出的一个个词条。新事物需要新词汇，面对这种情况，通常有两种解决办法。第一种做法是，我们另起炉灶创造新词。例如，cohomology（上同调）、syzygies（对点）、monodromy（单值）等，但这些新词会让我们的研究看上去令人生畏。与这种方法相比，第二种做法更常见。在我们察觉拟描述的数学对象与真实世界中的某个事物之间存在某种相似性之后，可以基于这种相似性使用已有词语来指代这些数学对象。例如，"group"（群），在数学家眼中确实指代一群事物，但是数学领域的"群"非常特别，例如整数群或者几何图形的对称操作群。数学上的群与"OPEC"（石油输出国组织）、"ABBA"（瑞典乐队组合）这类群体不同，它是指具有某种属性的事物组合：群中任意两个事物可以组合变成第三个事物。例如，两个数字可以相加，两个对称操作可以相继执行。[①] 此外，"scheme"（模式）、"bundle"（丛）、"ring"（环）与"stalk"（茎）等数学对象也与这些词的本义相差甚远。有时我们选用的数学对象的名称具有田园生活的特点，例如，现代代数几何学中频繁使用的"field"（场）、"sheaf"（层）、"kernel"（核）与"stalk"等。还有的时候，数学语言看上去似乎平淡无奇，但却令人十分头疼，例如，某个计算符号会"kill"（中止）某个进程，而"annihilate"（零化）这个词则更加时髦。有一次，一位同事在机场使用了数学领域中一个非常普通的词，说总有一天有必要把飞机"blow up"[②]，它让我感到胆战心惊。

"Significance"这个词也一样，在普通语言环境中，它是指"重要的"或"有意义的"。但是，科学家进行的显著性检验，目的并不是检测重要性。我们在测试新药的疗效时，零假设是"该药没有任何疗效"，因此，要推翻该零假设，我们仅需要证明该药物有疗效。但是，它的疗效可能非常小，如果按照非数学专业人士对疗效"显著性"的理解，那么这种药物可能会被评估为没有任何疗效。

"significance"一词的两种含义会带来一系列后果，而不仅仅是让科研论文晦涩难懂。1995 年 10 月 18 日，英国药品安全委员会（CSM）向 20 万名医生与保健人员发出了一封"致全体医生"的公开信，对某个品牌的第三代口服避孕药发出警告。信中称："新的证据表明，在服用某些类型避孕药的人群中，患静脉血栓的风险增加了一倍。"静脉血栓可不能等闲视之，因为它会妨碍血液在静脉中的流动。如果血块摆脱束缚，就会随血液进入肺部形成肺栓塞，夺走人的生命。

这封"致全体医生"公开信随后立即安慰读者，称口服避孕药对大多数女性来说是安全的，除非医生建议停药，否则可继续服用。但是，由于标题中使用了"致命的药丸"这样的字眼，因此这些内容中的细节很容易被人忽视。10 月 19

---

① "群"的数学定义比这个解释复杂，但遗憾的是，面对各种各样的"群"，我们在这里只能点到为止。

② blow up 本义为"爆炸"，数学上意指"把（函数）变成无限大"。

日，美联社在新闻报道的开头就指出："英国政府在星期四发出警告，称 150 万名英国妇女服用的新型避孕药物可能会引发血栓……英国政府曾考虑召回这些药物，但最终没有形成决议，部分原因是某些妇女无法接受其他避孕药。"

这则报道自然引起了英国公众的强烈反应。一位全科医师发现，女性病人看了这则报道之后，其中有 12% 的人立刻停止服用这种避孕药，转而服用不会引发血栓的其他避孕药。但是，一旦中止服用避孕药，就会对避孕效果产生影响，使怀孕人数增加。（大家不会以为我接下来会告诉你们这件事引发了禁欲浪潮吧？）此前，英国的生育率连续多年走低，但在 1996 年却增加了好几个百分点，英格兰与威尔士的怀孕人数比前一年增加了 2.6 万名。这么多的人意外怀孕，导致堕胎人数激增，1996 年的堕胎人数比 1995 年增加了 1.36 万名。

血块在血液循环系统中横冲直撞，有可能会严重影响人的身体健康。与之相比，堕胎似乎微不足道。的确，我们可以想象有多少妇女因为 CSM 的警告而规避了肺栓塞致死的风险！

但是，到底有多少女性从中获益了呢？我们无法知道确切的数字。不过，一位支持 CSM 发布警告的科学家称，因为警告而逃过一劫的总人数"有可能仅为一人"。第三代避孕药的风险具有统计学显著性，但从医疗保健的角度看则没有那么明显的显著性。

但是，新闻报道加剧了人们的恐慌。CSM 的信中指出了"风险率"（risk ratio）：第三代避孕药会使妇女患血栓的风险增加一倍。如果不知道肺栓塞其实极少发生，我们就会以为这种情况十分危险。在服用第一代与第二代避孕药的育龄妇女中，每 7 000 人中可能有一人会患血栓。服用新型避孕药的确会使患血栓的风险加倍，也就是 2/7 000 的概率，但是这种可能性仍然非常小。"极小数的二倍仍然是一个极小数"这个数学事实已经得到了证明，某个数的二倍会产生什么样的影响，取决于这个数本身的大小！在"涂鸦拼字"游戏中，在双倍积分时拼出"ZYMURGY"（酿造学）这种 7 个字母的单词就是一次成功，但如果拼出来的是"NOSE"（鼻子）这种 4 个字母的单词，就错失良机了。

风险率这个概念，比 1/7 000 这样一个极小概率更容易理解。但是，用风险率来说明小概率事件时很容易误导人。纽约市立大学的几名社会学家完成的一项研究发现，接受家庭照料或由保姆照看的婴幼儿，其死亡率是上托儿所或幼儿园婴幼儿死亡率的 7 倍。大家先不要忙着解雇保姆，而应该考虑一下：在当今这个时代，美国很少发生婴幼儿死亡事件，即使真有不幸夭折的，也不是因为照料方面的过错。接受家庭照料的婴儿，其年死亡率为 1.6/100 000，比托儿所或幼儿园的 0.23/100 000 高。但是，这两个概率都非常接近于零。纽约市立大学的这项研究指出，2010 年由家庭照料的美国婴儿因意外事故死亡的只有 10 人左右，在全年因意外事故死亡（大多是因被褥捂住口鼻窒息而亡）的 1 110 名婴儿与因婴儿猝死综合征死亡的 2 063 名婴儿中只占极小的比例。这项研究表明，在同等条件下，托儿所的安全性优于家庭照料。不过，各项条件通常并不是同等的，而且各项条件的影响作用也不相同。市政府许可建立的托儿所的确漂亮整洁，而提供照料婴儿服务的家庭可能有一些不尽如人意的地方，但是前者离家的距离是后者的二倍，在这种情况下该如何选择呢？2010 年，有 79 名婴儿死于交通事故。如果出于安全考虑，选择更漂亮的托儿所，那么，由于路途较远，孩子每年花在交通上的时间就会多出 20%，以致托儿所的安全优势荡然无存。

显著性检验是一种科研工具，而所有的科研工具都有一定的精度。如果我们提高检验的敏感度（例如，增加研究对象的数量），就可以发现不太明显的影响因素。这是这种方法的长处所在，却也是我们容易犯错的地方。我们必须牢记一点：确切地讲，零假设可能是指永远都不正确的假设。在药效强劲的药物进入病人的血液后，很难相信这种介入对病人患食道癌、形成血栓或者产生口臭等的概率没有任何影响。我们身体的所有部分构成一个复杂的反馈环，相互间会产生影响与作用。我们每做一件事，都会增加或减少我们患癌症的可能性。从原则上讲，只要研究足够深入和细致，就能对它们一一加以甄别。但是，这些影响通常都微不足道，根本无须考虑。我们能检测出这些因素，并不意味着这些因素就一定非常重要。

如果我们能够回到过去，在人们开始接触显著性检验这个统计学术语时宣布，p 值小于 0.05 的统计结果为"值得注意的统计结果"或者"可以检测到的统计结果"，而不是"重要的统计结果"，情况就会得到改观！这样一来，这个术语就只能告诉我们存在某种结果，而不会对该结果的重要性与作用大小妄加评论，从而更有助于实现这种研究方法的目的。但问题是，现在为时已晚，这个统计学术语已经得到认可而无法更改了。

篮球比赛中真的存在"手热效应"吗？

伯尔赫斯·弗雷德里克·斯金纳（Burrhus Frederic Skinner）是一位心理学家，堪称现代心理学界的杰出代表。斯金纳是行为主义心理学的领袖，他的锋芒令弗洛伊德的信徒们惴惴不安。在他的领导下，行为主义心理学足以与精神分析学分庭抗礼。行为主义只关注看得见和可以测量的行为，而不要求对无意识或者有意识的行为动机做出任何假设。在斯金纳看来，心理研究理论就是行为研究理论，因此，有心理学研究价值的项目根本不会关注思想或感情，而会关注通过强化方式实现的行为操控。

很多人可能不知道，斯金纳曾是一位不得志的小说家。在汉密尔顿学院求学时，斯金纳主修英语，但是他与化学教授、唯美主义者波西·桑德斯（Percy Saunders）交往甚密，桑德斯的家就像一个文艺沙龙。斯金纳喜欢埃兹拉·庞德（Ezra Pound）的诗、舒伯特（Schubert）的音乐，他还动笔写了一些诗，（例如，"夜里，他停了下来，喘着气／对着留在尘世的妻子喃喃低语／'爱情让我心力交瘁！'"）并发表在学院的文艺杂志上，在青年学生中深受欢迎。大学毕业后，他参加了布雷德罗夫作家创作班，其间他创作了"一部独幕剧，剧中的江湖医生可以利用激素改变人们的性格"，他还把自己写的几部短篇小说寄给了诗人罗伯特·弗罗斯特（Robert Frost）。弗罗斯特在给斯金纳的信中称赞了他的这几部小说，并给出了一些建议："作家必须具备的一项能力，是在创作时可以坚定地直接利用某些不负责任、几乎无法克服的个人偏见……我认为，每个人都心存偏见，都会花时间琢磨、感受这些偏见，为自己的说话与写作提供素材。但是，大多数人往往选择在作品中表现其他人的偏见，于是他们的创作生涯就此终结。"

1926年夏天，在受到弗罗斯特的这番鼓励之后，斯金纳搬进了父母在斯克兰顿的一间阁楼里，正式开始了写作生涯。不过，他发现，找到自己的偏见并不容易，即使找到了，也很难用文学的形式表现出来。因此，他在斯克兰顿的那段岁月里一无所获。在那间阁楼里，他写了几篇小说，还创作了一首关于工人领袖约翰·米切尔（John Mitchell）的十四行诗，但是大部分时间里他都忙着修舰船模型，用无线电接收从匹兹堡和纽约传过来的远程信号。当时，人们刚刚学会用无线电来消磨时间。

后来，斯金纳在谈及这段经历时说："从事文学创作之后，所有事情都会导致我产生强烈的反应。创作失败是因为我找不到有价值的素材，但是我无法接受这个理由。我觉得，错不在我，而在于文学创作本身。"有时他甚至直言不讳地说："文学创作就应该被废止。"

斯金纳经常阅读《日晷》（The Dial）这份文学杂志。在这份杂志上，他读到了伯特兰·罗素的哲学作品，通过罗素，他又接触到行为主义的第一个倡导者、伟大的心理学家约翰·华生（John Watson）的作品（随后不久，行为主义几乎成了斯金纳的代名词）。华生认为，科学家需要完成的唯一工作就是观察实验结果，而根本不需要对意识或灵魂提出各种假设。他有一句名言："从来没有人在试管中触摸或者看到过灵魂。"这个无情的批驳令斯金纳为之折服，于是他怀着把这种含糊的、不真实的自我从行为科学研究中剔除出去的理想，来到哈佛大学攻读心理学硕士学位。

在一次实验中，一种自发的言语行为给他留下了深刻的印象。当一台机器不断地发出有节奏的背景音时，斯金纳发现自己正在跟随这个节拍无声地重复一句话："你永远出不来，你永远出不来，你永远出不来。"这个过程就好像演讲，甚至有点儿像诗歌朗诵，但实际上是自言自语，说话者根本意识不到自己的这种行为。斯金纳一直对自己在文学创作上遭遇的失败耿耿于怀，而这个发现为他提供了反击的武器。他想，语言，甚至那些伟大诗人们使用的语言，是否有可能仅仅是另外一种行为，是在实验室里通过刺激手段训练而成并且可以操控的行为呢？

在大学期间，斯金纳模仿过莎士比亚的十四行诗。他利用彻底的行为主义的方式回顾了这段经历，并称"这段经历非常奇怪，符合格律、韵脚整齐的诗句信手拈来，令人无比兴奋"。作为明尼苏达大学一位年轻的心理学教授，斯金纳认为那些名言佳句并不是莎士比亚创作的，而是早已存在，只不过借他的笔粉墨登场而已。这样的评价在现在看来非常疯狂，但是在当时，连"细读"（close reading）这种主流文学评论形式也与斯金纳的评论一样带有华生心理学的痕迹，凸显出行为主义者对词语本身的喜好，而作者的意图却因为无法直接观察到而遭到忽视。

莎士比亚善于运用头韵修辞法（连续几个单词都以相同发音的字母开头），例如，"Full fathom five thy father lies"。但是斯金纳认为，例证并不是科学的证明方法。莎士比亚用过头韵修辞法吗？如果用过，我们就可以用数学方法加以证明。斯金纳指出："要证明某个地方采用了头韵修辞法，我们需要取一个大小适中的样品，对其中所有单词首字母发音的分布情况进行统计分析，分析结果才是可以利用的证据。"那么，该采取哪种统计分析方法呢？当然是显著性检验！在这种统计分析中，零假设为"莎士比亚根本没有注意单词首字母的发音情况，因此诗歌中某一个单词的首字母不会对该行诗中其他单词造成任何影响"。这项假设与临床试验非常相似，但是也有一个很大的不同：斯金纳的目的是颠覆文学，因此他希望零假设成立；而在测试某种药物的疗效时，生物医学研究人员则一心想推翻零假设，证明该药物有显著疗效。

在零假设前提下，如果同一行诗中多个单词的首字母发音相同，即使将该行诗中的单词打乱次序、随机排列，这些发音重复出现的频率也不会改变。斯金纳选取了 100 首十四行诗作为样本进行了统计分析，结果正好与零假设相符。也就是说，莎士比亚没能通过显著性检验。于是，斯金纳指出：

> 尽管十四行诗中看似使用了大量的头韵修辞法，但是没有显著性的证据证明这些诗歌的确运用了头韵修辞法，这值得我们关注。因此，莎士比亚的这些诗句不过是他的妙手偶得。

"看似大量"这样的说法绝对是强词夺理，它赤裸裸地表现了斯金纳希望为心理学营造的精神实质。弗洛伊德声称看清了之前是隐藏的、抑制的或者含混的东西，而斯金纳的目标正好相反——否认看上去一目了然的存在。

然而，斯金纳所使用的证明方法并不正确。显著性检验与望远镜一样，都是一种工具，但各种工具的作用并不相同。在观察火星时，如果我们使用的是专业级别的天文望远镜，我们就能看到火星的卫星；如果使用的是双筒望远镜，则无法看到卫星。但是，无论我们能否看到，卫星都存在！同样，莎士比亚诗中的头韵修辞法也必然存在。据文学史家的考证，头韵是当时普遍采用的修辞方法，几乎所有用英文写作的人都掌握了这种方法，并有意识地使用它。

斯金纳的观点是：莎士比亚没有大量使用头韵修辞法，因为显著性检验没有发现首字母发音重复出现的频率超过常态。但是，非得如此才能说明莎士比亚使用了头韵修辞法吗？诗歌中头韵修辞法的使用是把双刃剑，在某些地方可以实现预期效果，但如果滥用就会适得其反，因此在某些地方作者会有意识地避免使用头韵修辞法。诗人也许希望头韵修辞法的数量在总体上有所增加，但是即便如此，增加的数量也不能太多。在写十四行诗时，如果硬要塞一两个头韵修辞法进去，就会导致诗歌的韵律过于僵硬。莎士比亚的信徒、伊丽莎白时期的诗人乔治·加斯科因（George Gascoigne）曾经嘲讽过这种现象："诗中使用同一个字母开头的单词，（如果使用得当）可以为诗歌增色，但是很多诗人不加节制地滥用，导致这种手法变得稀松平常——Crambe bis positum mors est。"

最后这句拉丁语的意思是"大白菜吃多了也会要人命"。虽然在莎士比亚的作品中这种修辞方法常常出现，但他从来不会不加节制地把这种修辞方法变成"大白菜"。因此，斯金纳那些粗略的检验手段是不可能有所发现的。

在统计研究中，如果无法检验到预期的效果，则被称作"统计功效不足"。就像用双筒望远镜观测恒星一样，无论这颗恒星的周围是否有卫星，观测结果都相同，这就是在做无用功。因此，我们在需要使用天文望远镜时，绝不会使用双筒望远镜。在研究英国节育工作所面临的恐慌问题时，统计功效低下还不是最严重的问题。在检验节育效果时，高效的统计研究可能会把我们的目光引向其实并不重要的细微效果，而功效不足的统计研究却会导致我们忽略某个细微效果。

我们以密歇根大学男子篮球队的后卫斯派克·阿布瑞克特（Spike Albrecht）为例。2013 年美国大学生体育协会（NCAA）篮球决赛开始时，没有人预料到这位身高约 1.8 米，在赛季的大部分时间里都担任替补队员的一年级新生，竟然会在密歇根大学狼獾队与路易维尔大学篮球队的比赛中大放异彩。在比赛的上半场，阿布瑞克特在 10 分钟内连中 5 球，其中 4 个为三分球，带领密歇根队以 10 分的优势领先于被普遍看好的对手。用球迷的话来说，阿布瑞克特的手"热得发烫",无论距离篮筐有多远、防守多么凶悍,他照样能投篮得分。

不过,人们认为这样的情况是不应该发生的。1985 年,托马斯·基洛维奇(Thomas Gilovich)、罗伯特·瓦朗(Robert Vallone)与阿莫斯·特沃斯基(Amos Tversky)——简称"GVT"——完成了一项研究,并发表了一篇名噪一时的认知心理学论文。对于篮球迷而言,这项研究相当于莎士比亚拥趸眼中的斯金纳研究。GVT 收集了 1980~1981 赛季费城 76 人队全部 48 场主场比赛的所有投篮记录,然后进行了统计分析。如果所有球员都有"手冷""手热"的时候,那么按照预期,一位球员在投中一球之后,下一次投篮命中的可能性会更高。GVT 就这个观点在 NBA 球迷中做了一次调查,结果发现大多数球迷表示同意。有 9/10 的球迷认为,球员在连续投中两三个球之后,下一次投篮命中的可能性更大。

但是,费城 76 人队的表现却与这些球迷的看法大相径庭。伟大的"J 博士"朱利叶斯·欧文(Julius Erving)的总命中率为 52%。在他连中三球之后,我们会认为他的手很"热",但是,他随后的投篮命中率却降至 48%。在连续投丢三球之后,投篮命中率并没有继续下降,而是升至 52%。"巧克力炸弹"达瑞尔·道金斯(Darryl Dawkins)等其他球员的表现则更加离谱。在投中一球之后,道金斯的投篮命中率由 62% 跌至 57%;在投丢一球之后,投篮命中率却飙升至 73%。这种现象与球迷的预期完全相反。(可能的原因是:投篮失手表明道金斯身边的防守球员有很好的防守表现,因此他会采用大力扣篮的标志性动作来完成投篮。道金斯把自己的这个动作称为"当面羞辱""霹雳旋风式扣篮"。)

这个发现是否说明"手热"这样的现象并不存在呢?其实不然。所谓"手热",通常并不是指连续命中的情况,而是指场上球员在短暂的时间里拥有超级球星般的耀眼表现。这种状态持续的时间较短,它何时会到来、何时会消失,无迹可寻。在 10 分钟的时间里,阿布瑞克特摇身一变,成了雷·阿伦(Ray Allen)式的投手,掀起了无情的"三分风暴",但随后他又变回阿布瑞克特。统计检验能发现这个奥秘吗?从理论上讲,为什么不能呢? GVT 想出了一个办法,可以巧妙地研究这些势不可当的精彩瞬间,即把每位球员的赛季投篮记录分解成每 4 次投篮为一组的序列。如果"J 博士"的投篮命中(H)与投篮失手(M)序列为:

HMHHHMHMMHHHHMMH

那么，每 4 次投篮为一组的序列就是：

HMHH，HMHM，MHHH，HMMH……

GVT 分别统计 9 名球员的序列中"优秀"（3 次或 4 次命中）、"中等"（2 次命中）及"较差"（没有命中或 1 次命中）的个数。他们的零假设是：根本不存在"手热"现象。

4 次投篮可能产生 16 种序列：第一次投篮的结果可能是 H，也可能是 M，无论是哪种结果，又都会在第二次投篮时分别产生两种可能的结果，因此前两次投篮会产生 4 种可能的结果（HH，HM，MH，MM）。在第三次投篮时，这 4 个结果又会分别产生两种可能的结果，即 8 种。在第四次投篮时，上述结果将再次加倍，变成 16 种。因此，按照"优秀""中等""较差"分类：

优秀：HHHH，MHHH，HMHH，HHMH，HHHM。
中等：HHM，HMHM，HMMH，MHHM，MHMH，MMHH。
较差：HMMM，MHMM，MMHM，MMMH，MMMM。

对"J博士"这种投篮命中率为 50% 左右的球手而言，所有 16 种序列出现的概率是一样的，因为每次投篮结果为 H 或 M 的概率相同。因此，我们可以预测在"J博士"的 4 次投篮结果序列中，"优秀"序列的概率是 5/16，即 31.25%，"中等"与"较差"序列的概率分别是 37.5% 与 31.25%。

如果"J博士"真的有手很"热"的时候，我们可以想象，由于在那些场次的比赛中，"J博士"几乎百发百中，因此"优秀"序列出现的概率将有所提高。"手热"和"手冷"的情况越明显，越有可能得到 HHHH 和 HMMM 这两种序列，HMHM 出现的可能性则会变小。

显著性检验要求我们处理下面这个问题：如果零假设正确，即真的没有"手热"这种现象，我们是不是不大可能看见实际观察所得的那些结果呢？研究证明，这个问题的答案是否定的。在实际的统计数据中，"优秀""较差""中等"

序列出现的概率与预测的概率比较接近，两者之间的差异非常小，不具有统计学显著性。

GVT认为："如果这个结果让人大吃一惊，那是经验丰富、见多识广的观察者在坚持'手热'这个错误信念时表现出的鲁棒性（robustness）所导致的。"的确，在心理学与经济学领域，人们认为GVT的研究结果符合传统观点并迅速接受，但是在篮球领域，他们的研究结果却迟迟得不到认可。特沃斯基对这种状况并不担心，因为他享受的是研究过程，而不是结果。他说："这个论题我已经证明了上千次，每次我都能让他们哑口无言，但是每次我都无法让他们信服我的结论。"

不过，GVT与他们的前辈斯金纳一样，仅仅回答了问题的一个方面：如果零假设为真，即不存在"手热"现象，那么结果会怎么样呢？对此GVT给出了证明：检验结果与观察到的真实数据非常接近。

但是，如果零假设不正确呢？如果手热现象存在，而且是一个极为短暂的过程，那么其在用严格的数字系统表示它的效果时，数值也不大。联盟中最差球手的投篮命中率为40%，最优秀球手的投篮命中率为60%，从这个方面看，两者之间的差异是非常大的，但是从统计学的角度看，差异并没有那么明显。如果手热现象真的存在，那么投篮结果序列会是什么样？

2003年，计算机科学家凯文·科布（Kevin Korb）与迈克尔·斯蒂尔韦尔（Michael Stillwell）合作完成的一篇论文回答了这个问题。他们的计算机模拟实验对手热现象进行了研究：在整个实验过程中，计算机模拟的球员在两个"手热"时段分别投篮10次，结果该球员的投篮命中率飙升至90%。这些模拟实验使用的显著性检验方法就是GVT所采用的那些方法，尽管检验所设定的零假设完全不正确，但有3/4的检验结果却表明我们没有理由认为该零假设是错误的。

如果我们认为模拟实验未必能说明问题，那么我们来考虑一下真实的情况。各球队在防守方面的表现有强有弱。2012~2013赛季，"小气"的印第安纳步行者队只允许对手投进42%的球，而克里弗兰骑士队则送给对手47.6%的投篮命中率。因此，球员的确会有可预测的"手热"时间，也就是说，与骑士队比赛时，步行者队的投篮命中率要高一些。但是，这种"手热"仅仅是比较温和的现象（也许我们可以称之为"有点儿发热"），而 GVT 采用的检验方法不够灵敏，无法检验出这类现象。

在本次检验中，GVT 应当回答的问题不是显著性检验经常回答的那类"是–否"问题，比如，"篮球运动员在投篮命中率方面是否有起伏？"他们应该回答的问题是，"他们的投篮得分能力与时间之间存在多大的联系，观察者在多大程度上可以预测到真实生活中球员的'手热'时间？"这个问题的答案肯定是："没有人们预想的那么大，几乎不可能预测。"最近的一项研究发现，在两次罚球中第一罚命中的球员，第二罚命中的可能性略高一点儿。但是，如果不考虑球员与教练的主观因素，尚未发现有令人信服的证据支持"实际比赛中存在'手热'现象"的观点。"手热"状态的持续时间极短，因此证明其不存在的难度非常大，而证明其存在的难度同样不小。GVT 的核心论点是：人类倾向于在不存在规律的地方总结出规律，在存在某种规律的地方又会夸大这些规律的影响力。他们的这个观点无疑是正确的。如果我们长期关注投篮结果，就会经常看到某个球员连中 5 球。在大多数情况下，这样的表现不仅仅是得益于卓越的球技，还有其他因素在发生作用：对方球员漫不经心的防守、对投篮时机的明智把握、运气极好，其中第三个因素起作用的可能性最大。因此，在某个球员连中 5 球之后，我们没有理由认为他再中一球的可能性会特别大。在分析投资顾问的表现时，我们也会遇到同样的问题。多年以来，对于是否存在投资技巧，以及不同基金的投资回报率大小是否完全是运气使然等问题，人们一直争论不休。即使真的有暂时或一直"手热"的投资人，人数也非常稀少，对 GVT 的统计研究所产生的影响也很小，甚至没有。在基金市场上连续 5 年都取得投资佳绩，更有可能是因为运气极佳。过去的业绩不能保证未来的收益，如果密歇根的球迷指望阿布瑞克特率领球队高歌猛进夺取冠军，他们就会失望而归。在决赛的下半场，阿布瑞克特连投不中，最终狼獾队以 6 分之差输掉了比赛。

2009 年，约翰·赫伊津哈（John Huizinga）与桑迪·韦尔（Sandy Weil）完成的一项研究表明，即使"手热"现象真的存在，球员也不应该依赖它！赫伊津哈与韦尔收集的数据比 GVT 多得多，最终他们从这个数据集中发现了类似的效应：在投中一球之后，球员再次命中的可能性会变小。不过，赫伊津哈与韦尔收集的数据中不仅包括投篮得分的情况，还包括投篮的位置变化情况，后者对这个效应给出了一个令人意想不到的解释：球员在投中一球之后，再次投篮时会面临更多的困难。2013 年，在上述研究的基础上，伊加尔·阿塔利（Yigal Attali）得出了一些更有趣的结论。与刚刚投篮失败的球员一样，轻松投篮得分的球员在下一波进攻中不大可能会尝试远投，也不会觉得自己"手热"。但是，与尝试三分球失败的球员相比，成功投进三分球的球员接下来尝试远投的可能性要大得多。换句话说，球员在认为自己手热时会信心满满，即使不应该投篮时也会出手，因此，"手热"有可能会"功过相抵"。

本书不再赘述股票投资市场上的类似现象，请大家自行分析它们的特性。

第8章　美丽又神秘的随机性

在进行显著性检验时，甚至在进行由费舍尔提出并被继任者们不断完善的复杂运算之前，我们会遇到一个非常棘手的哲学难题。在第二个步骤的开头，即当我们"假定零假设为真"时，这个难题便会悄然而至。

在大多数情况下，例如在检验避孕药的副作用、莎士比亚的头韵修辞法、《托拉》能预测未来等问题时，我们需要证明的是零假设不成立。做出一个与我们的预期目标相反的假设，从逻辑上讲，似乎有循环论证的嫌疑。

关于这个问题，我们其实无须担心，它是始于亚里士多德并经过时间检验的论证方法，叫作反证法或归谬法。反证法是数学领域的柔道，为了证明某个命题不正确，先假设该命题为真，然后借力打力，通过一个"过肩摔"来完成证明。如果结果是错误的[1]，那么该假设必然是假命题，其思路为：

- 假定假设H为真；
- 根据H，某个事实F不成立；

---

[1]　有的人坚持应对这种方法加以区分：如果得出自相矛盾的结果，该证明方法就是反证法；如果仅仅得出错误的结果，这种证明方法就是"拒取式论证法"（modus tollens）。

- 但F是成立的；

- 因此，H不成立。

假如有人冲着我们惊呼：2012 年，哥伦比亚特区有 200 名儿童遭遇枪击身亡。这就是一个假设，但是可能难以核实。如果假定该假设是正确的，那么在 2012 年，哥伦比亚特区的杀人犯总数就不可能少于 200 人。但是，那一年的杀人犯总数是 88 人，少于 200 人。因此，这个假设肯定是错误的，而且这个论证过程中没有任何循环论证的成分。试探性地"假定"一个假设为真，也就是建立一个与事实相反的虚拟世界，使H成立，然后观察H在现实的作用下轰然坍塌。

从这种表述来看，反证法几乎毫无价值，从某种意义上讲也的确如此。但是，更准确地说，反证法是一种推理工具，我们对这种工具的使用已经得心应手，以至于我们都忘记了它的强大作用。实际上，毕达哥拉斯在证明 2 的平方根是无理数时，借助的就是这种非常简单的反证法。这个证明方法完全颠覆了传统，令人震惊的同时也让人们对它的始作俑者爱恨交加。它的证明过程十分简单、精炼，即使全部写出来也用不了多少篇幅。

假定H：2 的平方根是有理数。

即 $\sqrt{2}$ 可表示成分数 m/n 的形式，其中 m、n 是整数。我们还可以写出最简分数的形式，也就是说，如果分子与分母有公因数，就同时除以该公因数，分数保持不变。既然 5/7 的形式更为简单，我们就没有理由把这个分数写成 10/14 的形式。因此，该假设可以下述方式重新表述：

假定H：2 的平方根等于 m/n，其中 m 与 n 为没有公因数的整数。

也就是说，m 与 n 不可能同时为偶数。如果两者同时为偶数，就说明它们有公因数 2，此时，跟化简 10/14 这个分数一样，我们可以把分子与分母同时除以 2，该分数保持不变。简言之，分子与分母同为偶数的分数不是最简分数。因此，F（m 与 n 同为偶数）是不成立的。

既然 $\sqrt{2} = m/n$，等式两边同时平方，我们可以得到 $2 = m^2/n^2$，即 $2n^2 = m^2$。因

此，m^2 是一个偶数，从而说明 m 是偶数。一个数字是偶数的条件是该数字可以写成整数与 2 的乘积的形式，因此，我们可以把 m 写成 $2k$ 的形式，k 为整数（事实上，我们就是用这种形式来表示偶数的），即 $2n^2=(2k)^2=4k^2$。等式两边同除以 2，得到 $n^2=2k^2$。

上述代数运算有什么意义呢？其实就是证明 n^2 是 k^2 的 2 倍，因此 n^2 是一个偶数。如果 n^2 是偶数，n 就与 m 一样，也是一个偶数，这说明 F 是一个真命题！通过假定 H 为真，我们得到一个错误的甚至是荒谬的结果：F 既是真命题，又是假命题。因此，H 必然是错误的，也就是说，2 的平方根不是有理数。通过假定 2 的平方根是有理数，我们成功地证明它并不是有理数。这个方法的确很奇怪，但却行之有效。

我们可以把零假设显著性检验视为一种模糊的反证法：

- 假定零假设 H 为真；
- 根据 H，得到某个结果 O 的可能性非常小（比如，低于费舍尔设定的 0.05 这个临界值）；
- 但 O 是可以观察到的事实；
- 因此，H 成立的可能性非常小。

换句话说，这不是归谬法，而是"归为不可能法"（reductio ad unlikely）。

这方面的一个经典例子来自于 18 世纪的天文学家、牧师约翰·米歇尔（John Michell），他是最先将统计学方法应用于天体研究的学者之一。几乎所有的文明都观察到，在金牛座的一个角落有一个昏暗的星团。纳瓦霍人把这个星团称作"Dilyehe"，意指"闪亮的图形"；毛利人把它称作"Matariki"，即"神的眼睛"；在古罗马人的眼中，它是一串葡萄；日本人认为它是"Subaru"（现在，大家知道"斯巴鲁"的标志为什么是 6 颗星了吧）；美国人则把它叫作"Pleiades"（昴星团）。

几个世纪以来，人们一直在观察昴星团，关于它的神话传说不断，但是都无法回答最基本的科学问题：昴星团真的是一个星团吗？这些星球彼此间是否存在无法测算的距离，而从地球看过去，它们却正好排列在同一个方向上？在我们的视觉框架中随机分布的光点会呈现出下图所示的情形：

是否可以看到有些光点集中在一起？这样的情况并没有出乎我们的意料，因为总会有一些星球正好位于另外一些星球的上方。如何断定昴星团中的星球排列没有出现上述情况呢？ GVT 指出：状态非常稳定的组织后卫的投篮命中率不会有明显的变化，但有时也会连中 5 球。同样，星球的排列也可能出现类似的巧合。

如果昴星团的星球排列如下图所示：

这些星球没有明显地簇拥成团，这种情况反而说明它们并不是随机分布的。在裸眼看来，这幅图似乎"随机程度更高"，但事实并非如此，它说明这些光点有拒绝排列在一起的倾向性。

因此，尽管上述星球看上去明显构成一个星团，但是我们不应该认为它们在太空中的距离真的很近。反之，如果天空中一组星球间的距离非常接近，我们就应该认为这不一定是偶然现象。米歇尔指出，如果星球在太空中随机分布，那么有 6 颗星球均匀排列、肉眼看上去与昴星团相似的概率非常小。根据他的计算，这个概率大约为 1/500 000。但是，昴星团的那些星球就在天空中紧密地簇拥在一起，像一串葡萄一样。米歇尔断言，只有傻瓜才会相信这是一种偶然现象。

费舍尔对米歇尔的研究成果表示认同，并明确指出米歇尔的论证方法与经典反证法两者之间的相似之处：

> 从逻辑上讲，该结论的可靠程度等同于一个简单析取（disjunction）：要么极不可能的事情真的发生了，要么随机分布理论是不正确的。

米歇尔给出的证明令人信服，他得出的结论也是正确的：昴星团不是一种巧合现象，而真的是一个星团，但该星团是由数百颗年轻的恒星构成的，而不是仅仅包含肉眼可见的那 6 颗星。我们还可以观察到很多与昴星团类似的星团，在这些星团中，恒星紧密地簇拥在一起，密集程度之高远远超过运气使然的范围。这样的事实充分说明，这些恒星并不是随机分布的，而是太空中某种真实的物理作用把这些恒星聚拢到了一起。

但问题在于，归为不可能法与亚里士多德提出的反证法有一个不同点：从总体上看，归为不可能法不合乎逻辑。在应用该方法时，我们有时会得到荒谬的结论。长期担任梅奥医学中心统计部门领导的约瑟夫·柏克森（Joseph Berkson）认为某个方法不可靠时，就会大声质疑它（并四处宣扬他的疑虑）。他曾经举了一个非常著名的例子，用它来证明归为不可能法有缺陷。假定有 50 个实验对象，他们都是人（H），你发现其中一个是白化病人（O）。由于白化病人极为稀少，两万人中患有此病的人通常不超过 1 个。因此，如果 H 是正确的，那么在这 50

名实验对象中发现一名白化病人的概率非常小，不足 1/400[①]，即 0.002 5。所以，在 H 的条件下观察到 O 的概率（p 值）远小于 0.05。

因此，根据统计学理论，我们非常确定 H 是不正确的，也就是说实验对象不全是人。

人们经常会把"可能性极小"理解成"基本不可能"，而且，"基本"一词的影响力会越来越小，并最终淡出人们的考虑范围。但是，"不可能"与"可能性极小"是不同的概念，两者的意思相去甚远。不可能的事情绝不会发生，而可能性极小的事件并不少见。这就意味着我们在根据可能性极小的观察结果进行推理时，由于受到归为不可能法的影响，会采取一种不可靠的逻辑立场。因此，北卡罗来纳的彩票游戏在一周之内出现同一组号码（4、21、23、34、39）两次中奖的情况时，引起一片质疑之声，很多人怀疑其中有猫腻。其实，每组号码出现的概率都是一样的。星期二的中奖号码为 4、21、23、34、39，星期四为 16、17、18、22、39，这与同一组号码两次中奖一样，是可能性极小的事件，概率都为三千亿分之一。事实上，对于星期二与星期四这两天的中奖号码而言，出现任意一种结果的概率都是三千亿分之一。如果我们坚持认为可能性极小的结果足以说明彩票的公平性值得怀疑，那么，我们一辈子都会不停地给彩票委员会发邮件，因为无论中奖号码是什么，我们都会质疑它们。千万别干这样的傻事。

关于素数的猜想

米歇尔洞察到，即使那些恒星都是随机分布的，我们用肉眼观察时，也有可能以为它们构成了一个个星团。这样的现象并不只是出现在天体研究中，在悬疑剧《数字追凶》（Numb3rs）中也起到了关键作用。在发生一连串可怕的袭击事件之后，警察用大头针在地图上标注出犯罪地点，但是这些地点没有形成任何组群关系。由此可见，罪犯不是彼此毫无关联的多名精神病人，而是一名狡猾的连

---

① 根据有效的经验法则，你可以推断出，在样本中寻找白化病人时，每名实验对象可以贡献 1/20 000 的可能性，因此 50 名对象总的贡献为 1/400。这种算法不完全正确，但是在结果非常接近于零（例如本例）的情况下，它通常足够精准。

环杀手，有意识地选择不同的地点实施犯罪。根据剧情安排，这部电视剧应该讲述警察破案的故事，但是其中对数学知识的应用也非常完美，没有任何错误。

随机数据中的组群现象，为我们深入研究那些没有任何随机性的现实问题（例如素数的特性）提供了新思路。2013 年，新罕布什尔州大学一位深受学生欢迎的数学讲师"汤姆"张益唐（Yitang Zhang），宣布他成功地证明了关于素数分布的"有界距离"猜想，令理论数学界震惊不已。张益唐在北京大学就读时成绩斐然，但在 20 世纪 80 年代赴美国攻读博士之后却未取得任何成果。自 2001 年以来，他没有发表过一篇论文，还一度在地铁站卖三明治，可以说与学术性数学研究彻底脱节了。后来，他的一位从北京来到美国的老同学找到他，帮他在新罕布什尔州大学获得了一个非终身讲师的职位。从这些境遇来看，张益唐已经江郎才尽了。因此，在他成功证明了一个令若干数论大腕铩羽而归的定理，并将结果以论文形式发表出来的时候，人们都颇感意外。

但是，人们并没有因为该猜想是正确的这个事实而感到吃惊。数学家在人们眼中都是不苟言笑的死理性派，在有定论之前不会相信任何事实。其实，这样的认识是不准确的。早在张益唐完成他的研究之前，我们就认为有界距离的猜想是正确的，我们也都相信孪生素数猜想，尽管这个猜想还有待证明。这是为什么呢？

我们先从这两个猜想的内容说起。素数都是大于 1 的数，但不能是小于自身且大于 1 的两个数字的乘积。因此，7 是素数，但 9 不是素数，因为 9 可以被 3 整除。排在前几位的素数为 2、3、5、7、11 与 13。

所有的正数在用素数的乘积表示时只有一种表示方法。例如，60 包含两个 2、一个 3 和一个 5，因为 60=2×2×3×5。（正是出于这个原因，我们认为 1 不是素数，尽管之前有数学家认为 1 是素数。如果把 1 视为素数，60 可以表示成 2×2×3×5、1×2×2×3×5 与 1×1×2×2×3×5 等形式，就会破坏唯一性。）那么素数自身是什么情况呢？这个规则同样适用。例如，13 这个素数就是一个单一素数（即 13 自身）的乘积。那么 1 呢？我们已经将 1 从素数中剔除，1 又如何用素数的乘积表示呢？答案很简单：1 是零个素数的乘积。

有人会对此提出疑问："用零个素数的乘积表示的数为什么是 1 而不是 0

呢？"下面这个解释有点儿复杂：我们先求出某些素数（例如2与3）的乘积，然后用所有作为乘数的素数来除这个乘积，得到的应该是零个素数的乘积。6被2×3除的结果是1，而不是0。（此外，零个数字的和的确是0。）

素数是数论的"原子"，是构成所有数字且不可整除的基本存在。因为这个特点，从数论形成以来，人们一直在深入地研究素数。数论中最先得到证明的定理之一就是欧几里得定理。欧几里得定理告诉我们，无论我们把数轴延伸得多长，素数都是无穷多的。

数学家们总在不断进取，他们绝不会止步于一个简单的无穷性论断，这是因为无穷性也各不相同。2的幂数有无穷多个，但是在数轴上表示出来时却显得非常稀少。在前1 000个数字中，2的幂数只有10个：1，2，4，8，16，32，64，128，256，512。

偶数的个数也是无穷的，但它们在数轴上却极为常见：前1 000个数字中正好有500个偶数。很明显，在前 N 个数字中，大约有 $N/2$ 个偶数。

研究表明，素数的个数处于中游水平，比2的幂数更为常见，但是比偶数少。在前 N 个数字中，大约有 $N/\log N$ 个素数，这就是素数定理。19世纪末，数论学家雅克·阿达玛（Jacques Hadamard）与德·拉·瓦莱·普森（Charles-Jean de la Vallée Poussin）完成了该定理的证明。

我注意到几乎没有人了解"对数"这个概念，因此在这里稍加说明。正数 N 的对数记作 $\log N$，表示数字 N 的位数。

等一等，真的如此吗？

这个说法不完全对。我们把数字的位数称作"假对数"（fake logarithm，简称 flogarithm），这非常接近于对数的真实含义，可以帮助我们了解对数在上述语境中的意思。假对数（也是对数）是一种增长很慢的函数：1 000的假对数是4，100万是1 000的1 000倍，其假对数是7，而10亿的假对数不过是10。[①]

---

① 读到这里大家就能看懂 $\log N$ 的真正定义了。所谓对数，就是使 $e^x = N$ 等式成立的数字 x。这里，e 是欧拉数，它的值约等于2.718 28……。这里我使用了"e"，而不是"10"，因为我们准备讨论的对数是自然对数，而不是常用对数（即以10为底的对数）。如果你是一位数学专业人士，或者你有 e 手指，你就会经常使用自然对数。

素数是不是随机数？

素数定理指出，在前 N 个整数中，其中大约有 1/log$N$ 的整数为素数。而且，随着数字变大，素数会越来越稀少，但是减少的速度很慢。与 10 位的随机数相比，20 位的随机数是素数的概率要小一半。

人们自然会猜想：某个类型的数字越常见，该类型数字的间距就越小。在看到一个偶数之后，再向前不超过两个数字就会看到下一个偶数。事实上，偶数之间的距离总是正好等于 2。而 2 的幂数则有所不同，相邻两个 2 的幂数之间的距离呈指数级增长，在沿着该数列向前时，彼此间的距离只会越来越大，而绝不会变小。例如，在 16 之后，两个 2 的幂数之间的距离再也不会小于或等于 15。

这两种情况都易于理解，但是相邻素数之间的距离问题理解起来则难得多，即使在张益唐取得突破之后，仍有很多问题没有解决。

不过，由于我们可以把素数看成随机数，这个视角对我们有显著的帮助，因此我们知道会得到什么样的结果。这个视角之所以有用，原因在于这是一个大错特错的视角。素数并不是随机数，素数的所有特点都不是我们可以随意判定的，也不是碰巧如此。但是，实际情况恰好相反：我们认为素数是宇宙的某个无法改变的特征，然后把它刻录成金唱片向星际空间播放，向外星人证明我们不是傻瓜。

素数不是随机数，但从很多方面看它们似乎就是随机数。例如，我们用 3 除一个随机整数，余数是 0、1 或者 2，而且三种情况出现的频次完全相同。如果用 3 除一个大的素数，不可能正好除尽，否则，这个所谓的素数如果可以被 3 整除，就说明它根本不是素数。但是，狄利克雷（Dirichlet）提出的一个古老定理认为，余数 1 与余数 2 出现的概率相同，这正好是随机数的一个特点。从"被 3 除的余数"这个角度看，素数很像随机数。

那么，相邻素数之间的距离呢？我们也许会认为，随着数字变大，素数越来越稀少，它们彼此之间的距离也会越来越大。平均地看，情况的确如此。但是，张益唐的证明表明，彼此间的距离不超过 7 000 万的素数对是无穷的。换言之，相邻素数之间的距离在 7 000 万以内的有无穷多例。这就是"有界距离"猜想。

为什么是 7 000 万呢？因为这是张益唐能够证明的极限数字。事实上，他的论文发表之后，引发了一个研究热潮，世界各地的数学家都加入了"博学者计划"——一种狂热的在线数学基布兹（kibbutz）[①]，协同合作，希望在张益唐的研究基础之上，进一步缩小这个有界距离。2013 年 7 月，一个合作团体证明，彼此间的距离不大于 5 414 的素数对有无穷多个。11 月，刚刚在蒙特利尔大学拿到博士学位的詹姆斯·梅纳德（James Maynard）将这个距离缩小到了 600。"博学者计划"迅速将梅纳德的敏锐发现与其他计划参与者的理解加以归纳。在大家看到本书时，这个距离肯定又缩小了。

乍一看，有界距离似乎是一个神奇的现象。如果素数的距离有越来越大的趋势，那么，为什么有那么多对彼此相近的素数呢？素数之间存在某种引力吗？

当然不是这么回事儿。如果我们让数字随意分布，很有可能某些数字两两之间的位置正好非常接近，就像平面上随机分布的点会形成明显的组群一样。

如果素数具有随机数的特点，不难估计我们将准确地观察到张益唐的研究结果，而且我们还有可能观察到很多素数对的相互距离只有 2，如 3 和 5、11 和 13。这样的素数对就是"孪生素数"，但它们的无穷性还是一种推测，有待进一步证明。

（下文是一个简短的计算过程。如果你们看不懂，可以直接从"孪生素数的数量如此庞大……"那一段往下看。）

别忘了，素数定理告诉我们，在前 N 个数字当中，有 $N/\log N$ 个数字是素数。如果这些数字是随机分布的，每个数字 n 是素数的概率约为 $1/\log N$，数字 n 与 $n+2$ 同为素数的概率就是 $1/\log N \times 1/\log N = 1/\log N^2$。我们有可能观察到多少对距离为 2 的孪生素数呢？在我们所研究的范围内，大约有 N 对（n，$n+2$），每一对数字是孪生素数的概率为 $(1/\log N)^2$，因此我们有可能发现 $N/(\log N)^2$ 对孪生素数。

但是，这里的随机性并不十分纯粹，会产生一些微弱的影响，不过数论学家知道该如何应对。我们需要关注的重点是，n 为素数与 $n+1$ 为素数，并不是

---

① 基布兹是希伯来语"团体"的意思。——译者注

相互独立的两个事件。n 为素数时，$n+2$ 是素数的可能性会加大，因此，如果用 $1/\log N \times 1/\log N$ 来表示两者同时成立的概率，就不完全正确。（一种观点认为：如果 n 是素数且大于 2，那么 n 必然是奇数，因此 $n+2$ 也是奇数，于是，$n+2$ 是素数的可能性更大。）哈代与他的终生合作伙伴利托伍德（J. E. Littlewood）一起，在考虑到这些依存关系的前提下，完成了一个更完善的预测，认为孪生素数的数量实际上比 $N/(\log N)^2$ 大 32%。根据这种更准确的估计，我们可以预测小于 10^{24} 的孪生素数的数量应该为 1 100 000 000 000 左右，而实际数字是 1 177 209 242 304，两者非常接近。

孪生素数的数量如此庞大，不过，这个情况并没有让数论学家感到意外。这不是因为我们认为素数中隐藏着某种神奇的结构，而是因为我们认为这样的神奇结构并不存在，我们猜测素数是随机分布的。如果孪生素数猜想是错误的，孪生素数的存在就是一个奇迹，因为我们需要某种至今为止仍然不为我们所知的力量将这些素数分开。

我们无须过多了解就会发现，有很多数论方面的著名猜想都是这种情况。哥德巴赫猜想就是一个例子，它认为所有大于 2 的偶数都是两个素数的和。如果素数表现得像随机数，哥德巴赫猜想就必然是正确的。认为存在任意长的素数等差数列的猜想也同样如此，本·格林（Ben Green）与陶哲轩（Terry Tao）完成了该猜想的证明，陶哲轩还因此获得了 2004 年的菲尔兹奖。

其中最有名的是费马于 1637 年提出的猜想，该猜想断言方程式 $A^n+B^n=C^n$ 在 A、B、C、n 为正整数且 n 大于 2 时无解。（如果 n 等于 2，该方程式会有很多根，例如：$3^2+4^2=5^2$。）

当时，大家都坚信费马猜想是正确的，就像我们现在相信孪生素数猜想一样。但是，没有人知道如何证明费马猜想，一直到 20 世纪 90 年代，普林斯顿大学的数学家安德鲁·怀尔斯才取得了突破。我们认为，n 次完全幂已经非常稀少了，要在极为稀少的随机数集中找到两个数字，使两者的 n 次幂和等于第三个数字的 n 次幂，这样的可能性更是接近于零。大多数人甚至认为，广义的费马方程式 $A^p+B^q=C^r$ 在指数 p、q 与 r 足够大时也是无解的。如果在 p、q、r 都大于 3 且 A、B、C 没有相同质因数（素因数）的条件下，有人能证明上述方程无解，达拉斯的一位名叫安德鲁·比尔（Andrew Beal）的银行家就会奖励这个人 100 万美元。我完全相信这个命题是真的，我的理由是：如果完全幂是随机数，这个命题就应该是真命题。但是我认为，要想完成这个命题的证明，我们还必须了解关于数字的一些全新发现。我与多名合作者一起，花了好几年的时间，证明在 $p=4$、$q=2$、$r>4$ 的条件下广义的费马方程式无解。为了解决这个问题，我们专门设计了一些新方法。很显然，仅凭这些并不足以完成这个价值百万美元的任务。

　　尽管有界距离猜想看上去非常简单，但是张益唐的证明却需要运用现代数学的一些非常深奥的定理。张益唐在前辈的研究基础上完成了他的证明：用我们前面提到的第一种方法，即考察多个素数除以 3 所得余数的情况，可以看出素数具有随机数的特征。他证明了素数的随机性具有完全不同的意义，与相互间距离的大小有某种关系。随机数就是随机数！

　　张益唐的成功，以及当代其他数学家（比如本·格林与陶哲轩）所完成的相关研究，都表明我们最终会建立内容更丰富的随机理论，这样的前景甚至比任何单个的研究成果更加令人兴奋。比如，在我们认为数字表现出杂乱无序的随机性分布特征时，我们有某种方法精确地定义这个说法，尽管这种方法的根源是一些实实在在的数论程序。帮助我们彻底揭开素数所有秘密的有可能是一些新的数学理念，而这些理念又赋予了杂乱无序这个概念新的内涵，这样的前景似乎自相矛盾，却又令人无比陶醉！

第9章 肠卜术与科学研究

统计学家科斯马·沙利兹（Cosma Shalizi）曾经给我讲过一个寓言故事：

假设你是一位肠卜僧，也就是说，你的工作是杀死绵羊，通过研究绵羊的内脏（尤其是肝脏）特征预测未来。当然，你不会因为自己在完成相关仪式时遵循了伊斯特里亚诸神的神谕，就认为自己的预测十分可靠。你还需要找到相关证据，于是，你和你的同事将预测结果提交给《国际肠卜术杂志》（*International Journal of Haruspicy*），请同行评议，该杂志要求所有预测结果都必须通过显著性检验才能发表。

肠卜僧做预测，尤其是严格基于证据的预测，并不是一件简简单单的差事。一方面，你经常会全身沾满污血；另一方面，你的很多次预测都不会成功。你尝试通过研究绵羊的内脏来预测苹果公司的股价，结果失败了；你试图为民主党在西班牙裔美国人当中的投票支持率构建预测模型，结果没有成功；你预测全球石油的供应情况，也失败了。吹毛求疵的诸神，有时并不明示哪种内脏结构以及哪些咒语可以准确地预测未来。有时候，多位肠卜僧所做的实验是一模一样的，但是A成功了，B却失败了。这样的情况令人沮丧，有时候你甚至想放弃做肠卜僧，转而去读法学院。

但有时候一切又非常顺利，你发现绵羊肝脏的纹路与凸起部位真的可以预测第二年流感爆发的严重程度。这些发现让你觉得自己没有白白地遭遇那些挫折与失败，于是，你默默地感谢神灵，然后把预测结果发表到杂志上。

你可能会发现，每进行大约20次实验，就会有一次预测是正确的。

至少我觉得预测正确的概率就这么大。因为我不会像你一样相信肠卜术，我觉得绵羊的内脏不会知道流感爆发的日期，即使两者正好吻合，也纯属巧合。换句话说，只要涉及通过绵羊内脏来预测未来，我都认为零假设是正确的。因此，根据我的经验，肠卜术实验取得成功的可能性非常小。

这种可能性到底有多小呢？按照惯例，统计学显著性检验的标准临界值（p值）也是《国际肠卜术杂志》同意发表预测结果的标准临界值，都是0.05或1/20。别忘了，p值的定义明确规定，如果某个实验的零假设为真，即使该实验真的取得了具有统计学显著性的结果，其成功的概率也仅为1/20。如果零假设总是正确，也就是说，如果肠卜术纯粹是一种骗人的把戏，那么在20次实验中，只有一次实验的结果能达到发表的标准。

然而，肠卜僧有成百上千个，被开膛破肚的绵羊为数更多，因此，即使预测成功的概率仅为1/20，这些成功的实验也能提供大量的证明材料，各种不寻常的实验结果也足以填满每期杂志的版面，让人们相信肠卜术是有效的，神的智慧是不容怀疑的。但是，即使某个实验真的预测成功并且获准发表，如果其他肠卜僧尝试做该实验，也通常会遭遇失败。不过，由于在预测结果不具有统计学显著性时，实验结果不会获准发表，因此人们无法通过重复实验去验证它。而且，即使有人发出质疑的声音，专家们也总能指出重复实验过程中的细微差别，作为跟踪研究失败的借口。他们的理由是：我们确信这个实验是有效的，因为我们进行并通过了统计学显著性检验。

现代医学与社会科学不是肠卜术，但是近些年来，一些唱反调的科学家不断发出越来越大的声音，向我们传递一个令人不安的信息：在科学界，可能还有更多"肠卜术"，只不过我们不愿意承认罢了。

发出最大声音的是希腊人约翰·约安尼迪斯（John Ioannidis）。2005年，这位由中学数学明星蜕变而成的生物研究人员，发表了一篇题为"公开发表的研究成果大多不真实的原因何在"的论文，在临床医学领域引发了一场自我批评的狂风暴雨（随之而来的是一波自我辩解的风潮）。有时，作者为了哗众取宠，往往在论文标题中危言耸听，但这篇论文不属于此列。约安尼迪斯严肃地指出，医学研究和肠卜术一样，找不到任何有实际效果的内容，所有的专科就是一个个"毫无内涵的领域"。他认为："我们可以证明，得到发表的医学研究成果大多是不真实的。"

约安尼迪斯肯定不愿意大费周折地完成这种"证明"工作，但是这位数学家的确有充分的理由，认为他的这个反传统声明并不是无理取闹。约安尼迪斯认为，我们在医学上尝试使用的介入治疗法大多不会起作用，我们所检测的各种关系大多是子虚乌有。以基因与疾病之间的关系为例。基因序列中有大量基因，其中绝大多数都不会引发癌症、抑郁症或肥胖症等，至少人们没有直接观察到基因会导致人们患此类病症。约安尼迪斯请大家考虑基因对精神分裂症的影响，由于这种疾病有遗传的可能，人们几乎可以肯定是基因在起作用。但是，起作用的基因位于基因序列的什么位置呢？研究人员可能会普遍撒网（毕竟，我们所处的是一个大数据时代），对 10 万种基因（更精确的名词是"遗传性多态现象"）进行检验，以期找出与精神分裂症有关的基因。约安尼迪斯指出，在这些基因中，大约有 10 种真的会对精神分裂症产生影响。

那么，其余的 99 990 种基因呢？这些基因与精神分裂症没有任何关系。但是，其中的 1/20 或者说 5 000 种基因，会顺利通过统计学显著性检验。换句话说，在人们欢呼"天啊，我发现了精神分裂症基因"时，在这些可能获准发表的研究结果中，虚假结果的数量是真实结果的 500 倍。

而且，要得到上述结果，我们还得假定所有真的对精神分裂症有影响的基因顺利通过检验。从前文讨论的莎士比亚与篮球的例子可以看出，如果研究方法的功效不足，真实结果就完全有可能被认定为不具有统计学显著性而被排除在外。如果研究功效不足，真正会产生影响的基因可能会有半数顺利通过显著性检测，也就是说，在所有通过检验的导致精神分裂症的那些基因中，只有 5 种基因会真正致病，而浑水摸鱼、仅凭运气顺利通过检验的基因却有 5 000 种那么多。

在方框图中画圆是直观了解相关情况的一个有效方法。

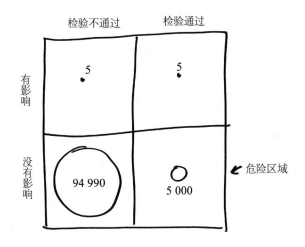

图中的大小圆圈代表该类型基因的数量。左侧表示阴性检验结果，即没有通过显著性检验的基因；右侧表示阳性检验结果。位于上方的两个格子表示的确对精神分裂症有影响的、为数不多的基因，因此，右上格子中的基因是真阳性（这些基因对精神分裂症有影响，检验结果也表明它们有影响），而左上格子中的基因则表示假阴性结果（这些基因对精神分裂症有影响，但检验结果表明它们没有影响）。下方的两个格子表示对精神分裂症没有影响的基因，大圆圈表示真阴性结果，小圆圈表示假阳性结果。

从图中可以看出，问题产生的原因并不是显著性检验。显著性检验百分之百地完成了它的使命。在对精神分裂症没有影响的基因当中，顺利通过检验的极少，而我们真正感兴趣的那些基因仅有半数在检验中顺利过关。对精神分裂症没有影响的基因在数量上占据优势，因此，尽管相对于表示真阴性的圆圈而言，表示假阳性结果的圆圈不是很大，但是比表示真阳性结果的那个圆圈大得多。

赢家诅咒与文件柜问题

上述糟糕的情形还会进一步加剧。统计功效低下的研究只能找出非常显著的效果，但是我们知道，效果（如果有）有时非常小。换言之，在检验基因的作用时，研究人员有可能认为检验结果不具有统计学显著性，因此将其排除在外；而那些顺利通过检验的结果，要么是假阳性，要么是过度夸大基因作用的真阳性结果。在小型研究比较常见、影响程度通常有限的领域，统计功效低下的风险尤为突出。不久前，心理学领域最重要的杂志之一——《心理科学》（*Psychological Science*）刊登了一篇论文，指出已婚女性在排卵期时，支持民主党总统候选人米特·罗姆尼的可能性显著提高。在排卵期内接受调查的女性中，有 40.4% 的人表示支持罗姆尼；而在非排卵期接受调查的女性中，只有 23.4% 的人支持他。样本虽小，只有 228 名妇女，但是显著性差异很明显，其 p 值为 0.03，足以顺利通过显著性检验。

其实，显著性差异太大恰恰是问题所在。在支持罗姆尼的已婚女性中，有接近一半的人每个月还有某些时间竟然表示支持奥巴马，这种现象真的可信吗？如果是真的，难道没有任何人注意到吗？

即使排卵期真的会影响已婚女性的政治倾向，这种影响也会比上述研究结果要微弱得多。如果研究规模比较小，那么人们在用 p 值过滤时，往往会排除影响程度较为接近 p 值的结果，因此，上述检验得到的较大显著性差异是有悖常理的。换言之，我们可以有把握地认为，这次研究得出的显著性结果大多甚至全部是噪声。

虽然噪声有可能告诉我们真相，但同样有可能把我们引向相反的方向。因此，尽管这样的结果具有统计学显著性，但不可信，我们仍然不知道真相。

科学家把这个问题称作"赢家诅咒"。有的实验取得了令人信服、广受赞誉的结果，但是人们在重复这些实验时，却常常得到乱七八糟、令人失望的结果。之所以出现这样的情况，赢家诅咒就是一个原因。下面向大家介绍一个有代表性的例子。心理学家克里斯托弗·查布里斯（Christopher Chabris）率领若干科学家，针对基因序列中的 13 种单核苷酸多态性（SNP）进行了研究。在之前的研究中，人们观察发现，这些多态性与智商分数的相关性存在统计学显著性。我们都知道，能否在智商测试中取得高分，在某种程度上是由遗传因素决定的，因此，寻找遗传标记的做法不无道理。查布里斯的团队将这些 SNP 与一些大型数据集（例如，以 1 万人为对象的威斯康星纵向研究）中的智商分数进行了比较研究，结果却发现SNP与智商分数之间的相关性都不具有统计学显著性。因此，我们几乎可以肯定，即使这种相关性真的存在，也是很微弱的，连大型测试都无法检验到。当前，基因学家认为，智商分数可能并不集中取决于为数不多的几种"聪明"的基因，而是众多遗传因素集腋成裘的结果。也就是说，如果我们试图从SNP中寻觅具有统计学显著性的遗传效果，我们也会有所发现，只不过成功的概率与肠卜僧差不多，只有1/20。

连约安尼迪斯也不相信公开发表的论文只有1/1 000的正确率。大多数人研究基因序列时都不是漫无目的的，他们检验的往往是之前被认为是正确的研究结果，因此在前文的方框图中，位于底层那一排的内容不会明显优于上层一排的内容。但是，重复实验危机依然存在。2012年，加利福尼亚一家名叫安进的生物技术公司开展了一项计划，科研人员通过重复实验去验证癌症生物特征方面的一些著名的实验结果，总计53种。结果，他们只成功验证了其中的6种。

为什么呢？这并不是因为基因学家与癌症研究人员都是傻瓜，而是由多种因素造成的。重复实验危机反映了一个事实：科学研究的道路上困难重重，我们的大多数观点都是错误的，即使在第一轮检验中侥幸胜出的观点也大多是错误的。

但是，科学界的一些做法加剧了这种危机的危害性，而这些做法其实是可以改正的。一方面，我们在论文发表这方面出了问题。我们以下文所示的xkcd漫画[1]为例。假定我们在了解基因与我们研究的某种疾病之间是否存在相关性时，测试了20个遗传标记，并发现只有一个测试结果的p值小于0.05，如果我们是数学研究的老手，我们就会知道，在所有的遗传标记都不起作用时，我们的成功率正好是1/20。此时，我们会对歪曲报道的新闻标题嗤之以鼻，而这正是漫画家创作这幅漫画的真实意图所在。

如果我们测试的是同一种基因或者绿色豆胶糖，而且20次测试中只有一次得到了具有统计学显著性的结果，我们就更加确定这个结果不值一提。

---

① xkcd漫画是由兰德尔·门罗（Randall Munroe）绘制的网络漫画。作者给它的定位是"关于浪漫、讽刺、数学和语言的网络漫画"。

但是，如果 20 组研究人员分别在 20 个实验室里针对绿色豆胶糖进行了共计 20 次测试，结果会怎么样呢？有 19 个实验室不会得出具有统计学显著性的测试结果，他们也不会据此发表论文。这是毫无疑问的，谁会把"吃绿色豆胶糖与得痤疮之间没有相关性"作为重大发现公开发表呢？第 20 个实验室里的研究人员比较幸运，得出了一个具有统计学显著性的测试结果，原因是他们的运气好，但他们并不知道自己的成功得益于运气。在他们看来，他们对"绿色豆胶糖会诱发痤疮"这个理论只进行了一次检验，而且检验结果是有统计学显著性的。

如果我们完全根据公开发表的论文来决定吃哪种颜色的豆胶糖，就会犯错误，而且它与美军在计算从德国返航的飞机身上有多少个弹孔时所犯的错误性质一样。亚伯拉罕·瓦尔德说过，如果想了解真实情况，还需要考虑那些没有返航的飞机。

这就是所谓的"文件柜问题"：由于大众传播受到统计学显著性临界值的影响，导致某个科学领域对某个假设的证据形成了严重歪曲的观点。而我们已经为这个问题赋予了另外一个名字，即"巴尔的摩股票经纪人问题"。那位极其兴奋地准备新闻发布会，并打算宣布"绿色染料"16 号与皮肤病有相关性的幸运的研究人员，与那位将毕生积蓄交给不诚实的经纪人、想法天真的投资人一样，都受到了"文件柜问题"的影响。那位投资人与那位研究人员一样，只看到了碰巧过关的那一次实验结果，却没有看到更多的实验以失败告终。

但是，两者之间有一个重大的不同，那就是科研活动中没有居心不良的骗子，也没有无辜的受害者。如果科学界将失败的实验都装进"文件柜"，它就是在自欺欺人。

上述结果都是以相关科研人员不弄虚作假为前提的。但是，这样的条件并不总能得到满足。还记得让圣经密码编码者陷入困境的回旋余地问题吗？科研人员唯恐遭到淘汰，他们面临的发表论文的压力很大，因此在面临回旋余地的诱惑时可能会受到影响。如果分析得到的 p 值为 0.06，这些结果就不具有统计学显著性。但是，把多年的心血锁进文件柜，是需要极强的意志力的。是啊，对于研究者来说，看到这些数字难道一点儿都不别扭吗？也许这就是个异常值，或许我们可以把数据表的某一行删除吧。年龄方面的数据得到控制了吗？室外天气方面的数据得到控制了吗？年龄数据与室外天气数据都得到控制了吗？如果我们找出各种理由，修改与研究结果直接相关的统计数据，我们常常可以把 p 值由 0.06 降至 0.04。乌里·西蒙逊（Uri Simonsohn）是宾夕法尼亚大学的一位教授，他是重复实验研究的开创者，他把这些做法称作"p 值操控"。通常，p 值操控并不像我说的那样粗暴，而且一般都不是恶意行为。在操控 p 值时，人们坚信自己的假设是正确的，那些圣经密码编码者们就是这样。此时，人们很容易找到理由，认为自己得出可以发表的研究结果是正确的，甚至还会后悔一开始的时候没有朝这个方向努力。

但是，大家都知道这种做法并不正确。科学家发现至今仍然有人在这样做，他们把这种做法描述成"对数据进行严刑拷打，直到它们招供才罢手"。因此，所谓的具有统计学显著性的实验结果，不过是通过操控数据去迎合自己的预期罢了。

美军无法检查坠毁在德国境内的飞机遭受了哪些打击，同样，对锁在文件柜中没有发表的那些论文，我们也查看不到，因此，操控 p 值的程度难以估计。但是，我们可以向亚伯拉罕·瓦尔德学习，对无法直接测算的数据进行推断。

我们还是以《国际肠卜术杂志》为例。如果我们仔细阅读该杂志发表的所有论文，然后把所有的 p 值都记录下来，我们会发现什么问题呢？记住，在这个例子中，零假设永远正确，因为肠卜术是不起作用的。因此，有 5% 的实验结果的 $p \leq 0.05$，4% 的 $p \leq 0.04$，3% 的 $p \leq 0.03$，以此类推。换句话说，p 值在 0.04 与 0.05 之间的实验，与 p 值在 0.03 与 0.04 之间，以及 p 值在 0.02 与 0.03 之间……的实验，数量相当。如果把所有论文的 p 值绘制成图，我们就会得到下图所示的水平的曲线。

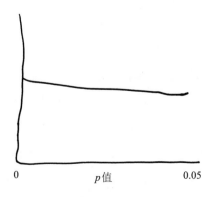

0　　　　　　p 值　　　　　0.05

如果我们阅读的是一份实事求是的杂志，情况会怎么样呢？在我们检验的众多实验结果中，有很多的确是真实有效的，因此，这些实验结果的 p 值小于 0.05 的可能性更大。在这种情况下，p 值曲线应该向下倾斜。

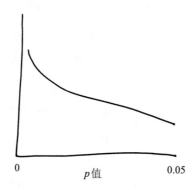

不过，现实情况并不完全如此。统计调查人员发现，在政治科学、经济学、心理学及社会学等多个领域里，p 值曲线在接近 0.05 这个临界值时会明显向上倾斜。

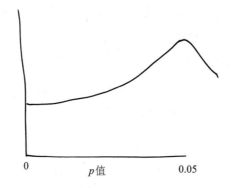

这就是 p 值操控造成的。这种情况说明，大量本来位于 $p=0.05$ 这个临界值之上而无法发表的实验结果，经过对数据的坑蒙拐骗、威逼利诱甚至严刑逼供之后，变成了令人满意的结果。这对急需发表论文的科研人员而言是好事，但对于科学研究来说则是噩耗。

如果作者不愿意"折磨"他的数据，或者经过"逼供"之后，p 值仍顽固地停留在 0.05 这道红线之上，又会怎么样呢？科研人员仍然有变通的办法，他们会精心编排出各种说辞，竭力为不具有统计学显著性的实验结果辩解。他们会说他们的实验结果"几乎具有统计学显著性""有显著性倾向""接近于显著性""处于显著性的边缘"，甚至会煽情地说这个结果"在显著性边缘徘徊"。[①]对于研究人员处心积虑想出的这些词句，我们当然可以大加嘲弄，但是，我们憎恶的应该是这项活动，而不是这样做的人，因为这种冰火两重天的情况是论文发表门槛导致的。用 0.05 设置一个生死界线，是在基本范畴的问题上犯错误，把连续变量（我们有多少证据可以证明这种药物有疗效，这种基因可以决定智商分数，排卵期的女性倾向于支持民主党总统候选人）当作二进制变量（对或者错）来处理。也就是说，我们应该允许科研人员报告不具有统计学显著性的研究结果。

在某些情境中，科研人员必须报告不具有统计学显著性的研究结果。2012年，美国最高法院的一项判决意见被全票通过。这个判决意见是，Zicam 感冒药的制造商 Matrixx 必须做出明确告知，某些人在服用该药物后会丧失嗅觉。该项判决意见的起草人索尼亚·索托马约尔（Sonia Sotomayor）认为，虽然丧失嗅觉的研究没有通过显著性检验，但是在向公司投资人提供的所有信息中应该包含此项内容。p 值较弱的实验结果也许只能起很小的证明作用，但是总比没有好。p 值较强的实验结果可能有更大的证明作用，但是我们已经知道，它不一定是真实的。

毕竟，0.05 这个 p 值并没有什么特别之处，它只是主观选择的一个临界值，是费舍尔确定的一种习惯做法。当然，传统做法有其积极意义，一个被广泛接受的临界值，可以帮助大家理解显著性一词的含义。我读过美国传统基金会的罗伯特·芮克特（Robert Rector）与柯克·约翰逊（Kirk Johnson）合写的一篇论文。他们在论文中抱怨，一些科研人员宣扬了一个错误的观点，认为禁欲宣誓对青少年患性疾病的比例大小没有影响。事实上，研究发现，在宣誓新婚夜之前不发生性行为的青少年中，患性疾病的比例略低于样本中的其他青少年，但是两者之间的差异不具有统计学显著性。因此，基金会研究人员认为，可以证明禁欲宣誓起作用的证据并不多，但也不是绝对没有。

与此同时，芮克特与约翰逊在他们合写的另一篇论文中，却指出人种与贫困

---

① 所有这些例子都选自健康心理学家马修·汉金斯（Matthew Hankins）的博客。汉金斯对于非显著性实验结果颇有研究，他的博客中收集了大量诸如此类的说辞。

问题之间的相关性不具有统计学显著性。他们认为："如果一个变量不具有统计学显著性，就说明该变量的功效系数无法通过统计学方法明显辨识，换言之，这个变量没有任何效果。"然而，证明禁欲宣誓有效的方法，对于证明人种影响应该同样适用。因此，传统做法的价值就在于它对研究人员的约束作用，防止他们受到诱惑，随心所欲地决定哪些结果有效或者哪些结果无效。

但是，人们在长期遵循传统做法之后，很容易把它误当作现实世界真实存在的规律。试想，如果我们用这样的方法来评估经济状况，会怎么样。经济学家对"经济衰退"有一个严格的定义，与统计学显著性的定义一样，也要依赖于某些主观确定的临界值。人们不会说"我不关心失业率、住房工程、学生贷款总额或者联邦预算赤字；如果不是经济衰退，我们就无须讨论"它们，说这些话的人都是在胡说八道。批评家（他们的人数正逐年增加，批评声也甚嚣尘上）说，科学界的很多做法与这些说法相似，都荒谬至极。

显著性检验是调查员，不是审判员

很明显，把"$p<0.05$"等同于"对"，以及把"$p>0.05$"等同于"错"，这两种做法都是不对的。人们凭直觉认为归为不可能法是一种有效的方法，事实也的确如此。但是，在挖掘数据背后隐藏的科学真理时，它并不能充当行为准则。

那么，我们还有什么别的选择呢？如果我们做过实验，就会知道科学真理不会凭空出现或敲锣打鼓地找上门。从海量的数据中做出有效的推理，并不是一件轻而易举的事。

一个常用的简单办法，就是在显著性检验的基础上报告"置信区间"（confidence interval）。报告置信区间的做法需要我们稍稍拓宽概念范围，不仅考虑零假设，还要考虑一系列其他假设。假设我们开了一家网店，销售手工锯齿剪刀。因为我们是现代人（除非我们是制作手工锯齿剪刀的人），所以我们设计了一个A–B测试，让一半用户看到网站的当前版本（A），让另一半看到改进版（B）。在改进版页面点击"立刻购买"，人们会看到剪刀唱歌、跳舞的动画。我们发现B的销售额上升了10%，为此我们兴奋不已。但是，如果我们有丰富的促销经验，我们可能会担心：销售额上升会不会仅仅是偶然现象呢？于是我们计算了一下 p 值，结果发现，如果网站改版没有促销效果（即零假设是正确的），那么取得这个销售佳绩的概率仅为 0.03%。[①]

我们难道要就此打住吗？如果我打算雇用一名大学生，在所有网站页面上添加剪刀跳舞的动画，我就会想了解这种方法是否奏效，同时，我还想了解它到底有多大效果。我看到的这种效果是否与我的假设相一致，也就是说，从长远看，这种方法是否只能让销售额提高 5% 呢？在这个假设前提下，我们可能会发现，出现 10% 的增长率的概率会大大增加。换言之，归为不可能法并不认为网站改版会使销售额提高 5% 这个假设是错误的。另一方面，我们或许会这样想：网站改版其实能把剪刀的销售额提升 25%，但是由于运气不佳，销售目标并没有完全实现。于是，我们又计算了一下 p 值，结果为 0.01。这个可能性太低了，所以我们不会再提出这个假设。

置信区间指的是，一系列顺利通过归为不可能法检验的假设与我们实际观察结果之间一致程度的合理范围。在本例中，置信区间的范围有可能是 +3%~+17%。零假设规定的 0 并没有包含在内，这一事实正好说明，10% 这个结果具有统计学显著性。

但是，置信区间的意义不只是这些。当置信区间是［+3%，+17%］时，我们可以肯定这种效果是存在的，但并不代表效果非常显著。另一方面，置信区间是［+9%，+11%］时，则表明可信程度高得多——这种效果不仅肯定存在，而且很显著。

即使实验结果不具有统计学显著性，即置信区间中包含 0，我们也能从中得出很多信息。如果置信区间是［-0.5%，0.5%］，则说明实验结果之所以不具有统计学显著性，是因为我们有充分的证据证明介入手段没有任何效果。如果置信区间是［-20%，20%］，实验结果不具有统计学显著性的原因则在于我们不了解介入手段是否有效果，或者不清楚介入手段取得了积极效果还是消极效果。当从统计学显著性这个角度考虑时，这两种结果非常相似，但是在我们考虑下一步安

---

① 所有数字都是我杜撰的。原因之一在于，真实的置信区间计算非常复杂，限于篇幅，我做了这样的处理。

排时，它们却会给出截然不同的建议。

科学界普遍认为耶日·内曼（Jerzy Neyman）是置信区间的创始人。内曼是波兰人，被公认为早期统计学领域的大人物之一。与亚伯拉罕·瓦尔德一样，内曼最初在东欧从事理论数学研究，后来把家搬到了西方，开始从事当时还是新鲜事物的数学统计研究。20世纪20年代末，内曼开始与伊冈·皮尔逊（Egon Pearson）合作。伊冈·皮尔逊继承了父亲卡尔·皮尔逊（Karl Pearson）在伦敦的学术地位，和父亲一样，他与费舍尔也互相仇视。费舍尔很难相处，喜欢与人争斗，就连费舍尔的女儿也评价道："父亲从小就不懂得人情世故。"在费舍尔看来，内曼与皮尔逊是他的强劲对手，双方之间的冲突持续了几十年之久。

他们在科研上的分歧，几乎全部表现在内曼与皮尔逊用以解决和推断问题的方法上。① 对于是否要根据证据推断出真相这个问题，内曼与皮尔逊的回答是不要提出这样的问题。这个回答的确令人吃惊。内曼与皮尔逊认为，统计学的目的不是告诉我们应该相信什么，而是告诉我们应该做什么。统计学的任务是做出决策，而不是回答任何问题。显著性检验仅仅是一个规则，告诉相关负责人是否批准某种药物投放市场，是否推行人们提议的经济改革，或者是否改版网站页面。

内曼和皮尔逊认为"科学不是以发现真理为目标"，这种哲学观乍一看非常疯狂，但是它与我们在其他领域奉行的理念存在某些共通之处。刑事审讯的目的是什么？我们可能会天真地回答：是确认嫌疑人是否真的犯了被指控的罪行。但是，这样的答案显然是错误的。取证规则禁止陪审团采信以不正当手段获取的证据，即使该证据有助于确认被告是无辜的还是真的犯了罪。所以，法庭的理念不是追求真理，而是维护正义。我们制定了规则之后就必须遵守，我们认定被告有罪，并不是指他犯了所指控的罪行，而是指法庭依据这些规则公正地宣布他有罪。无论我们选择哪些规则，都会让某些罪犯逍遥法外，而让一些没有过错的人蒙冤入狱。第一种结果出现得越少，第二种结果出现的可能性就越大。因此，我

---

① 这个说法有过分简单化的嫌疑。费舍尔、内曼与皮尔逊的寿命及创作生涯都比较长，在几十年的时间内，他们的观点与立场不断改变。我在简单描述他们在哲学观上的分歧时，忽略了他们思想中的很多重要组成部分。他们之间最突出的分歧是：相较于皮尔逊，内曼更加坚定地认为统计学的第一要务是决策。

们在制定这些规则时，应该尽可能地让它们在处理这个重要的平衡问题方面取得最佳效果。

对于内曼与皮尔逊而言，科学研究不是法庭。如果某种药物没有顺利通过显著性检验，我们不会说"我们确信该药物没有疗效"，而会说"检验表明该药物没有疗效"，并拒绝给它发放生产许可证。同样，如果没有合理的证据证明被告到过犯罪现场，即使法庭里所有人都认为他有罪，他也会被当庭释放。

然而，费舍尔完全不同意他们的观点。在他看来，内曼与皮尔逊浑身散发着理论数学的恶臭，苛刻地追求理性主义，却将所有与科研方法有相似之处的东西都弃之如敝屣。大多数法官都不会将明显无罪的被告送上绞刑架，即使规则有这样的要求。而从事科学研究的人，大多对遵守一系列严格规则的做法不感兴趣，也不愿意在零假设实际上是正确的情况下自欺欺人地形成某种理论，他们会把这种卑劣行为带来的满足感拒之门外。1951 年，费舍尔在致希克（W. E. Hick）的信中写道：

> 得知你因为以内曼与皮尔逊等为代表的显著性检验而忐忑不安，对此我感到些许遗憾。这些装腔作势的检验毫无价值而言，我和我在世界各地的学生根本不会使用这种检验方法。如果你希望了解具体原因，那么我告诉你，这种检验方法大错特错，它没有从研究人员的视角来解决问题，也没有以有理有据的知识为根基。一直以来，人们都在使用这种方法检验各种猜想以及自相矛盾的研究结果，尽管所检验的猜想与研究结果的数量时多时少，但从未间断。检验的目的是为"我是否应该关注"这个问题提供一个可信度高的答案。这个问题当然也可以（为了使思考过程尽善尽美，也应该）表述成："该假设是否被推翻了？如果被推翻了，那么根据这些研究结果，其显著性程度有多高？"我之所以确信可以使用这种表述形式，唯一的原因是：真正的研究人员已经知道如何回答，内曼与皮尔逊的拥趸（我想他们必定徒劳无功）试图单凭数学方法来解决的那些问题了。

费舍尔当然也知道顺利通过显著性检验与发现真理并不是一回事儿。1926年，他在著作中提到了一种内涵更丰富、迭代次数更多的检验方法，"科学事实被判定为经受住了实验的检验，必须满足一个前提条件：只要实验设计合理，每次得到的结果几乎都能表现出一定程度的显著性"。

他所说的不是"有一次成功地表现出",而是"几乎都能表现出"。具有统计学显著性的发现会为我们提供线索，指明研究方向。显著性检验是调查员，而不是审判员。一篇介绍诸如"甲导致乙"或者"丙阻止丁"等重大发现的文章，在结尾部分总会毫无新意地引用某位事先并没有参与该项研究的资深科研人员的评价，内容大多是"该发现极有价值，应该加大研究力度"之类的陈词滥调，在读到这样的文章时，我们知道是怎么回事吗？我们认为这些必不可少的评价其实空洞无物，因此跳过不读，这又是怎么回事呢？

我告诉你们答案吧。科研人员每次都会写下这样的句子，原因是这些句子非常重要，而且是真实的。令人感兴趣、具有明显统计学显著性的发现不是科研过程的终结，它意味着科研活动才刚刚开始。如果某位科研人员有了一个重大、新奇的发现，其他实验室的研究人员应该对这个现象及其变量反复进行检验，以确认该结果到底是昙花一现的侥幸成功，还是真的达到了费舍尔"几乎都能表现出"的标准。如果某个结果经过多次实验都无法得到验证，科学界就会满怀歉意地拒绝承认它。重复实验程序是科学的免疫系统，对大量研究结果进行检验，摒弃达不到标准的研究结果。

这是我们应该追求的理想做法，但是，在实际操作中，科学的免疫作用受到了抑制。当然，有些实验难以重复。如果我们的研究内容是检验 4 岁儿童延迟满足的能力，以及这项能力与该儿童 30 年后的生活状况之间的相关性，那么我们无法轻易地通过重复实验验证这项研究结果。

但是，即使可以通过重复实验验证的研究结果，也很少得到重复实验的验证。所有杂志都希望发表重大发现，有哪家愿意发表重复一年前的实验且得出相同结果的论文呢？更糟糕的是，如果做了重复实验却没有得出具有统计学显著性的结果，那么这篇论文会面临什么样的命运呢？为了保证科研体系的正常运行，这些实验结果也应该向公众公开，但它们却被锁进了文件柜。

不过，文化并不是一成不变的。约安尼迪斯、西蒙逊等改革派大声疾呼，告诫人们科学研究正面临着沦落为大规模肠卜术的风险。呼吁的对象不仅限于科学界，还延伸至全体大众，使人们产生了新的危机感。2013 年，美国心理科学协会宣布，他们愿意发表一种叫作"重复实验报告"的新类型论文。这类报告的目的是通过重复实验验证被广泛引用的研究结果，在处理程序上与普通论文有很大的不同：在研究开始之前，必须就重复实验的结果提出发表申请。如果重复实验的结果支持原发现，就是个好消息；如果两者不一致，那也没关系，照样可以公开发表，让整个学术界都能完整地了解该项研究结果的重复实验情况。另外一个科研项目——"多实验室计划"（Many Labs project），旨在通过重复实验验证心理学方面的著名成果。2013 年 11 月，该计划的第一批重复实验结果产生了，在接受重复实验验证的 13 项研究结果中，有 10 项验证成功，这让心理学家们感到欣欣鼓舞。

当然，在重复实验的最后阶段，必须做出判断和制定标准。费舍尔说的"几乎都能表现出"中的"几乎"到底有什么含义呢？如果我们随随便便就为这个概念赋予一个临界值（比如，"如果某个结果在超过 90% 的实验中具有统计学显著性，则该结果为真"），我们就有可能再次陷入麻烦。

费舍尔认为，设置一条一成不变的红线的做法是不妥当的，费舍尔不相信理论数学的形式主义。1956 年，已经进入垂暮之年的费舍尔指出："事实上，科研人员不会设置一个固定的显著性程度，然后年复一年，无论情况如何变化，都依据这个红线推翻各个假设。相反，他们会在证据的启示下，结合自己的想法，认真考虑每一个具体案例。"

在后文，我们将讨论如何使"证据的启示"变得更加具体。

第10章 大数据与精准预测

在很多人眼里，大数据时代非常可怕，原因之一是：大数据时代隐晦地表明，如果有足够多的数据，算法（algorithm）的推理能力将超过人类。所有超能力都令人害怕：可以变形的存在令人害怕，能死而复生的存在令人害怕，推理能力超过人类的存在也令人害怕。令人害怕的事还有：塔吉特公司的客户营销分析小组建立的一个统计学模型，基于采购数据，能准确地推断出其中一个顾客（哦，对不起，应该是"客户"）怀孕了，推断的依据是明尼苏达州的这位少女购买的商品比较神秘，其中无香味的护肤液、矿物质补充剂以及棉球的数量有所增加。于是，塔吉特开始向这位少女派送婴儿服装优惠券，这一举动令女孩的父亲大为惊愕。作为人类，他的推理能力太弱，他还不知道自己的女儿怀孕了。生活在这个世界上，谷歌、脸谱网、智能手机甚至塔吉特公司，甚至比我们的父母更加了解我们，一想到这些，就不由得让人惴惴不安。

不过，我们也许应该少花点儿时间考虑那些能力超强的算法，而应该多花点儿时间考虑那些蹩脚的算法。

一方面，算法的结果可能是正确的，也可能非常蹩脚。的确，通过算法，硅谷的经营手段一年比一年老练，收集的数据越来越多，作用也越来越大。有人预测，未来谷歌会对我们了如指掌。通过归纳和分析数以百万计的微观察结果（在点击这个链接前他犹豫了多长时间，他的谷歌眼镜在那个上面停留了多长时间），中心备件库可以预测我们的喜好、欲望、行动，更重要的是，它还可以预测我们可能想购买什么，或者可能说服我们购买什么。

这种情况有可能发生，也有可能不会发生。在研究很多数学问题时，得到的数据越多，越能提高研究结果的准确度，而且准确度提高的幅度在很大程度上是可以预见的。如果要预测小行星的运行轨迹，我们需要测算它的速度与位置，还需要测算宇宙中其他天体的万有引力。相关数据越多、越精确，预测的准确度越高。

但是，有的预测就像天气预报一样，难度极大。在这种情况下，大量精确的数据以及可以迅速处理这些数据的算法可以一展它们的身手。1950 年，早期的计算机"埃尼阿克"（ENIAC）需要花 24 个小时才能模拟出未来 24 个小时的天气，这是太空时代计算机在数据运算能力方面取得的令人叹为观止的成绩。2008 年，人们用诺基亚 6300 手机重新进行了这项计算，耗时还不到 1 秒钟。现在，天气预报不仅更新更快，预报时效更长，也更准确。2010 年普通的 5 天天气预报与 1986 年的三天天气预报相比，准确度不分伯仲。

随着数据收集能力的不断增强，我们想当然地认为预测水平也会越来越高：美国国家气象频道总部的服务器机房总有一天可以更精准地模拟整个大气层，如果想了解下个月的天气情况，我们只需要在运行模拟程序时将时间往前推进一点儿就可以了。

这不会成为现实。大气中的能量从非常小的区域迅速蔓延至全球大部分地区，所需的时间非常短，因此，某时某地的一个微不足道的变化可能会在随后几天里造成显著不同的结果。用技术术语来表述，就是天气情况是混沌无序的。事实上，爱德华·洛伦兹（Edward Lorenz）第一次提出"混沌"这个数学概念时，就是受到了天气预报的启发。洛伦兹说："一位气象学家认为，如果该理论是正确的，海鸥的一次振翅就足以永久地改变天气变化的趋势。关于这个说法的争论还没有平息，但是近期的大多数证据似乎都支持这个说法。"

无论我们收集多少数据，天气预报的时效都是一个严格的限制条件。洛伦兹认为，这个时效大约是两周时间。到目前为止，尽管全世界的气象学家都在全神贯注地研究这个问题，但是我们仍然没有理由怀疑这个限制条件。

人类的行为更像小行星，还是与天气情况更类似呢？这当然取决于我们讨论的是人类哪个方面的行为。至少在某个方面，人类行为应该比天气更加难以预测。我们已经为天气建立了一个效果极佳的数学预测模型，尽管天气内在的混沌特性最终必将胜出，但在获取更多的数据之后，我们借助这个数学模型，仍有可能提高短期天气预报的准确性。而关于人类行为，我们还没有这样的预测模型，而且可能永远都不会有，所以预测人类行为的难度要大得多。

2006 年，在线娱乐公司奈飞（Netflix）举行了一个奖金额高达 100 万美元的竞赛，让全世界的参赛者编写一个向顾客推荐影片的算法，而且效果要胜过奈飞公司自己研发的产品。活动有效期不是很长，因为奈飞公司规定，只要有人第一个编写出推荐效果比奈飞产品优越 10% 的算法，他就是赢家。

参与竞赛的人收到一个巨大的文件，其中包含 100 万个匿名的影片评级，涉及 17 700 部电影，来自近 50 万名奈飞用户。编程的难点在于预测用户会如何评价自己没看过的影片。参赛者手里有大量数据，都与他们准备预测的顾客行为有直接相关性。但是，这种预测的难度非常大，直到三年后才有人获胜，而且还是几个小组联合起来，将各自近乎完美的算法程序结合到一起，才勉强达到要求。但是，在这项竞赛尚未结束时，奈飞公司的业务已经从邮寄电影 DVD（数字多功能光盘）转变为向顾客提供在线流媒体影片服务，影片推荐效果不佳也不再是一个大问题了。如果我们曾经接受过奈飞（或者亚马逊、脸谱网等尝试基于所收集的客户信息向客户推荐产品的网站）的服务，就会知道这些推荐的效果仍然非常差。如果在用户的档案资料中添加更多的数据流，推荐效果也许会有所提升，当然，也有可能不会提升。

然而，在收集数据的公司看来，情况并不像以上描述的那么糟糕。如果塔吉特仅凭跟踪你的会员积分卡的使用情况，就能够百分之百地确定你怀孕了，对他们来说这当然是个好消息。可是，他们做不到。然而，如果能够把猜测你是否怀孕的准确度提高 10%，这就是个好消息。谷歌的情况也是一样，他们无须了解我们到底想要购买什么产品，只要他们的想法优于他们的竞争对手即可。公司的利润通常并不是很丰厚，客户行为预测的准确度提高10%，在我们看来并不是什么了不起的事，但对公司而言则可能意味着大笔利润。在那次大赛期间，我找到了奈飞公司负责影片推荐业务的副总裁吉姆·班尼特（Jim Bennett），问他为什么会提供那么一大笔奖金。他告诉我，我应该问的问题是奖金为什么那么少。推荐效果提高10%，尽管这个数字看起来很小，但是公司很快就能赚回那100万美元奖金，而且比再拍摄一部《速度与激情》（Fast and Furious）还要快。

脸谱网能预测出谁会成为恐怖分子吗？

因此，如果公司可以获取大量数据，但在了解客户情况这方面仍然没有多大作为，他们应该考虑什么问题呢？

也许他们可以考虑一下这个问题。假设脸谱网有一个团队，决定想出一个办法，预测用户中谁有可能参与针对美国的恐怖活动。从数学的角度看，这跟判断奈飞用户是否有可能喜欢看电影《十三罗汉》（Ocean's Thirteen）这个问题的区别不大。脸谱网通常知道用户的真实姓名与地址，因此他们可以利用相关记录，为一系列已经被认定犯有恐怖主义罪行或者支持恐怖组织的人建立档案。然后，他们可以使用数学知识统计恐怖分子每天完成状态更新的次数与普通人相比是更多还是更少，抑或基本相同。在他们的信息更新中，是否某些词语出现的频率更高？他们通常喜欢或不喜欢的乐队、组织或产品有哪些？将用户的所有这类信息加以归纳，就可以为每个用户打分，分数代表脸谱网对用户与恐怖组织有联系或者将会产生联系的概率做出的评估。这项活动与塔吉特公司依据顾客采购的护肤乳与矿物质补充剂推断出她可能是孕妇的做法，基本没有什么区别。

但是，两者之间有一个重要的不同点：怀孕是一种常见现象，而恐怖主义则非常少见。几乎在所有情况下，特定用户是恐怖分子的概率都会非常小。因此，无论脸谱网的算法是否能预测出谁将实施恐怖袭击，都不可能成为《少数派报告》（Minority Report）中描述的预防犯罪中心。但是，我们可以考虑一种中庸的情况，比如，脸谱网可以在某置信区间内列出一份包含10万名用户的名单，并指出："其中每个用户是恐怖分子或者恐怖主义支持者的概率，是脸谱网普通用户的两倍。"

如果你发现你的一位邻居的名字出现在这份名单中，你会怎么做？会给美国联邦调查局打电话吗？

在打电话之前，你最好画一个方框图。

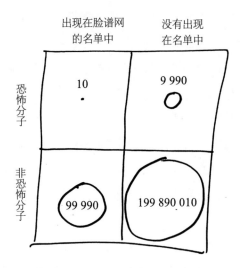

图中表示的是脸谱网两亿名美国用户的情况。上面的两格表示有可能是恐怖分子的用户，下面的两格表示不是恐怖分子的用户。在美国，所有的恐怖主义基层组织肯定都非常小。假设我们非常多疑，那么我们可以认为联邦调查局应该密切监视的恐怖分子嫌疑人有 1 万个，占脸谱网美国用户数的 1/20 000。

方框图左右两侧的区分是由脸谱网做出的，左侧是参与恐怖主义活动可能性较大的 10 万人。脸谱网认为自己的算法非常准确，所以根据该算法筛选出来的用户是恐怖分子的概率为普通用户的两倍。我们相信脸谱网说的是真的，也就是说，在这 10 万人中，有 1/10 000 的人（即 10 人）是恐怖分子，剩余的 99 990 人则不是恐怖分子。

如果 1 万名恐怖分子嫌疑人中有 10 人位于左上部，那么右上部就有 9 990 人。同样，在脸谱网用户中有 199 990 000 名非恐怖分子，其中有 99 990 人被该算法加上了标记，因此位于左下部，那么在右下部还剩 199 890 010 人。把 4 个分区的人数相加，得数为两亿人，也就是脸谱网的全部美国用户。

你的那位邻居就位于这 4 个分区中的某一个。

但是，他到底在哪个分区里呢？我们只知道他在左侧，这是因为脸谱网把他标记为有可能是恐怖分子的人。

我们需要注意一个问题：在位于图左侧两个分区的人当中，几乎没有人是恐怖分子。事实上，那位邻居不是恐怖分子的概率为 99.99%。

从某种意义上说，这与避孕药引发恐慌的例子差不多。一旦上了脸谱网的名单，是恐怖分子的概率就会加倍，这令人害怕。但是，最初的概率非常小，即使加倍之后，仍然非常小。

我们还可以换一种方式来看这个问题。思考一下：如果某个人其实不是恐怖分子嫌疑人，那么他错误地出现在脸谱网名单中的概率有多大？这个问题更清楚地反映出不确定性推理可能导致的困惑与风险。

结合此图，这个问题就变成：如果我们位于图的下部区域，那么我们在左侧分区的概率有多大？

这很容易计算。图的下部区域中有 199 990 000 人，其中，只有 99 990 人在左侧。因此，脸谱网算法将无辜的人标记为恐怖分子嫌疑人的概率为 99 990/199 990 000，即约 0.05%。

这个结果没有错。脸谱网把一个非恐怖分子错误地认定为恐怖分子的概率不到 1/2 000！

现在，再看到你的那位邻居时，你会怎么想呢？

显著性检验可以为我们提供明确的答案。零假设为"你的邻居不是恐怖分子"，在这个假设条件下，你的邻居遵纪守法，他出现在脸谱网黑名单上的概率约为 0.05%，远低于 1/20 这个统计学显著性的临界值。换言之，按照当代大多数科学研究普遍采用的规则，我们有理由认为零假设是不正确的，从而认定你的邻居就是一个恐怖分子，尽管他不是恐怖分子的概率为 99.99%。

一方面，遵纪守法的人几乎不可能被该算法列入黑名单。另一方面，算法指向的人几乎都是遵纪守法的人。这似乎相互矛盾，但其实不然，真实情况就是这样的。如果我们屏气凝神，仔细观察方框图，我们就不会犯错。

下面我来告诉大家问题的症结所在。其实，我们提出了两个问题，这两个问题看似没有区别，但其实并不相同。

问题 1：如果某人不是恐怖分子，那么他出现在脸谱网黑名单上的概率是多少？

问题 2：如果某人出现在脸谱网黑名单上，那么他不是恐怖分子的概率是多少？

这两个问题有不同的答案，因此它们不是同一个问题。我们已经知道，第一个问题的答案约为 1/2 000，第二个问题的答案是 99.99%，而我们真正想知道的是第二个问题的答案。

这两个问题所考虑的量被称作"条件概率"（conditional probability），即"如果 Y，则 X 的概率为……"让我们搞不清楚的是，"如果 Y，则 X 的概率为……"与"如果 X，则 Y 的概率为……"是不同的。

是不是有点儿熟悉的感觉啊？这正是我们在归为不可能法上面临的问题。p 值是解决问题的关键，它指的是如果零假设是正确的，那么所观察到的实验结果发生的概率。

但是，我们想知道的其实是另一个条件概率：

如果我们观察到某种实验结果，则零假设正确的概率是多少？

我们把第二个概率与第一个概率弄混淆了，这正是错误出现的原因。这不是科学研究特有的现象，而是随处可见。公诉人转向陪审团宣布："无辜人的 DNA（脱氧核糖核酸）与犯罪现场发现的 DNA 样本匹配的概率只有五百万分之一，是的，五百万分之一。"此时，他回答的是问题 1，即无辜的人是罪犯的概率是多少？但是，陪审团的工作是回答问题 2，即被告其实是无辜的概率是多少？关于这个问题，DNA 无法回答。

脸谱网黑名单的例子清楚地说明我们为什么不仅需要关注好的算法和蹩脚的算法，还要考虑更多的问题。如果你怀孕了，而且塔吉特公司知道你怀孕了，这种情况会令人不安。但是，如果你不是恐怖分子，而脸谱网却认为你是恐怖分子，这样的情况更糟糕、更令人不安。

你也许认为，脸谱网绝不会编造恐怖分子嫌疑人（或者逃税人、恋童癖者）名单，即使他们真的有这样的名单，也不会公之于众。他们为什么要这样做？难道能从中赚钱吗？也许是的。但是，美国国家安全局可不会管人们有没有登录脸谱网，他们肯定会收集美国境内所有人的数据。黑名单这样的东西肯定存在，除非你认为他们记录海量的通话数据，目的是为了告诉电话公司哪些地方需要增设信号塔。大数据没有魔力，不可能告诉联邦调查局谁是恐怖分子、谁不是恐怖分子。但是，给某些人加上标记，认为他们更加危险和"值得关注"，然后生成一个黑名单，这些工作并不需要魔力。这份名单上的绝大多数人与恐怖主义没有任何关系，你有多大信心认为自己不在这份名单上呢？

心灵感应研究与贝叶斯推理

为什么会有恐怖分子黑名单这种明显自相矛盾的东西呢？显著性检验的方法看似有理有据，但为什么在这种情况下的效果那么糟糕呢？原因在于，显著性检验考虑的是脸谱网标记的用户占所有用户的比例，却完全忽略了恐怖分子所占的比例。如果你想判断自己的邻居是否为恐怖分子，必须注意一个重要的"先验信息"（prior information）：绝大多数人都不是恐怖分子。忽略这个信息，就会陷入危险的境地。费舍尔说过，我们必须"在证据的启示之下"，也就是根据已知信息评估每一个假设。

但是，我们又是怎么做的呢？

说到这里，不由得让人想起无线电心理学的故事。

1937 年，心灵感应风靡一时。心理学家莱茵（J. B. Rhine）在他的专著《心灵新前沿》（*New Frontiers of the Mind*）中介绍了他在杜克大学完成的ESP[①]实验。这本书非常畅销，并成为"月读俱乐部"的推荐图书之一。在这本书的影响下，通灵成了美国各地鸡尾酒会上的热门话题。1930 年，畅销书《屠场》（*The Jungle*）的作者厄普顿·辛克莱（Upton Sinclair）再接再厉，又出版了《心灵电

---

① ESP（Extra Sensory Perception），意为超感官知觉，是心灵感应、透视力、触知力和预知力的总称。——译者注

波》（*Mental Radio*）。在这本书中，辛克莱讲了他与妻子玛丽进行心灵感应的故事。由于该书讨论的是主流现象，因此爱因斯坦为它的德语版撰写了序言。爱因斯坦在序言中没有明确表示认同心灵感应，但他建议心理学家"应当认真读读"辛克莱的这本书。

大众媒体自然要在这一潮流中凑个热闹。1937 年 9 月 5 日，奇尼斯无线电公司与莱茵合作开展了一项只有借助他们刚开发的新通信技术才可能完成的实验。主持人 5 次转动轮盘赌的转轮，一群自称有心灵感应能力的人站在旁边。每转动一次，小球要么停留在黑色区域，要么停留在红色区域，而有心灵感应能力的那些人则把全部心神集中在小球停留的区域，然后利用自己的"传播渠道"向全美国发送信号。主持人恳求电台听众利用他们的心灵感应能力获取这些信号，然后寄信把他们接收到的颜色信息告诉无线电台。主持人第一次发出请求时，超过 4 万名听众做出了响应，在之后的节目中，虽然新鲜劲儿已过，但奇尼斯公司每周仍然能收到数千个回应。这个测试心灵感应能力的实验是大数据的一个雏形，其规模是莱茵在杜克大学办公室里针对实验对象的逐个研究无法企及的。

尽管实验的最终结果不利于心灵感应，但是心理学家发现，从听众那里收集到的大量数据却有完全不同的用途。听众努力地再现 5 次转动转轮产生的红、黑（下文分别以 R 与 B 表示）颜色序列，一共有 32 种可能：

BBBBB	BBRBB	BRBBB	BRRBB
BBBBR	BBRBR	BRBBR	BRRBR
BBBRB	BBRRB	BRBRB	BRRRB
BBBRR	BBRRR	BRBRR	BRRRR
RBBBB	RBRBB	RRBBB	RRRBB
RBBBR	RBRBR	RRBBR	RRRBR
RBBRB	RBRRB	RRBRB	RRRRB
RBBRR	RBRRR	RRBRR	RRRRR

由于每次转动转轮之后小球停在红色或黑色区域的概率相同，因此上述序列出现的概率也相同。由于所有听众其实都没有接收到任何心灵感应信号，我

们可以因此认为听众选择这 32 种序列的概率也是相同的吗？

其实不然。事实上，听众的选择并不均匀。BBRBR、BRRBR这类序列出现的次数远远超过预期，RBRBR这类序列出现的次数则低于预期，而RRRRR几乎没有出现过。

对于这样的结果，你可能并不会感到吃惊。与BBRBR相比，RRRRR给人的感觉并不像一个随机序列，尽管在我们转动转轮时，出现这两种结果的概率是相同的。这到底是怎么回事呢？"一个序列的出现次数少于另一个序列"的说法，是什么意思呢？

我再举一个例子。大家迅速想一个 1 至 20 之间的数字。

你选择的是 17 吗？

没错，这一招不一定每次都灵。但是，如果我们让人们在 1 至 20 之间选一个数字，17 是最常被选到的数字。如果我们让人们在 0 至 9 之间选一个数字，他们最常选的是 7。在随机选择时，末尾是 0 和 5 的数字出现的次数远低于我们的预期，也就是说，在人们心目中，这些数字的随机程度似乎比较低。这个想法导致了一个出乎意料的结果：那些心灵感应实验的参与者试图给出R、B随机序列，但是结果明显不具有随机性。同样，这些人在随机选择数字时，往往也会偏离随机性。

2009 年，时任伊朗总统的马哈茂德·艾哈迈迪内贾德（Mahmoud Ahmadinejad）在总统选举中以较大优势获胜。很多人指责有人暗中操控选票，但是，由于伊朗政府几乎不允许任何独立监督，所以很难得到检验计票合法性的机会。

哥伦比亚大学的两名研究生柏恩德·比伯（Bernd Beber）与亚历山大·斯卡科（Alexandra Scacco）想出了一个好办法。他们利用数字本身作为揭穿选举造假的证据，让官方的计票结果自证，这个办法奏效了。首先，他们研究了 4 名主要候选人各自在伊朗 29 个省得到的官方总选票数，一共得出了 116 个数字。如果这些票数没有造假，那么这些数字的末位数只能是随机数，也就是说，它们应该平均分布在 0、1、2、3、4、5、6、7、8 和 9 这些数字中，每个数字出现的概率为 10%。

但是，这次伊朗总统选举的计票结果并没有表现出这个特点，末位数中 7 出现的次数过多，几乎是正常概率的两倍。这个特征表明，这些数字并不是随机生成的数字，而是人们刻意伪造的随机数字。当然，仅凭这一点还不能证明有人操纵了这次选举，但这是指向这个结论的一个证据。

在我们探索和认识世界的过程中，各种理论一直在互相竞争，所以我们会不断根据观察结果来调整我们的判断，以致推理活动从无间断。对于某些理论（例如，"明天太阳仍然会升起"，"手一松，东西就会掉落"），我们深信不疑，这种信任几乎不可动摇；而对于其他理论（例如，"如果今天我锻炼，晚上就会睡得很好"，"根本就不存在心灵感应这类东西"），信任度则低一些。无论是司空见惯还是难得一见的事物，我们都有各种与之相关的理论。至于用以证明或驳斥这些理论的证据，其置信度也有高有低。

关于轮盘赌，我们认可的权威理论认为它是一种非常公平的游戏，小球停在红色或黑色区域的概率是相同的。但是，也有理论认为转轮偏向于某个颜色。[①]我们化繁为简，假设一共有三种关于轮盘赌的理论。

> **红色论**：转轮偏向于红色，小球停在红色区域的次数占比为 60%。
> **公平论**：转轮是公平的，小球停在红色区域与黑色区域的次数相同。
> **黑色论**：转轮偏向于黑色，小球停在黑色区域的次数占比为 60%。

这三种理论的置信度分别是多少呢？除非另有证据，否则我们很可能会认为轮盘赌是公平的。我们或许会认为公平论正确的概率为 90%，黑色论与红色论正确的概率分别只有 5%。像分析脸谱网黑名单一样，我们也可以为轮盘赌绘制方框图。

	黑色论	公平论	红色论
	0.05	0.9	0.05

---

① 不可否认，由于轮盘赌转轮上的红色区域与黑色区域交替出现，所以该理论的说服力不是很强。但是，对于一个不在眼前的转轮，我们可能会推测，小球停在红色区域的次数比黑色区域多。

图中的数字用术语来表示的话，是"先验概率"（priori probability），即认为某个理论正确的概率。不同的人有可能得出不同的先验概率：怀疑论中坚分子认为三个理论的先验概率都是 1/3，而有些人充分信任轮盘赌转轮制造商的节操，认为红色论与黑色论的先验概率只有 1%。

但是，这些先验概率不是一成不变的。如果我们找到了某理论优于另一理论的证据（例如，小球连续 5 次停在红色区域中），不同理论的置信度就会发生改变。那么，这个规律在本例中会起到什么作用呢？解决这个问题的最佳办法就是计算更多的条件概率，绘制更大的方框图。

我们转动转轮 5 次，得到 RRRRR 的概率是多少呢？答案取决于哪种理论是正确的。在公平论正确时，每次转动转轮后小球停在红色区域的概率为 1/2，因此，得到 RRRRR 这个结果的概率为：

$$1/2 \times 1/2 \times 1/2 \times 1/2 \times 1/2 = 1/32 = 3.125\%$$

换言之，得到 RRRRR 与得到其他 31 种颜色序列的概率完全相同。

如果黑色论是正确的，小球停在红色区域的概率为 40%，即 0.4，那么，得到 RRRRR 结果的概率为：

$$0.4 \times 0.4 \times 0.4 \times 0.4 \times 0.4 = 1.024\%$$

如果红色论是正确的，小球停在红色区域的概率为 60%，那么，得到 RRRRR 结果的概率为：

$$0.6 \times 0.6 \times 0.6 \times 0.6 \times 0.6 = 7.76\%$$

接下来，我们把图中的三个部分扩充为 6 个部分。

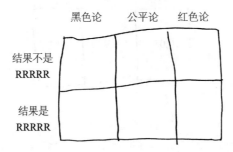

这幅图中的三列分别对应黑色论、公平论与红色论。但是，我们这次把每列分成了两个方框，一个方框表示得到了 RRRRR 的结果，另一个方框表示没有得到 RRRRR 的结果。我们已经完成了各种数学计算，知道应该在方框中填入哪些数字。例如，公平论的先验概率为 0.9，这个先验概率的 3.125%，即 $0.9 \times 0.031\,25$（$0.028\,1$），应该填入"公平论正确且小球 5 次停留的区域为 RRRRR"的方框中，剩下的 $0.871\,9$ 则填入"公平论正确但停留区域不是 RRRRR"的方框中。在表示公平论的这一列中，两个方框内数字的和仍然是 0.9。

红色论的先验概率是 0.05，因此，"红色论正确且结果为 RRRRR"的先验概率是 $0.05 \times 7.76\%$，即 $0.003\,9$；而"红色论正确但结果不是 RRRRR"的方框中的数字是 $0.046\,1$。

黑色论的先验概率也是 0.05。但是，黑色论与 RRRRR 这个结果之间的关系很不友好，因此，"黑色论正确且结果为 RRRRR"的概率仅为 $0.05 \times 1.024\%$，即 $0.000\,5$。

	黑色论	公平论	红色论
结果不是 RRRRR	0.049 5	0.872	0.046 1
结果是 RRRRR	0.000 5	0.028	0.003 9

请注意，6 个方框中的数字总和是 1。这是必须满足的条件，因为这 6 个方框代表的是所有可能的情况。

如果我们转动转轮并且真的得到了 RRRRR 的结果，那么这些理论会有什么变化呢？假如这种情况真的出现了，对红色论而言就是好消息，但对黑色论而言则是坏消息。小球连续 5 次停在红色区域，这种情况位于方框图的下排，黑色论、公平论与红色论的先验概率分别为 0.000 5、0.028 和 0.003 9。换句话说，在这种情况下，公平论与红色论的先验概率比率大约是 7∶1，红色论与黑色论的先验概率比率大约是 8∶1。

如果希望把这些比率关系转化为概率，我们需要记住的就是三个概率的和必须是 1。下排三个方框中的数字和约为 0.032 5，在不改变比率关系的前提下，要使三个概率的和等于 1，我们可以用每个数字除以 0.032 5。于是，我们得到：

- 黑色论正确的概率是 1.5%；
- 公平论正确的概率是 86.5%；
- 红色论正确的概率是 12%。

由此可见，红色论的置信度增加了一倍多，而黑色论的置信度几乎消失殆尽。置信度的这种变化是十分恰当的，小球连续 5 次停在红色区域，我们对转轮受到人为操纵的怀疑当然会增加。

上述"用 0.032 5 除所有数字"的步骤似乎有使用特殊手段的嫌疑，事实上，这个步骤没有什么问题。如果我们的直觉无法立即接受这个做法，我们还有另一种讨人喜欢的办法。假设有 1 万个轮盘赌转轮，分别置于 1 万个房间之中，每个转轮由一个人操作。你也是操作者之一，但你不知道自己操作的是哪一个转轮，也不了解该转轮的真实属性。这种情况可以通过以下方式建模：假设在这 1 万个转轮中，有 500 个转轮偏向黑色区域，有 500 个偏向红色区域，还有 9 000 个是公平的。

依据上述概率进行计算，你可以预测出大约有 281 个公平的转轮、39 个偏向红色区域的转轮、5 个偏向黑色区域的转轮会得到 RRRRR 这一结果。因此，当你得到 RRRRR 的结果时，你仍然不知道自己在哪个房间中，但是你已经大幅缩小了范围：你所在的房间应该是小球连续 5 次停在红色区域的那 325 个房间中的一个。在所有这些房间中，有 281 间（约占 86.5%）中是公平的转轮，有 39 间（约占 12%）中是偏向红色区域的转轮，只有 5 间（约占 1.5%）中是偏向黑色区域的转轮。

停在红色区域的球越多，你就会越倾向于红色论（同时黑色论的置信度会降低）。如果你连续 10 次（而不是 5 次）看到小球停在红色区域，通过类似的计算，你会将红色论正确的概率提升至 25%。

上述计算步骤的目的是向我们展示，在连续 5 次看到小球停在红色区域之后，公平论、红色论、黑色论的置信度的变化情况，也就是所谓的"后验概率"（posterior probability）。先验概率描述的是看到相关证据之前的置信度，而后验概率描述的是看到相关证据之后的置信度。我们所做的工作叫作"贝叶斯推理"（Bayesian inference），因为由先验概率到后验概率的中间桥梁是一个叫作"贝叶斯定理"（Bayes's Theorem）的概率公式。该定理的代数表达式非常简单，我随时可以写给大家看，但在这里就免了。这是因为，如果我们习惯于机械地应用公式，而不考虑周围的环境，有时我们就很难理解眼前的形势。在这里，我们需要知道的已经全部包括在前文的方框图中了。[①]

后验概率不仅受到所发现的证据的影响，还会受到先验概率的影响。如果某人是怀疑论中坚分子，他会在一开始时就受到先验概率的影响，认为黑色论、公平论、红色论正确的概率都是 1/3。但在连续 5 次看到小球停在红色区域之后，他又会受到后验概率的影响，认为红色论正确的概率为 65%。对于一个信念坚定的人来说，如果一开始时他就认为红色论正确的概率仅为 1%，那么，即使连续 5 次看到小球停在红色区域，他也会认为红色论正确的概率仅为 2.5%。

在贝叶斯推理的框架中，人们在看到证据后，某种理论的置信度不仅取决于证据的内容，还取决于一开始时的置信度。

这个特点似乎会引起麻烦，科学不应该是客观的吗？我们可能以为，理论的置信度仅仅取决于证据，而不是我们一开始时的偏见。如果实验证据表明某种药物的改进型产品减缓了某些癌症的生长速度，而且这些证据具有统计学显著性，我们很可能就会相信这种新药真的有效。但是，如果我们让病人置身于巨石阵的塑料模型中，并且取得了同样的疗效，我们会不会心有不甘地承认，这些远古时期形成的巨石阵真的能抑制人体中肿瘤的生长呢？我们可能不会这样想，因为这个想法太疯狂了。我们更有可能认为，也许是因为巨石阵运气好。对于这两种情况，我们有多种先验概率，结果，我们在解释证据时却采用了不同的先验概率，

---

① 在现实情况中，我们肯定不能仅仅考虑三个理论。我们还应该考虑因为转轮被动过手脚而使小球停在红色区域的概率为 55%、65%、100% 或者 93.756% 等各种理论。可能的理论不止三个，而是无穷多个，因此，科学家进行贝叶斯计算时，还要考虑无穷大与无穷小量，求积分而不仅仅是简单地求和。但是，这些都只是技术难题，从本质上讲，并不比我们在书中完成的计算深奥。

尽管证据是一样的。

脸谱网筛选恐怖分子的算法以及我们对邻居是否是恐怖分子的判断，也是这种情况。邻居的名字出现在脸谱网的黑名单上，并不能证明他就是恐怖分子嫌疑人。大多数人都不是恐怖分子，因此该假设的先验概率应该非常小，在这种情况下，即使找到相关证据，后验概率仍然非常小，所以我们不用担心（至少不应该担心）。

单纯地依靠零假设显著性检验的做法，严重违背了贝叶斯推理的精神。严格地讲，这种做法会让人认为抗癌药物与巨石阵塑料模型有相同的疗效。费舍尔的统计学观会不会因此受到打击呢？事实恰好相反。费舍尔说过："科研人员不会设一个固定的显著性临界值，然后年复一年，无论情况如何变化，都依据这条红线去推翻各种假设。相反，他们会在证据的启示下，结合自己的想法，认真考虑每一个具体案例。"这句话的意思是，科学推理不能（至少不应该）过于机械，推理时必须随时考虑先前的想法与置信度。

我并不是说费舍尔完全遵循了贝叶斯的统计学思想。在我们看来，费舍尔的这番话涵盖了一度不为人所接受，但如今已成为主流的一系列统计学行为与思想，其中包括贝叶斯定理。但是，费舍尔并不是主张将先前的置信度与新证据简单地放到一起考虑。贝叶斯定理对推理方法产生了广泛的影响，例如教会机器根据人们输入的大量数据来学习，但这些方法并不适用于回答是或否的问题。对于是或否的问题，人们常常借助费舍尔的方法做出判断。事实上，信奉贝叶斯定理的统计学家通常对显著性检验不屑一顾，他们对"该新药是否有疗效"之类的问题不感兴趣，他们更关注如何建立一个预测模型，以便更准确地判断该药物的不同剂量在针对不同人群时可以取得什么样的疗效。即便真的用到假设，他们对假设（例如，"新药的疗效胜过现有药物"）是否正确这个问题的关注度也没有那么高；而费舍尔则不同，在他看来，只有在随机过程正在进行的情况下，才可以使用概率这种表达方式。

说到这里，我们已经站在了哲学海洋的岸边了。对于这些哲学难题，本书会点到为止。

既然我们把贝叶斯定理称作定理，就表明它是不容置疑的，并且我们已经使用数学证据完成了相关证明。这种认识既对也不对，它涉及一个难题："概率"到底指什么？如果我们说红色论正确的概率为 5%，我们可能是指，在全世界范围内其实有大量轮盘赌的转轮，其中正好有 1/20 的转轮偏向红色区域，小球停在红色区域的概率为 3/5。而且，我们看到的任何轮盘赌的转轮，都是从这些转轮中随机选取的。如果是这样，贝叶斯定理就与上一章讨论的大数定理一样，都是千真万确的。大数定理认为，在本例所设定的条件下，在得出 RRRRR 这个结果的轮盘赌的转轮中，有 12% 的转轮是偏向红色区域的。

当认为红色论正确的概率为 5% 时，我们想说明的不是偏向红色区域的轮盘赌转轮在全球范围内的分布情况（这个问题我们怎么可能搞清楚呢），而是我们的一种心理状态。5% 是"眼前这个转轮偏向红色区域"这种说法的置信度。

顺便说一句，费舍尔就是从这里开始与其他人分道扬镳的。约翰·梅纳德·凯恩斯（John Maynard Keynes）在《概率论》（*Treatise on Probability*）中指出，概率"测量的是人们结合已知证据后赋予命题的'合理置信度'"。费舍尔对这个观点提出了严厉的批评，他的最后几句话很好地概括了他的看法："如果美国数学系的学生认为凯恩斯先生在该书最后一章中的观点是权威观点并加以接受，他们就会在应用数学最有前景的分支领域中误入歧途，有的人会讨厌这些研究，大多数人则会变得愚昧无知。"

对于那些愿意接受概率就是置信度这种观点的人而言，贝叶斯定理不仅可以被看作一个数学方程式，还是一种偏重于数值的规则，它告诉我们如何结合新的观察结果修正我们赋予事物的置信度。当然，我们可以选择是否遵从这个规则。贝叶斯定理采用了一种新颖且更具一般性的形式，自然会引发更激烈的争议。坚信贝叶斯定理的人认为，对于所有事物，我们至少应该在有限的认知范围内根据严格的贝氏计算法来确定置信度，而其他人则认为贝氏规则更近似于一种宽松的定性指导原则。

出现 RBRRB 与 RRRRR 这两个结果的可能性都非常小，而且概率相同，但是在人们看来，前者是随机结果，后者则不是，这是为什么呢？贝叶斯的统计学观足以解释其原因。当看到 RRRRR 这个结果时，我们就会更加相信一个理论（即转轮做过手脚，小球会停在红色区域），对于这个理论，我们已经赋予了某个先验概率。但是，如果出现的结果是RBRRB呢？我们可以假设有这样一个人：对于轮盘赌的转轮，他通常不带任何偏见，对于"转轮中藏有可以产生RBRRB这个结果的鲁布·戈德堡机械装置"这种想法，他会赋予一个中庸的概率。为什么不可以这样想呢？如果这样的一个人看到RBRRB这个结果，他会更加坚定自己的想法。

　　但是，在真实世界中，当轮盘赌的转轮真的产生RBRRB这个结果时，人们是不会这样想的。我们的有些想法合乎逻辑但非常荒谬，对于这样的想法，我们不会全盘接受。先验概率不是一视同仁，而是有所取舍的。在心理上，有的想法会得到明显的重视，而对于RBRRB这一类结果，我们赋予它们的先验概率几乎接近于零。那么，什么样的想法会受到我们的青睐呢？相较于复杂想法以及以完全陌生的现象为基础的想法，我们往往更喜欢简单的想法和那些通过类比我们所熟知的事物而产生的想法。这种喜好似乎是一种不公平的偏见，但是，如果没有任何偏见，我们就有可能整天都处于震惊的状态。理查德·费曼（Richard Feynman）有一段非常有名的话，描述的正是这种心理状态。

　　　　大家知道吗，今晚我遇到了一件非常奇怪的事。就在我来这儿的路上，当我从停车场经过时，一件令人难以置信的事情发生了，我看到一辆车的车牌号为ARW357。大家想一想，我们州有好几百万个车牌号，今天晚上我看到这个车牌号的概率是多少？这太让人吃惊了！

　　如果大家服用过美国最流行的某种打法律"擦边球"的精神药物，就会知道一视同仁的先验概率会给我们带来什么样的感觉。服用了那种药物之后，所有刺激都会让我们觉得意义深刻，无论这种刺激是多么平常。每种体验都会激起我们的兴趣，让我们欲罢不能。这样的精神状态非常有趣，但无助于我们做出正确的推理。

　　贝叶斯的观点可以解释费曼当时并没有真的感到吃惊的原因：对于"某种宇宙力量驱使他看到ARW357这个车牌号"的假设，他赋予了一个非常小的先验概率。他的观点还可以解释为什么小球连续5次停在红色区域会让人们觉得其"随机程度小于"RBRRB这个结果：因为前者会触发某个想法（即红色论），所以我们赋予这个想法的先验概率并不是非常小，但是后者没有这种作用。而且，末位数为 0 的数字的随机程度似乎小于末位数是 7 的数字，原因是前者会使我们产生这样的想法：我们看到的这个数字不是精确的统计数字，而是粗略估计得出的结果。

贝叶斯推理框架还可以帮助我们解决前文中遇到的难题。当彩票游戏连续两次开出"4、21、23、34、39"这个中奖号码时，我们感到非常吃惊，并且会心存疑虑。但是，如果某一天开出的中奖号码为"4、21、23、34、39"，另一天开出的中奖号码为"16、17、18、22、39"，对此我们丝毫不会觉得奇怪。这两种情况出现的可能性都很小，但为什么我们的反应却大相径庭呢？我们的思想深处隐藏着某种想法，认为很有可能出于某种神秘的原因，彩票游戏才会在很短的时间内两次开出同一组中奖号码。我们可能会认为彩票游戏的主管部门从中做了手脚，或者某种青睐同步性的宇宙力量发生了作用，但是这些都不重要。我们真诚地认为，同一组中奖号码重复出现的先验概率只有 1/100 000。但是，与我们赋予"4、21、23、34、39"和"16、17、18、22、39"这两组中奖号码的先验概率相比，1/100 000 仍然要大得多。认为不同的中奖号码是作弊产物的想法十分疯狂，而我们没有喝醉酒，头脑非常清醒，因此，我们不会把它当回事儿。

即使我们真的在一定程度上相信某个疯狂的想法，也无须担心。当我们得到的证据与这个想法不一致时，我们赋予这个疯狂想法的置信度就会下降，直到与其他人差不多。除非这种疯狂的想法经过精心的设计可以躲过这个筛选程序，阴谋论就是这样起作用的。

假设你深信的一位朋友说，波士顿马拉松爆炸案是联邦政府监守自盗的产物，目的是让更多公众支持美国国家安全局窃听个人电话（我随便说说而已，大家千万别当真）。我们把这个定义为 T 理论。由于你信任这位朋友，因此你一开始就为这个理论赋予了一个较大的先验概率，比如说 0.1。但是，随后我们获取了其他信息，诸如，警察已经锁定嫌犯的位置，侥幸活命的嫌犯供认不讳等。如果 T 为真，这些信息为真的可能性就会非常小，因此，每一条信息都会使 T 的置信度逐渐降低，直到我们不再相信它。

因此，朋友不会直接把 T 理论告诉我们，而会先告诉我们 U 理论，即政府与媒体都参与了这个阴谋，比如，报纸与有线电视网散播了爆炸案是穆斯林极端分子制造的假消息。一开始时，T+U结合体的先验概率更小。从本质上讲，这个结合体比T更令人难以置信，因为它要求我们同时相信T和U理论。但是，随着证据逐渐增多，这些证据往往只能削弱T的置信度，而T+U结合体却不受任何影响。①焦哈尔·察尔纳耶夫（Dzhokar Tsarhaev）招供了？对啊，我们本来就猜到联邦法院会这么说，因此美国司法部肯定参与了这次事件！U理论就像T理论的保护层，使新证据无法触及T，更不能推翻T。荒诞不经但却非常成功的理论大多有这种共性，这些理论有厚厚的保护层，这些保护层又与很多可观察到的结果并不矛盾，因此很难被打破。在信息的生态系统中，它们就是有多种耐药性的"大肠杆菌"。

戴帽子的猫与学校里最不讲卫生的人

大学时，我的一个朋友在新学年开始的时候，总想着向大一新生推销T恤，赚些零花钱。当时，人们可以从丝网印刷店以每件4美元的价格大量购买T恤，并以每件10美元的价格在校园里出售。在20世纪90年代，模仿《戴帽子的猫》（The Cat in the Hat）中的那只猫，戴着帽子参加派对成为一种流行时尚。我的朋友花了800美元，在200件T恤上印刷了戴帽子的猫喝啤酒的图案，那批T恤很受欢迎。

朋友只是具备企业家的头脑，但还算不上一位优秀的企业家。其实，应该说他不是很勤快。在卖了80件T恤把最初的投资收回之后，他就不愿意继续在校园里兜售了，剩下的T恤被装进箱子塞到了床底下。

一周之后，到了该洗衣服的日子了。但我的这位朋友很懒，根本不想洗衣服。这时候，他想起床底下还有一箱干净的、印有戴帽子的猫喝啤酒图案的新T恤。于是，他拿出一件穿在身上。

第二天，他又穿上一件新T恤。

就这样，日子一天天地过去了。

---

① 更准确地说，这些证据往往会削弱T的置信度，但是不会让人们怀疑U。

周围的人都认为他是学校里最不讲卫生的人，因为他总穿着那件 T 恤。实际上，他是学校里最讲卫生的人，因为他每天都会穿一件刚从床底下拿出来的干净的新 T 恤。这种状况真令人啼笑皆非。

我们在做推理时要以这个故事为戒：面对大量理论，我们必须小心翼翼。二次方程式的根可能不止一个，同样，同一个观察结果有可能产生多种理论，以偏概全的推理会让我们误入歧途。

接下来，我们再来讨论一下宇宙的创造者这个问题。

支持"神创论"的最著名推理就是所谓的"宇宙设计论证"。简单地说，它的表现形式是："天啊！只要看看我们周围的世界就知道了。世间万物多么复杂，令人惊叹！难道你以为单凭运气与物理定律就能把这些东西拼凑到一起吗？"

如果想正式一点儿，那么我们可以借用自由主义神学家威廉·佩利（William Paley）于 1802 年出版的《自然神学》（*Natural Theology; or, Evidences of the Existence and Attributes of the Deity, Collected from the Appearances of Nature*）一书中的表述：

> 假设我在穿过一片荒漠时踩到一块石头，你问我：这块石头怎么会在那个地方呢？我可能会回答：我的理解跟你不一样，我认为它一直在那里。或许你很难证明我的回答是荒诞不经的。但是，假设我在地上看到一块表，你问我这块表怎么会在那里，我之前的回答"我认为它一直在那里"，可能就不成立了。毫无疑问，这块表是人制造出来的，某时某地，工匠（们）设计了表的构造和用途，并制造了这块表。

如果佩利关于表的推理是正确的，那么麻雀、人眼或者人脑的创造是不是难度更大呢？

佩利的这本书取得了巨大的成功，在 15 年时间里再版了 15 次。达尔文在大学时期阅读了这本书，他说："佩利的《自然神学》是我最欣赏的一本书，我对它非常熟悉达到了倒背如流的程度。"佩利的推理经过修改之后，成为现代智慧设计运动的基石。

当然，这也是一种经典的归为不可能法：

- 如果没有上帝，就不可能产生人类这样复杂的生物；

- 人类已经产生；

- 因此，上帝不可能不存在。

这与圣经密码编码者使用的推理方法非常相似。后者的推理方法为，如果《托拉》不是上帝写的，其中隐藏的拉比的生卒日期就不可能那么准确！

可能大家已经听得厌烦了，但是归为不可能法有时真的不能发挥应有的作用。如果一定要以数值的形式来表达神创论的置信度，我们可以再画一幅方框图。

第一个难点是先验概率，要搞清楚这个问题并不容易。关于轮盘赌的转轮，我们之前需要回答的问题是：在转动转轮之前，我们认为转轮被动过手脚的可能性有多大？现在，我们面临的问题则变成：如果不知道宇宙、地球甚至我们自己是否存在，那么我们认为上帝存在的可能性有多大？

在通常情况下，这个问题会让我们陷入绝望境地，转而求助于"无差别原则"（principle of indifference）。这个名称十分恰当，因为要假装不知道自己是否存在，我们没有任何原则可循，只能平均分配先验概率，也就是说，"上帝存在"与"上帝不存在"的先验概率都是50%。

如果"上帝不存在"的理论是正确的，那么人类这种复杂存在的出现肯定纯属偶然，也许在过程中会受到自然选择的影响。设计论者过去和现在都认为人类的产生是一个可能性非常小的事件。我们在这里假定一些数值，比如这个概率为百亿分之一。于是，我们在方框图下排右列的方框中填入百亿分之一的50%，即两百亿分之一。

如果"上帝存在"的理论是正确的呢？上帝有很多事可做，在有相关证据之前，我们无法知道创造万物的上帝是否愿意创造人类或者其他有思想的存在，但有一点是毫无疑问的：既然被奉为上帝，他就有能力轻而易举地创造出智慧生命。如果上帝存在，那么他愿意创造出人类这种生物的概率也许是百万分之一吧。

于是，我们得到下面这幅方框图：

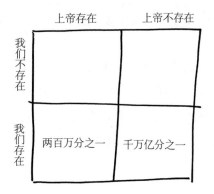

讨论到这里，可以考虑"我们存在"这个问题了。这个事实位于方框图的下排，从中我们可以清楚地看到，"上帝存在"方框中的数字远大于"上帝不存在"方框中的数字。（前者是后者的一万亿倍！）

这就是佩利推理的实质，贝叶斯推理称之为"设计论"。驳斥设计论的证据有很多而且非常充分，同时还有两百亿册书提出了"你们应该像我们一样做一个理性的无神论者"的主张。因此，我在这里还是继续讨论与数学推理关系最密切的例子——"学校里最讲卫生的人"。

我们可能都知道夏洛克·福尔摩斯（Sherlock Holmes）关于推理的一些说法，其中最著名的不是《福尔摩斯与华生》（*Elementary*）中的那句"非常简单"，而是"我的座右铭是：如果你将不可能排除在外，那么剩下的，无论可能性多么小，都必然是事实"。

这句话听起来很酷、很合理，而且无可辩驳吧？

但是，这句话并不全面。福尔摩斯应该这样说："我的座右铭是：如果你将不可能排除在外，那么剩下的，无论可能性多么小，都必然是事实，除非它是你没有考虑到的那个假设。"

这句话虽然没有原话那么简练，但是更加准确。人们之所以认为我的那位朋友是学校里最不讲卫生的人，是因为他们只考虑了两个假设：

"讲卫生"论：我的那位朋友跟其他正常人一样，轮换着穿T恤，穿过一轮之后洗干净，再穿一轮。

"不讲卫生"论：我的那位朋友是天天穿同一件T恤的邋遢鬼。

我们现在可以为这两个假设赋予先验概率。根据我对大学生活的回忆，为"不讲卫生"论赋予10%的先验概率较为合适。事实上，先验概率是多少都无关紧要，因为在周围人的眼中，我的那位朋友每天都穿同一件T恤，"讲卫生"论已经被否定了。这就是"如果你把不可能排除在外……"的结果。

但是，福尔摩斯们，请注意：正确的解释，也就是"懒惰企业家"论，并没有出现在假设清单上。

这个问题也给设计论带来了很多麻烦。如果我们仅仅承认"上帝不存在"与"上帝存在"这两个假设，那么我们很可能会把生命世界的复杂结构看成支持后者的证据。

但是，假设不止两个。比如，认为世界是由一个委员会在争论不休中匆匆忙忙搭建而成的"多位上帝"论，很多文化都支持这个想法。不可否认，自然界的某些方面（说到这里，我想到了大熊猫）更有可能是折中方案的产物，而不是全知全能的上帝的杰作。如果我们现在为"上帝存在"和"存在多位上帝"赋予相同的先验概率，（既然遵循无差别原则，我们为什么不这样做呢？）那么根据贝叶斯推理，"存在多位上帝"的置信度将超过"上帝存在"。

除此之外，没有其他假设了吗？关于人类起源，有无数种猜想。还有些人坚持"模拟人"论，认为我们其实根本不是人，而是在其他人建立的超级计算机上运行的模拟程序。这个理论似乎过于荒诞，但是很多人——其中最著名的当属牛津大学的哲学家尼克·博斯特罗姆（Nick Bostrom）——真的相信它，而且根据贝叶斯推理，我们很难找到不相信它的理由。当下，人们对于构建模拟程序乐此不疲，如果人类不灭绝，这方面的科研活动将只增不减，到最后，即使这些模拟程序中的某些有意识的存在认为自己是人，我们也不会觉得荒诞。

如果"模拟人"论是正确的，即宇宙是更真实的世界中的人构建的模拟程序，那么宇宙中本来就有人的可能性会非常大，因为"人"是人们最喜欢模拟的对象！我会把"技术先进的人创造了模拟世界中的（模拟）人"这个观点视为"近乎确定"（在本例中，我们假定它等同于"绝对确定"）。

如果我们为这 4 个假设各赋予 1/4 的先验概率，就会得到下面的方框图。

考虑到我们真的存在，这个事实位于方框图下排，因此，"模拟人"论几乎拥有所有的先验概率。虽然人类的存在是上帝存在的证据，但是，在证明"我们的世界是更聪明的人编程的产物"这个理论时效果更好。

主张"科学创造"论的人认为，我们在教室里证明上帝存在这个理论时，不能以《圣经》支持该观点作为理由（这个论据从本质上讲是不合适的），而应该用理性推理的方法，证明在"上帝不存在"这个假设前提下人类存在的可能性非常小。

但是，如果严格遵照这种方法，在给十年级的学生上课时，我们就只能告诉他们："有些人已经证明，如果没有外部力量的介入而仅凭自然选择，那么像地球生物圈这样复杂的事物存在的可能性将非常小。第一种假设是，我们根本不是物理存在，而是拥有我们无法想象的先进技术的某些人正在运行的计算机模拟程序的产物，他们运行这些程序的具体目的尚不可知。第二种假设是，我们有可能是由一群神灵创造的，这些神灵与古希腊人崇拜的诸神类似。第三种假设是，宇宙是由上帝独自创造的，但是这个假设的支持率可能最低。"

大家认为学校董事会会喜欢这种教学方法吗？

我还是直截了当地告诉大家我的观点吧。我认为佩利关于上帝存在的推理不是很有力，同样，我也不认为我们都是"模拟人"这个理论令人信服。有些人认为，这些论断表明我们已经到达定量推理的极限了，我觉得这种担心很有道理。我们习惯用数字来表示某个事物的不确定性，这种做法是有依据的。天气预报员播报说："明天的降水概率为20%。"他的意思是，过去有很多天的天气状况与今天相似，因此明天下雨的概率为20%。但是，如果我们说"宇宙是上帝创造的概率为20%"，这句话的意思是什么呢？它不可能是指所有宇宙中的20%是由上帝创造的，而剩下的则是突然冒出来的。事实上，关于如何用数字来解释此类终极问题的不确定性，我还没有发现什么可靠的方法。尽管我钟爱数字，但我仍然认为人们应该坚持"我不相信上帝""我相信上帝""我不确定"这些观点。尽管我青睐贝叶斯推理，但我同样认为人们最好不要超出定量分析的极限，盲目地相信或者随意地抛弃某种观点。在这类问题上，数学应该保持沉默。

如果大家不愿意接受我的观点，不妨听听布莱士·帕斯卡（Blaise Pascal）的话。这位17世纪的数学家、哲学家在《思想录》（*Pensées*）中说："'上帝要么存在，要么不存在。'但是，我们到底应该相信哪种观点呢？在这个问题上，推理得不出任何答案。"

帕斯卡对这个问题的论述不仅限于此，下一章我们会接着介绍他的思想。在此之前，我们先说说彩票吧。

HOW NOT TO
BE WRONG

第三部分　期望值

精彩内容：

- 麻省理工学院的大学生利用马萨诸塞州彩票赚钱

- 伏尔泰的致富之道

- 佛罗伦萨画派与几何学

- 信息传输过程中的自我纠错

- 格里高利·曼昆与弗兰·勒博维茨的不同之处

- "对不起，我没有听清楚你说的是 bofoc 还是 bofog。"

- 18 世纪法国的室内游戏

- 平行线也可以相交

- 丹尼尔·埃尔斯伯格成名的另一个原因

- 你尽可以多误几次飞机

第 11 章　中彩票大奖与期望值理论

彩票是否值得买呢？

聪明的回答通常是"不"。老话说得好：彩票是"傻瓜税"，可以帮助政府增加税收，而成本仅仅是想方设法引诱大家购买。如果我们把彩票看成一种赋税，就能明白政府乐此不疲地劝说我们买彩票的原因了。大家在便利店排队买彩票，难道是在缴税？

彩票的吸引力由来已久。这种博彩活动可以追溯至 17 世纪的热那亚，可能是出于偶然的原因，由选举制度衍生而来。每过半年，热那亚市就会从初级议会的议员中选出两人担任该市总督。但是，热那亚没有采用投票选举的方式，而是从 120 张写有议员名字的纸条中抽出两张确定当选者。不久，该市的一些赌徒开始对选举结果押注，这种博彩活动很快就流行起来。赌徒们觉得这种碰运气的游戏十分有趣，但是必须等到选举日才会有这样的活动，对此他们感到十分不耐烦。他们很快发现，在没有选举活动时也可以通过抽取纸条的方式赌博，不同之处在于，他们用数字代替了政客们的姓名。到 1700 年时，热那亚的博彩活动已经在采用现代"强力球"玩家十分熟悉的玩法了。赌徒们努力地猜测随机抽取的 5 个数字，猜中的数字越多，奖金越高。

彩票游戏很快就传遍欧洲，又流传到北美洲。美国独立战争期间，大陆会议与各州政府都发行彩票，为反抗英国殖民统治的战争筹措资金。当时的哈佛大学还未曾收到超过 9 位数的捐赠，但是他们在 1794 年和 1810 年仅靠彩票募集资金，就盖起了两栋大楼。（至今这两栋大楼还在使用，现在是大一新生的宿舍。）

并不是所有人都支持这个新事物，道德家们认为彩票就是赌博（他们的这种观点完全正确）。亚当·斯密（Adam Smith）也是反对者之一，他在《国富论》（*The Wealth of Nations*）中指出：

> 卖彩票都能赚钱的事实告诉我们，人们过高地估计了中奖的概率。我们从来没有看到过完全公平或者损益相抵的彩票，将来也不会看到，因为这样的彩票不会给发行方带来任何获益的机会……如果一种彩票的奖金额不超过 20 英镑，而且在其他方面比政府发行的普通彩票更接近于绝对公平，那么这种彩票的销量肯定比不上政府普通彩票的销量。为了增加中大奖的概率，有些人会同时购买多张彩票，还有些人虽然每次购买得很少，但总数仍然很大。不过，从数学的角度看，冒险购买的彩票号码越多，遭受损失的可能性就越大。如果冒险买进所有的号码，损失的可能性就会达到 100%。买的彩票号码越多，就会越接近这个结果。

亚当·斯密的表述清晰有力，在考虑问题时对定量分析的执着也令人敬佩，但是我们不应该盲目相信他的话，因为严格地讲，他得出的结论并不正确。大多数彩票玩家认为，与购买一组号码相比，把宝押在两组号码上的做法，损失的可能性更小，而获益的可能性增加了一倍。没错！对于奖励机制比较简单的彩票，我们可以很容易地进行分析。假定该彩票一共有 1 000 万种号码组合，其中只有一种会中奖。每张彩票售价 1 美元，奖池累积奖金为 600 万美元。

如果购买所有号码组合，需要付出 1 000 万美元，而获得的奖金为 600 万美元。换言之，亚当·斯密说的没错，这种做法肯定会失败，损失金额为 400 万美元。相较之下，仅购买一张彩票的玩家更有优势，至少他有千万分之一的机会中大奖！

如果购买两张彩票呢？损失的概率会降低，但幅度不大，只有千万分之一。

不停地买，损失的可能性也会不断降低，直到购买 600 万张彩票。此时，把奖池掏空（也就是不赢不亏）的概率肯定是 60%，而亏本的概率为 40%。因此，买的彩票越多，损失的可能性就越小，这正好与亚当·斯密的论断相反。

但是，如果再多买一张彩票，就肯定会亏钱（至于是亏了 1 美元还是 6 000 001 美元，取决于你之前是否已经买到了大奖号码）。

在这里我们难以重现亚当·斯密的推理过程，但是我们可以猜想，他很可能是"所有线都是直线"这个谬论的受害者，因此他才会认为购买所有彩票肯定会亏钱，而且买的彩票越多，亏钱的可能性越大。

购买 600 万张彩票的做法可以将亏钱的概率降至最低，但这并不代表它就是正确的玩法，因为我们最关注的是亏多少钱。如果玩家只买一张彩票，他几乎肯定会亏钱，但他知道自己不会亏很多钱。如果购买 600 万张彩票，尽管亏钱的概率有所下降，但会把玩家置于一个更危险的境地。当然，大家可能会认为这两种做法都不明智。亚当·斯密指出，如果彩票肯定会帮政府赚钱，与政府对赌就是不明智的行为。

亚当·斯密反对彩票的理由中缺失了"期望值"（expected value）这个因素。期望值可以用数学形式表述亚当·斯密试图表达的直觉认识，其作用原理是，假定我们拥有一个价值不确定的东西，例如一张彩票：

> 该彩票兑奖 10 000 000 次，其中有 9 999 999 次的结果是毫无价值；
> 该彩票兑奖 10 000 000 次，其中有 1 次的价值是 600 万美元。

尽管不确定它的价值，但是我们可能仍然希望为它设定确定的价值。为什么呢？假如有个家伙愿意付 1.20 美元收购人们手中的彩票，那么，聪明的做法是接受这笔利润为 0.20 美元的交易，还是继续持有彩票呢？这取决于我设定的彩票价值是高于还是低于 1.20 美元。

我们可以运用下述方法计算彩票价值的期望值：对于每一种可能的结果，将出现该结果的概率与该结果所对应的彩票价值相乘。在我们这个简化的例子中，只存在两种结果：要么亏钱，要么获利。因此，我们得到：

9 999 999/10 000 000 × 0 美元 = 0 美元

1/10 000 000 × 6 000 000 美元 = 0.60 美元

然后，将两个结果相加：

0 美元 + 0.60 美元 = 0.60 美元

因此，彩票价值的期望值是 0.60 美元。如果有人上门以 1.20 美元的价格收购彩票，根据期望值，我们应该接受这笔交易。实际上，根据期望值，当初我们就不应该以 1 美元的价格购买彩票！

期望值并不是我们所期望的价值

期望值这个概念与显著性一样，是数学中又一个名称与含义不完全相符的概念。我们当然不会"期望"彩票的价值是 0.60 美元。恰恰相反，这张彩票要么价值 1 000 万美元，要么一文不值，没有其他可能性。

举一个相似的例子。假定我认为某条狗赢得比赛的概率为 10%，并且押了 10 美元的赌注。如果这条狗真的赢了，我就会得到 100 美元；如果这条狗输了，我就什么也得不到。那么，赌注的期望值就是：

10% × 100 美元 + 90% × 0 美元 = 10 美元

我当然不会期望这样的结果出现。实际上，赢得 10 美元不是一种可能的结果，更不要说是我们所期望的结果了。"平均值"这个词可能更准确一些，因为赌注的期望值衡量的实际上是我在多条狗身上多次下这样的赌注时平均获取的价值。假设我下了 1 000 次 10 美元的赌注，我很可能有 100 次押中（大数定律再次起作用），每次赚取 100 美元，总共得到 10 000 美元。因此，我下的这 1 000 注，平均每注的收益是 10 美元。从长远看，损益会取得平衡。

对于真实价值不确定的对象，例如赛狗时下的赌注，期望值可以帮助我们有效地计算其合理的价格。如果我以 12 美元的价格下注，长期赌下去，我很可能会赔钱；如果我以 8 美元的价格下注，那么我应该尽可能多地下注。现在，几乎没有人赌狗了，但无论是赛马、职工优先认购权、彩票还是人寿保险，它们的期望值机制都是相同的。

如何为终身年金保险定价？

17 世纪中叶至 17 世纪末，期望值成了数学领域的一个焦点，而且这方面的研究非常成熟，连英国皇家天文学家埃德蒙·哈雷（Edmond Halley）等注重实践的科学家都在应用它。没错，埃德蒙·哈雷就是发现"哈雷彗星"的那个人，他还是第一个研究如何恰当地为保险定价的科学家。在威廉三世统治时期，这项研究具有非常重要的军事意义。当时，英国与欧洲大陆的战争进行得如火如荼，而战争需要资金的支持。1692 年，英国议会提议通过"百万英镑法案"（Million ACT），通过向全国人民销售终身年金保险的方法筹集 100 万英镑，以满足战争所需。购买终身年金保险意味着放弃年付，改为向政府一次性缴清所有保费。这种做法与人寿保险正好相反，购买终身年金保险的人都在赌短期内自己不会死亡。当时，保险统计学还处于雏形阶段，这项举措在确定年金成本时没有考虑领取年金者的年龄。因此，对于一位老奶奶而言，她可能最多需要缴纳 10 年的保费，可是她购买终身年金保险花费的钱却与儿童相同。

作为一名科学家，哈雷清楚地知道不考虑年龄因素的定价方案是非常愚蠢的。因此，他决定找出一个能够更合理地估算终身年金保险价值的方法。但是，问题在于人们的生老病死与彗星的运行一样没有严格的规律可循。不过，哈雷借助出生人口与死亡人口的统计数据，为领取年金者估算出不同的存活时间所对应的概率，从而得到年金的期望值："很明显，由于购买者有死亡的可能，因此他支付的金额应该小于年金价值；而且年金价值应该逐年计算，各年度的年金价值的总和等于终身年金的价值。"

换言之，老奶奶的预期存活时间较短，因此在购买终身年金保险时需支付的钱应该少于年龄比她小的人所支付的金额。

这不是显而易见的事吗？

说句题外话，每当我讲埃德蒙·哈雷与终身年金保险的这个故事时，总会有人打断我："但是，向年轻人多收点儿钱，这不是显而易见的事吗？"

事实并不是那么显而易见，或者说，作为现代人，我们已经了解了其中的道理，才会觉得这是显而易见的事。管理年金事宜的那些人没有提出这种意见，而且这样的事还会一再地发生，证明这件事并没有那么显而易见。数学中有很多现在看来显而易见的观点，例如，负数也可以进行加减运算，用成对数字可以表示平面中的点，不确定性事件的概率可以借助数学方法来表述等。它们其实根本不是那么显而易见，否则，历史上早就有人知道这些了。

说到这里，我想起哈佛大学数学系曾经发生的一件事。故事的主人公是一位备受尊敬的俄罗斯籍老教授，在这里我们把他称作O教授。某一天，O教授正在讲解一道非常复杂的代数题，讲到一半时，坐在后排的一名学生举手提问："O教授，刚才那一步我没有弄明白，那两个运算符为什么可以相互交换呢？"

O教授眉毛一扬，回答道："这是显而易见的。"

但是，那名学生接着说："很抱歉，O教授，我真的不明白。"

于是，O教授走回到黑板前，添加了几行解释文字。"我们需要怎么做呢？大家看，这两个运算符都可以沿对角线方向移动，原因是……嗯，不是沿对角线方向移动，而是……等等……"O教授不说话了，一边盯着黑板，一边挠头。过了一会儿，他回到了他的办公室。10分钟过去了，就在学生们准备离开时，O教授回到教室并走到讲台上。

他志得意满地说道："是的，这是显而易见的。"

别玩强力球

目前，强力球风靡美国，全美有42个州、哥伦比亚特区及美属维尔京群岛都可以玩这种彩票游戏。这种游戏十分受欢迎，有时单次开奖就可以卖出多达1亿张彩票。美国人民，无论有钱没钱，都会玩这个游戏。我父亲以前是美国统计协会的主席，也玩强力球，而且经常会帮我买一张，所以我也算玩家之一。

那么，玩这种彩票游戏是否明智呢？

2013 年 12 月 6 日，就在我写到这一章的时候，累积奖金已经高达 1 亿美元了，而且赢取累积奖金不是赢钱的唯一途径。与很多彩票一样，强力球也设置了多个等级的奖金，正是那些容易中的小额奖金让人们觉得这种游戏值得一玩。

下面我向大家介绍如何计算一张售价为 2 美元的彩票的期望值，如果你购买了一张彩票，你就有：

1/175 000 000 的概率赢取 1 亿美元的累积奖金；

1/5 000 000 的概率赢取 100 万美元奖金；

1/650 000 的概率赢取 1 万美元奖金；

1/19 000 的概率赢取 100 美元奖金；

1/12 000 的概率赢取另外一个 100 美元奖金；

1/700 的概率赢取 7 美元奖金；

1/360 的概率赢取另外一个 7 美元奖金；

1/110 的概率赢取 4 美元奖金；

1/55 的概率赢取另外一个 4 美元奖金。

你可以从强力球网站上找到这些内容。该网站的"常见问题"页面还有很多令人吃惊的内容，例如，"问：强力球彩票有有效期吗？答：当然有。天地万物都会走向没落，任何事物都无法逃脱这个铁律。"

因此，强力球彩票价值的期望值为：

1 亿/1.75 亿+100 万/500 万+10 000/65 万+100/19 000

+100/12 000+7/700+7/360+4/110+4/55

得数略小于 0.94 美元。换言之，根据期望值理论，这张彩票根本不值 2 美元。

分析到这里并没有结束，因为彩票的情况还会有所变化。当累积奖金为 1 亿美元时，彩票的期望值较低。但是，只要累积奖金不被人领走，就会有更多的钱进入奖池。累积奖金越多，买彩票的人越多，就越有可能出现某个家伙中大奖、一夜暴富的情况。2012 年 8 月，密歇根铁路工人唐纳德·劳森（Donald Lawson）中了 3.37 亿美元的大奖。

大奖如此丰厚，彩票价值的期望值也会随之增加。计算方法不变，我们把 3.37 亿美元的累积奖金代入上面的算式：

3.37 亿/1.75 亿 +100 万 /500 万 +10 000/65 万 +100/19 000

+100/12 000+7/700+7/360+4/110+4/55

得数约为 2.29 美元，买彩票似乎变成了一种不错的选择。累积奖金必须达到多少，彩票价值的期望值才会超出 2 美元的成本价呢？终于可以去找八年级的数学老师，告诉他你明白学习代数的意义了。如果我们把累积奖金的值记作 J，那么彩票价值的期望值是：

J/1.75 亿 +100 万 /500 万 +10 000/65 万 +100/19 000

+100/12 000+7/700+7/360+4/110+4/55

将这个算式化简，就会得到：

J/1.75 亿美元 +36.7 美分

现在，我们要用到代数知识了。要使期望值超过我们投入的 2 美元，我们需要使 J/1.75 亿美元的值大于 1.63 美元（即 J/1.75 亿美元 >2 美元 −36.7 美分）。两边同时乘以 1.75 亿美元，我们发现累积奖金 J 的临界值略大于 2.85 亿美元。这个金额并不是多么难得一见，2012 年的累积奖金就有三次达到了这个规模。这样看来，买彩票似乎是不错的买卖，只要我们等到累积奖金足够高时再出手就可以了。

分析到这里仍然没有结束。在美国，并不是只有你学过代数。而且，即使没学过代数的人，凭直觉也能知道，在累积奖金为 3 亿美元时，彩票比累积奖金为 8 000 万美元时更加诱人。数学方法通常是人们天生就会的心算活动的形式化产物，是借助其他手段对常识的扩展。当大奖为 8 000 万美元时，彩票可能的销量是 1.3 亿张，而在唐纳德·劳森赢取 3.37 亿美元的时候，面对的竞争对手多达

7.5 亿人。

参与的人越多，中奖的人就越多。但是，大奖只有一个。如果两个人同时中了大奖号码，他们就要平分这笔奖金。

那么，一个人独得累积奖金的可能性有多大呢？这个概率为 1/175 000 000，而且要满足两个条件：第一，必须猜中全部 6 个号码；第二，其他人都没猜中。

而单个玩家中不了累积奖金的概率却非常高，为 174 999 999/175 000 000。但是，如果有 7.5 亿名玩家参与彩票游戏，其中某个人中大奖的概率就会非常大。

这个中奖概率到底有多大呢？我们可以用一个大家几乎都知道的原理来说明：如果我们知道甲事发生的概率和乙事发生的概率，且两件事各自独立（一件事的发生不会对另一件事产生影响），那么它们同时发生的概率为各自发生概率的乘积。

太抽象了吗？我们以彩票为例。

我中不了大奖的概率是 174 999 999/175 000 000，我父亲中不了大奖的概率也是 174 999 999/175 000 000，因此，我们两个人都中不了大奖的概率就是：

$$174\ 999\ 999/175\ 000\ 000 \times 174\ 999\ 999/175\ 000\ 000$$

即 99.999 999 4%。换言之，我们最好不要买彩票，父亲每次买彩票，我都会这样劝他。

那么，7.5 亿人中不了大奖的概率是多少呢？我只需要把 7.5 亿个 174 999 999/175 000 000 相乘就可以了。这道计算题似乎太复杂了，可能在放学后要花很长时间才能完成。但是，如果我们用指数来表述，就会简单得多，而且借助计算器很快就能完成计算。

$$(174\ 999\ 999/175\ 000\ 000)^{750\ 000\ 000} = 0.651\cdots\cdots$$

也就是说，其他玩家中不了大奖的概率约为 65%，其中至少有一个人中奖的概率为 35%。如果真的有另外一个人也中奖了，劳森的奖金就会从 3.37 亿美元减少到 1.68 亿美元。此时，累积奖金的期望值将会降至：

$$65\% \times 337\ 000\ 000\ 美元 + 35\% \times 168\ 000\ 000\ 美元 = 278\ 000\ 000\ 美元$$

这个期望值略低于保证累积奖金物有所值的临界值，即 2.85 亿美元。而且，上述分析还没有考虑有两个以上的人中大奖并均分累积奖金的概率。即使累积奖金超过 3 亿美元，也可能因多人平分大奖而使彩票价值的期望值低于我们的投入。如果累积奖金的数额进一步加大，彩票价值的期望值可能会进入"物有所值"区，但是，如果高额累积奖金促使彩票销售额大增，那么彩票价值的期望值仍有可能低于其实际售价。强力球到目前为止产生的最高累积奖金是 5.88 亿美元，由两位玩家分享；美国彩票史上的最大奖产生于美国"百万大博彩"，大奖金额高达 6.88 亿美元，由三位玩家平分。

此外，我们还没有考虑中大奖之后应缴纳的税费，奖金是逐年到账的，如果我们希望提前领取所有奖金，总额就会大幅度缩水。别忘了，彩票是州政府发行的，政府对我们的情况了如指掌。在很多州，我们还没有拿到奖金时，就需要先缴纳退缴税或者履行其他财政义务。在州彩票中心工作的一位朋友跟我讲过一个中奖人的故事。一个周末，这位玩家跟他的女朋友一起来到彩票中心，领取 1 万美元的奖金。结果表明，那是一个令他抓狂的周末。在收到他的中奖彩票之后，值班的彩票中心工作人员告诉他，由于他逾期未付子女抚养费，这笔奖金的绝大部分已经被支付给了他的前女友，只剩下几百美元了。

之前，这位男士的现女友完全不知道他有孩子，周末度假计划因此落空了。

如果你希望在强力球上有所斩获，最佳策略是什么呢？下面是经过数学验证的三个策略：

1. 别玩强力球。

2. 如果一定要玩强力球，也要等到累积奖金非常高的时候再买。

3. 如果累积奖金非常高而且你准备购买强力球，那么尽可能降低与其他人分享大奖的概率：选择其他玩家不会选择的号码；不要选择你的生日数字；不要选择以前中过奖的号码组合；不要选择可以在彩票上构成美丽图案的那些号码；一定要记住，不要选择我们在签语饼中发现的号码。（大家知道，每块签语饼中的号码都是相同的，对吧？）

　　强力球不是唯一的彩票游戏，但是所有彩票游戏都有一个共同点：胜算不大。亚当·斯密通过观察发现，彩票业的目的是将部分销售所得交给州财政，要实现这个目的，州政府必须保证彩票的销售所得大于奖金总额。彩票玩家付出的钱必然多于中奖所得，彩票的期望值也低于其票面价格。

　　然而，也有例外情况。

麻省理工学院学生买彩票的故事

　　2005 年 7 月 12 日，马萨诸塞州彩票中心监督办公室接到了剑桥市晨星超市一位员工打来的不同寻常的电话。剑桥市位于波士顿郊区，是哈佛大学与麻省理工学院的所在地。一名大学生走进超市，要求购买该州新发行的"Cash WinFall"彩票。大学生买彩票并不奇怪，但奇怪的是他的购买金额很大：这位大学生拿出了 14 000 张手工填写的选号纸条，购买总金额为 28 000 美元的彩票。

　　彩票中心的工作人员回复那位超市员工："没有问题。只要那些纸条填写正确，任何人想买多少张彩票都可以。"彩票中心有一个规定：除非得到彩票中心的授权，否则超市的日彩票销售金额不得超过 5 000 美元。但是，得到授权是很容易的事。

　　那个星期，晨星超市并不是波士顿地区唯一一个销售势头强劲的彩票代理点，还有 12 家商场在 7 月 14 日开奖之前向彩票中心询问授权问题，其中有三家位于波士顿海湾南侧的昆西地区。为数不多的几位买家从多家商场买走了数以万计的"Cash WinFall"彩票，对于彩票中心来说，这是件好事。

　　这到底是怎么一回事呢？答案并不神秘，从"Cash WinFall"彩票的游戏规则就能清楚地看出其中的奥秘。截至 2004 年秋季，由于在一年时间内都没有人中得"Mass Millions"借鉴彩票的累积奖金，因此彩票中心决定停止发行该彩票。玩家信心不足，导致彩票销售额非常低。马萨诸塞州急需振兴该州的彩票业，彩票中心的工作人员想到了一个主意，打算借鉴密歇根的"WinFall"彩票规则，于是"Cash WinFall"彩票应运而生。"Cash WinFall"彩票的游戏规则规定，如果一周之内没有人领走累积奖金，累积奖金不会越积越多；与之相反，只要奖池超过 200

万美元，奖金就会向下分配，增加容易赢取的奖项的金额，而累积奖金将被重置，在下一次开奖时降到 50 万美元的最低额度。采用这种新游戏规则之后，玩家即使没有中大奖，也有可能赢取大笔奖金。彩票中心希望借此提升该彩票的吸引力。

事实上，新游戏规则的效果好得过头了。在 2005 年夏天之前，极有魄力的玩家就已经发现，由于马萨诸塞州在 "Cash WinFall" 彩票规则的设计上漫不经心，买 "Cash WinFall" 彩票真的是一笔不错的交易。

在正常情况下，"Cash WinFall" 彩票的奖项、中奖概率与奖金如下表所示：

猜中全部 6 个号码	1/9 300 000	数额不等的累积奖金
6 中 5	1/39 000	4 000 美元
6 中 4	1/800	150 美元
6 中 3	1/47	5 美元
6 中 2	10/68	该彩票等于免费赠送

如果累积奖金为 100 万美元，那么售价 2 美元的彩票价值的期望值为：

100 万美元/930 万 +4 000 美元/39 000+150 美元/800

+5 美元/47+2 美元/6.8=79.8 美分

这样的价值真的很低，与之相比，买强力球似乎是精明之举。（在上述计算中，我们已经非常大方了，将免费赠送的彩票的价值定为玩家本来需要支付的 2 美元，而不是这张彩票给玩家带来的小得多的期望值。）

但当奖金向下分配时，回报率就会大不相同。2005 年 2 月 7 日，因为没有人中大奖，累积奖金的金额已经接近 300 万美元。出现这样的情况并不令人奇怪，因为当天只有 47 万人参与了 "Cash WinFall" 彩票游戏，而中全部 6 个号码的概率大约为千万分之一。

于是，所有的奖金全部向下分配，分配至 "6 中 5" 和 "6 中 3" 奖池的金额各为 60 万美元，此外还有 140 万美元进入了 "6 中 4" 的奖池。对 "Cash WinFall" 彩票游戏而言，6 中 4 的概率约为 1/800，因此在当天的 47 万名玩家中，应该有约 600 名玩家猜中 4 个号码。中奖玩家的人数确实很多，但 140 万美元也是金额不菲，分成 600 份，每个赢家可以得到 2 000 多美元。事实上，当天

"6 中 4"的奖金应该是每注 2 385 美元左右,因此,其吸引力远远超过正常情况下 150 美元的单注奖金。如果有 1/800 的机会赢取 2 385 美元的收益,其价值的期望值就是:

2 385 美元/800=2.98 美元

换句话说,单凭"6 中 4"的奖金,就足以促使人们花 2 美元购买该彩票了。再加上其他奖金,收益将更加可观。

奖项	中奖概率	预计中奖人数（人）	向下分配的奖金金额（美元）	单注奖金（美元）
6 中 5	1/39 000	12	600 000	50 000
6 中 4	1/800	587	1 400 000	2 385
6 中 3	1/47	10 000	600 000	60

因此,每张彩票的价值期望值是:

50 000 美元/39 000+2 385 美元/800+60 美元/47=5.53 美元

投入 2 美元产生 3.5 美元利润的投资,是不容错过的。

当然,如果某个家伙幸运地中了大奖,那么,对于其他玩家来说,这种游戏又被剥去了华丽的外衣,变成呆头呆脑的大南瓜了。但是,购买"Cash WinFall"彩票的人一直很少,出现这种结果的可能性也很小。该游戏共有 45 次奖金向下分配的情况,其中只有 1 次有一位玩家中了全部 6 个号码,挡住了奖金持续不断向下分配的势头。

需要澄清一点:上述计算并不表示 2 美元的彩票肯定能帮你赢钱。恰恰相反,在奖金向下分配时购买的"Cash WinFall"彩票,与其他时间购买的彩票一样,很有可能让你赔钱。期望值并不是你期望实现的价值,不过,在累积奖金向下分配时,各奖项的金额（如果你真的中奖,尽管这种可能性很小）会大大增加。期望值的魅力在于,它告诉人们买 100 张、1 000 张或者 10 000 张彩票时,单注平均价值接近 5.53 美元。任何彩票都可能毫无价值,但是,如果你购买了 1 000 张,那么几乎可以肯定的是,你不仅能把买彩票的钱挣回来,还会有不错的收益。

谁会一次性购买 1 000 张彩票呢?

麻省理工学院的一群大学生。

我之所以可以精确地告诉大家 2005 年 2 月 7 日的 "Cash WinFall" 彩票中奖数据,是因为 2012 年 7 月,马萨诸塞州检察官格雷戈里·沙利文 (Gregory Sullivan) 向州政府提交了一份关于 "Cash WinFall" 彩票事件的报告,其中详尽地记录了这些数据。坦白地说,沙利文的描述令人震惊,同时会让人不由自主地联想:是否有人拥有将该报告拍成电影的权利?我敢肯定,令人们产生这种想法的州政府财政监控报告在历史上仅此一份。

2 月 7 日这一天尤为特别,是有原因的。从事一项独立研究项目的麻省理工学院大四学生詹姆斯·哈维 (James Harvey),在比较该州各种彩票游戏的优缺点时发现,马萨诸塞州在不经意间创造了一个暴利投资项目,任何有一定数学知识的人都可以从中牟利。2 月 7 日是哈维发现这个秘密之后的第一个累积奖金向下分配日。他召集了一群朋友 (在麻省理工学院召集一帮善于计算期望值的大学生,并不是一件难事),购买了 1 000 张彩票。不出所料,其中一张彩票中了概率为 1/800 的奖项,哈维这群人得到了 2 000 多美元的奖金。他们还有很多彩票中了 "6 中 3" 奖项,他们获得的奖金总额大约是最初投资额的三倍。

哈维及其投资合伙人自然不会就此罢手,同时,他也没有足够的时间去完成那个独立研究项目,他至少没有凭此拿到课程学分。实际上,他的研究项目迅速演变成了一桩发展势头迅猛的生意。那年夏天,哈维及其合伙人购买了几万张彩票,在剑桥市晨星超市购买大量彩票的大学生就是他们中的一个。尽管他们的这项活动不是漫无目的的行为,但是他们把自己的这个小团队称作 "随机策略" (Random Strategies) 团队,暗指麻省理工学院的本科生宿舍 "兰登厅" (Random Hall)。[①] 当初,哈维就是在兰登厅草拟了通过 "Cash WinFall" 赚钱的计划。

除了麻省理工学院的大学生以外,还有一些人在利用 "Cash WinFall" 赚钱,并且至少形成了两个博彩团队。美国东北大学的医学研究人员张英 (音) 博士建立了 "张博士彩票俱乐部",昆西的彩票销售出现井喷现象就是这个俱乐部造成

---

① 随机策略中的 "随机" 源于兰登厅中的 "Random" 一词。——编者注

的。这群人曾在每次累积奖金向下分配时都购买 30 万美元的彩票，2006 年，张博士放弃了医学研究，全身心地投入"Cash WinFall"博彩活动。

此外，还有一个博彩团队，它的领导人是杰拉德·塞尔比（Gerald Selbee），一位 70 多岁的拥有数学学士学位的老人。塞尔比住在密歇根，这里是"WinFall"彩票的发源地。他的这个团队有 32 名成员，其中大多是他的亲戚。在 2005 年密歇根停止"WinFall"游戏之前的两年左右的时间里，他们一直在那里参与这种博彩活动。2005 年 8 月，塞尔比发现这种送钱上门的活动又开始在美国东部上演，于是他断然采取了行动，与妻子马乔丽（Marjorie）驱车前往马萨诸塞州西部的迪尔菲尔德市，开展了在那里的第一次博彩活动。他们购买了 6 万张"Cash WinFall"彩票，获得了超过 5 万美元的收益。塞尔比利用在密歇根积累的博彩经验，在购买彩票之余，还进行了另外一项活动，以赚取更多的利润。马萨诸塞州的商场在销售彩票时会收取 5% 的佣金，塞尔比与一家商场达成协议，他在该商场一次性购买几十万美元的彩票，作为交换，商场与他均分 5% 的佣金。凭此一项，塞尔比的团队在每次累积奖金向下分配时就可以多赚几千美元。

你无须拥有麻省理工学院的学位，也能明白彩票大户的大量涌现会对彩票活动产生什么影响。别忘了，向下分配的奖金之所以如此丰厚，是因为能中大奖的玩家非常少。到 2007 年，在每次累积奖金向下分配之后，彩票的销售量都会达到 100 万张甚至更多，而其中大多数都被这三个博彩团队买走了。"6 中 4"的单注奖金达到 2 300 多美元的日子早已一去不复返了。如果有 150 万人购买了彩票，"6 中 4"的中奖概率为 1/800，那么通常会有接近 2 000 名中奖者，共同分配 140 万美元的奖金，因此，单注奖金就变成了不到 800 美元。

彩票大户参与"Cash WinFall"彩票游戏并有所斩获的可能性不难估算，关键是要从彩票本身这个视角加以考虑。在累积奖金向下分配时，州政府会从累积奖金中拿出（至少）200 万美元作为小额奖项的奖金。比如，有 150 万人冲着向下分配的奖金购买彩票，那么，彩票收益就会多出 300 万美元。其中的 40%，即 120 万美元，进入了州政府的保险箱，剩余的 180 万美元则是奖金，在日落之前被玩家瓜分。因此，政府当天收入 300 万美元，支出 380 万美元（其中 200 万美元是累积奖金，180 万美元来自当天的彩票销售额）。无论何时，只要政府赚钱了，玩家的平均收益就是负数，反之亦然。因此，这一天是参与这种游戏的绝佳时机，玩家总共可以从政府那里赚到 80 万美元。

如果玩家购买了 350 万张彩票，情况就完全不同了。此时，彩票中心会留下 280 万美元作为自己的收益，把剩余的 420 万美元作为奖金支付给玩家。再加上奖池中已有的 200 万美元，奖金总额达到 620 万美元，低于政府 700 万美元的收益。换言之，尽管向下分配的奖金十分丰厚，但只要购买彩票的人足够多，政府最终一定会赚钱。出现这种结果时，政府会非常高兴。

收支平衡点是向下分配的 40% 的日收益与奖池中已有的 200 万美元（不了解其中原理或者过于热爱冒险的玩家，在非向下分配日参与这种游戏时所贡献的钱）正好相等，也就是彩票销售额为 500 万美元，销售量为 250 万张。当 "Cash WinFall" 的销售量超过这个数字时，就不宜参与。但是，只要销售量低于这个数字（"WinFall" 彩票的销售量从未超出这个数字），玩家就可以赚钱。

实际上，我们在这里应用的是一种非常有效而且是常识性的知识，叫作"期望值的相加性"（additivity of expected value）。假定我拥有麦当劳的特许经营权和一家咖啡店，麦当劳门店年均利润的期望值为 10 万美元，咖啡店年均利润的期望值是 5 万美元。当然，利润每年都会有起伏。期望值的意思是，从长远看，麦当劳门店平均每年可以赚大约 10 万美元，咖啡店的年均利润为 5 万美元。

相加性表明，总体来讲，销售"巨无霸"汉堡与摩卡奇诺咖啡的年均总利润为 15 万美元，即两种生意的年均利润期望值之和。

期望值的相加性：*两个事物的期望值之和，即第一个事物的期望值加上第二个事物的期望值。*

就像我们用公式 $a \times b = b \times a$ 来表示乘法交换律（比如，每排有 X 个小洞，一共有 Y 排，与每排有 Y 个小洞，一共有 X 列相比，小洞的总数相同），数学家也热衷于用公式表示上述过程。因此，如果 X 与 Y 是两个数字，我们不清楚它们的值分别是多少，且 $E(X)$ 表示 "X 的期望值"，那么期望值的相加性就可以表示为：

$$E(X+Y)=E(X)+E(Y)$$

下面，我向大家介绍期望值相加性在彩票分析中的应用。每次开奖时，所有彩票的总价值是政府发放的奖金总额。因此，总价值不具有任何不确定性，在上面第一个例子中总价值就是向下分配的奖金总额，即 380 万美元。肯定到手的 380 万美元，它的期望值就是我们所期望的价值，即 380 万美元。

在这个例子中，向下分配日当天有 150 万个玩家参与游戏。根据期望值的相加性，150 万张彩票的期望值总和就是彩票总价值的期望值，即 380 万美元。但是，每张彩票价值相同（至少在我们知道中奖号码之前如此）。因此，我们把 150 万个相同的数字相加，和为 380 万美元，那么这个数字只能是 2.53 美元。也就是说，我们对这张售价 2 美元彩票的利润期望值是 0.53 美元。这个利润已经超过了赌注的 25%，对于被大家视为骗钱的彩票游戏而言，这样的利润相当可观。

相加性原理十分直观，因此我们很容易认为这是显而易见的事实。但是，它与终身年金保险的定价方法一样，其实并不是那么显而易见。为了说明这个问题，我们用其他概念来取代期望值，就会发现我们往往会得出乱七八糟的结果。例如：

> 一连串事物的和的最可能的值就是各事物最可能的值的和。

这就大错特错了。假定我在我的三个孩子中随机选择一个人继承财产，每个孩子最可能分得的财产为零，因为他有 2/3 的概率不会被我选中。但是，三个人得到的财产总额的最可能的值（其实，只有一个可能值）却是我的所有财产。

布封的硬币、缝衣针与面条问题

大学生与彩票的故事讲到这里，我们需要暂停一下，因为谈及期望值的相加性时，我必须向大家展示我知道的最能说明问题的证据，它的核心正是期望值的相加性。

我首先要向大家介绍一种叫作"franc-carreau"（"franc-carreau"的大致意思是"正好落在正方形之中"。游戏中使用的硬币不是法郎，因为当时流通的货币不是法郎，而是埃居）的游戏。这个游戏与热那亚彩票一样，都会让我们想起无所不赌的古代。只要有一枚硬币和由方砖铺成的地板就可以玩"franc-carreau"

游戏。人们把硬币扔到地上，然后押下赌注，猜硬币是完全落在一块砖上还是骑在砖缝上。

布封（Georges-Louis LeClerc, Comte de Buffon）是勃艮第的一位地方贵族，学术造诣很高。他上的是法学院，可能是想像他的父亲一样当一名地方行政官，但是，在拿到学位之后，他立刻将法学抛到脑后，迷上了科学。1733 年，那时他才 27 岁，但他已经是巴黎皇家科学院的成员了。

布封后来成了一名著名的博物学家，完成了 44 卷的巨著《自然史》（*Natural History*）。他在这本书中提出了一个理论，希望能像牛顿解释运动与力的理论那样，以普适、不费力的方式解释生命的起源。年轻的时候，布封与瑞士数学家加布里埃尔·克莱姆（Gabriel Cramer）的一次短暂会面以及之后长期的书信往来，让他对理论数学产生了兴趣，并以数学家的身份进入巴黎皇家科学院。

在提交给巴黎皇家科学院的论文中，布封将几何学与概率论巧妙地结合在一起，而此前人们一直认为这两个数学领域之间没有联系。但是，他研究的对象不是行星沿轨道运行的方式或者大国经济这些大问题，而是低俗的 "franc-carrearu" 游戏。在论文中，布封提出了一个问题：硬币完全落在一块砖上的概率是多少？砖的面积多大时，这个游戏对双方来说才是公平的？

下面我向大家介绍布封的方法。如果硬币的半径是 r，方砖的边长为 L，那么，只要硬币的圆心落在一个边长为 $L-2r$ 的小正方形的外面，硬币就会接触到砖缝。

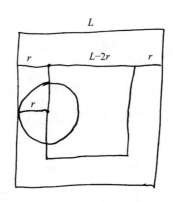

小正方形的面积是 $(L-2r)^2$，大正方形的面积是 L^2，因此，如果我们赌这枚硬币 "完全落在大正方形之中"，那么我们获胜的概率就是 $(L-2r)^2/L^2$。要使游戏公

平，这一概率必须是 1/2，即：

$$(L-2r)^2/L^2=1/2$$

布封解出了这个方程式（如果学过这方面的知识，我们也能解开这个方程式），他发现只有当砖的边长是硬币半径的 $4+2\sqrt{2}$ 倍，也就是接近 7 倍时，游戏才是公平的。将概率论与几何图形相结合，是一种新颖的想法，具有研究价值。但是，这样做的难度比较小，布封知道单凭这个发现是不可能进入巴黎皇家科学院的。于是，他继续深入研究："但是，如果扔到空中的不是埃居这样的圆形物体，而是其他形状的物体，例如方形的西班牙皮斯托儿金币，或者一根缝衣针、一根短木棒等，解决这个问题时需要的几何知识就会多一些。"

当然，这是一个保守的说法。缝衣针问题，是时至今日布封的名字仍然没有被数学界忘记的原因之一。下面，我把布封的话用更准确的语言重新解释一遍：

布封的投针问题：假定地面是用细长木板条铺成的硬木地面，你手上正好有一根缝衣针，而且针的长度正好等于木板条的宽度。把缝衣针扔到地面上，它骑在木板条缝上的概率是多少？

如果我们扔到地面上的是埃居，那么路易斯四世的脸是朝上还是朝下，对我们都没有任何影响。圆从任何角度看都是一样的，因此，硬币骑缝的概率并不取决于它的朝向。

但是，布封使用的缝衣针却不同。如果缝衣针的方向与木板条缝的方向近乎平行关系，那么它骑缝的概率会非常低。

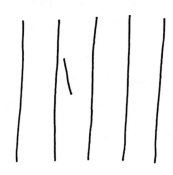

如果缝衣针的方向与木板条缝的方向近乎垂直关系，我们几乎可以肯定缝衣针会骑在木板条缝上。

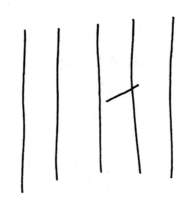

"Franc-carreau"游戏具有高度的对称性，用术语来讲，这个游戏的结果始终处于轮换状态。但在投针问题中，这种对称性被破坏了，因此游戏的难度大幅度增加。我们不仅需要关注缝衣针中心点的位置，还要关注缝衣针的朝向。

在两种极端的情况下，缝衣针骑在木板条缝上的概率是0（缝衣针的方向与木板条缝的方向为平行关系）或者1（缝衣针的方向与木板条缝的方向为垂直关系）。因此，我们有可能取中间值，认为缝衣针与木板条缝接触的概率正好是1/2。

但是，这种想法是不对的。事实上，缝衣针与木板条缝相交的概率，远大于缝衣针完全位于某个木板条之内的概率。布封投针问题的答案是：缝衣针骑在木板条缝上的概率为$2/\pi$，约等于64%。这个答案出人意料，我们并没有看到圆，但答案里为什么会出现π呢？布封在计算时，使用了一种复杂的证明方法，需要计算一种由叫作"摆线"（cycloid）的线条所围成的面积。计算该面积时要用到微积分知识，微积分对于现代数学专业二年级的学生而言并不难，但要完全掌握也不是件容易的事。

不过，在布封进入巴黎皇家科学院100多年之后，约瑟夫−埃米尔·巴比埃（Joseph-Émile Barbier）发现了另外一种方法。这种方法无须使用严谨的微积分知识，它虽然也有一点儿复杂，但只需要运用算术与基础几何知识，其中最重要的就是对期望值相加性的应用！

该方法的第一步是将布封投针问题用期望值理论重新加以表述：与缝衣针相交的木板条缝的条数期望值是多少？布封计算的这个数字代表的是缝衣针与木板条缝相交的概率 p，因此，缝衣针与所有木板条缝都不相交的概率是 $1-p$。但是，如果缝衣针与木板条缝相交，就只能与一条木板条缝相交。[①] 因此，我们可以用计算期望值的常用方法，即让可能相交的木板条缝数与该数字对应的概率相乘，得数加总就可以得到相交木板条缝数的期望值。在本例中，概率只能为 0（观察到该结果的概率为 $1-p$）和 1（观察到该结果的概率为 p），因此，我们可以把 $(1-p) \times 0=0$ 与 $p \times 1=p$ 相加，得数为 p。也就是说，相交木板条缝数的期望值是 p，与布封通过计算得到的数值相同。到这一步，我们似乎还没有取得什么进展。如何计算出这个神秘的数值 p 呢？

在面对数学难题一筹莫展时，我们通常有两种选择：第一，把问题简单化；第二，把问题复杂化。

把问题简单化似乎是一个更好的选择。用一个相对简单的问题替代我们要解决的难题，然后寄希望于在解决简单问题的过程中获得灵感，为我们解决那道难题提供某种思路。数学家用平稳的原始数学机制为复杂的现实系统建立模型时，用的就是这种方法。有时，这种方法非常有效。在计算较重抛射体的运动轨迹时，如果我们忽略空气阻力，认为该物体在运动过程中只受到万有引力的作用，就可以取得很好的效果。但是，我们的简化措施有时过于简单，以致连问题的重要特征都被抹杀了。很早以前就有这样一个故事：一位物理学家接到一个优化奶品生产的任务，他满怀信心地说"假设有一头球形的奶牛……"

循着让问题简单化的思路，我们有可能从更简单的"frand-carreau"游戏中找到灵感，帮助我们解决布封投针问题："假设有一根圆形的缝衣针……"但是，硬币不具有缝衣针的那种特征，因此，我们并不清楚从硬币游戏中能找到哪些有用的信息。

我们考虑另一种策略：把问题复杂化。巴比埃在当时也做出了同样的选择，

---

① 我们可能不认可这个说法，因为缝衣针的长度正好等于木板条的宽度，因此缝衣针有可能接触到两条木板条缝。但是，这种结果要求缝衣针正好处于木板条中间且与木板条缝垂直。即便这种情况有可能发生，其概率也接近于零，因此完全可以忽略不计。

虽然这种策略的前景看似并不乐观，但一旦发挥作用，就会产生难以想象的魔力。

我们试着思考这样一个问题：如果缝衣针的长度等于两块木板条的宽度，那么与它相交的木板条缝数的期望值是多少？这个问题似乎更加复杂，因为可能出现的结果不是两个，而是三个：缝衣针有可能完全位于一块木板条上，有可能与一条木板条缝相交，也有可能与两条木板条缝相交。因此，在计算相交木板条缝数的期望值时，我们需要计算三个（而不是两个）独立事件的发生概率。

但是，由于期望值具有相加性，因此这个更复杂的问题其实比我们想象的容易。我们在缝衣针的中心位置画一个点，把长缝衣针分成两段，并分别标记为"短缝衣针 1"和"短缝衣针 2"，如下图所示。

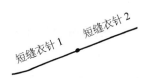

此时，与长缝衣针相交的木板缝条数的期望值就是短缝衣针 1 的期望值与短缝衣针 2 的期望值的和。用代数语言来表示，如果 X 是与短缝衣针 1 相交的木板条缝数，Y 是与短缝衣针 2 相交的木板条缝数，那么与长缝衣针相交的木板条缝数就是 $X+Y$。每根短缝衣针的长度等于布封缝衣针的长度，因此，与每根短缝衣针相交的木板条缝数的期望值为 p，也就是说，$E(X)$ 与 $E(Y)$ 都等于 p。与整根缝衣针相交的木板条缝数的期望值 $E(X+Y)$ 等于 $E(X)+E(Y)$，即 $p+p$，得数为 $2p$。

当缝衣针的长度是木板条宽度的 3 倍、4 倍甚至 100 倍时，上述推理方法同样适用。如果缝衣针的长度为 N（我们取木板条的宽度作为度量单位），那么与它相交的木板条缝数的期望值就是 Np。

无论缝衣针多长或者多短，这个结论同样适用。假定我扔出去的缝衣针的长度为 1/2，即其长度等于木板条宽度的一半。由于长度为 1 的布封缝衣针可以分成两根长度为 1/2 的缝衣针，布封缝衣针的期望值为 p，所以长度为 1/2 的缝衣针的期望值是 $1/2p$。事实上，对于任意正实数 N，无论大小，公式"与长度为 N 的缝衣针相交的木板条缝数的期望值是 Np"都成立。

到这一步，我们还有一个非常难的证明没有完成。当 N 的值取像 2 的平方根这样令人讨厌的无理数时，我们需要采用某些技术手段，证明上述结论仍然适用。请大家放心，巴比埃证明方法的精髓就是我在这里向大家介绍的这些。

接下来我们要采用一个新的视角，即"折弯缝衣针"。

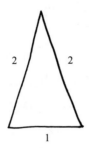

上图中的缝衣针是我们到目前为止遇到的最长的针，长度为5。这根针被折弯了两次，首尾相连后构成了一个三角形。三角形的三条边长分别为1、2、2，可能相交的木板条缝数的期望值分别为p、$2p$、$2p$。根据期望值的相加性，整根针可能相交的木板条缝数的期望值是三条边的总和，即：

$$p+2p+2p=5p$$

换言之，对于折弯的缝衣针而言，"与长度为N的缝衣针相交的木板条缝数的期望值是Np"这一结论也成立。

接下来，我们再讨论一下下图所示各种形状的缝衣针的情况。

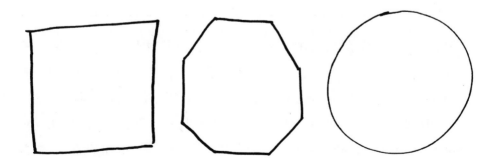

我们在前面见过这些图形。2 000 年前，阿基米德与欧多克斯在提出穷竭法时，就使用了这些图形。最后一幅图看上去像一个直径为 1 的圆，但实际上它是由 65 536 根短缝衣针构成的多边形。我们的肉眼无法看出两者之间的不同，当然，地板也不会知道它们不是同一形状。因此可以说，与直径为 1 的圆相交的木板条缝数的期望值，约等于与 65 536 边形相交的木板条缝数的期望值。根据"折针"规则，这两个期望值都是 Np，其中 N 是多边形的周长。那么，这个多边形的周长是多少呢？应该非常接近于圆的周长。圆的半径为 1/2，它的周长是 π，所以与圆相交的木板条缝数的期望值是 πp。

这种把问题复杂化的方法，大家认为怎么样？问题变得越来越复杂，越来越具有一般性，但是否有人认为我们还没有解决最基本的问题：p 到底是多少？

大家可能都没有想到，我们刚才已经算出 p 的值了。

与圆相交的木板条缝数到底是多少？我们把缝衣针折成圆形之后，在由硬币变成缝衣针时丧失的对称性又被我们找回来了。如此一来，这个难题就变得简单多了。无论圆落在什么位置都没有关系，因为与它相交的木板条缝数一定是 2。

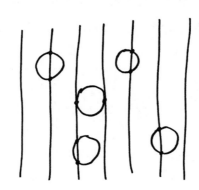

因此，相交木板条缝数的期望值就是 2。我们知道该期望值还等于 πp，于是，我们算出 $p=2/\pi$，这跟布封的计算结果不谋而合。实际上，上述证明过程适用于所有缝衣针，无论它是多边形还是弯曲的，相交木板条缝数的期望值都是 Lp，其中 L 是以木板条宽度为计量单位时缝衣针的长度。即使把一人份意大利面扔到地板上，想知道其中一根面条会骑在几条地板缝上，我也能准确地告诉你它的期望值是多少。这就是布封投针问题的一般形式，数学家们开玩笑说这是"布封的面条问题"。

海洋与炸药

巴比埃的证明让我想起代数几何学家皮埃尔·德利涅（Pierre Deligne）写给他的老师亚历山大·格罗腾迪克（Alexander Grothendieck）的信中的一句话："似乎什么也没发生，但到最后，一个极不平凡的定理却出现在我们面前。"

人们在挖隧道时使用的炸药杀伤力越来越强，在外行人的眼中，数学家就跟这些挖隧道的人一样：他们不断地使用越来越有效的工具，越来越深入地探究未知世界。借助有效的工具确实是一种好方法，不过格罗腾迪克的看法却不同。20世纪六七十年代，这位数学家重新阐释了理论数学的意义，他指出："在我眼中，我们准备探究的未知事物就像泥土或者坚硬的泥灰岩，难以穿透……大海悄无声息，似乎没有发生任何变化，也没有任何物体改变位置，海水离我们是那么遥远，我们几乎听不见海浪的声音……但到最后，海水会清除一切阻碍。"

未知事物就是海底的石头，阻碍我们前进的步伐。我们可以反复在岩缝中填上炸药并引爆，直到炸碎这块岩石。布封进行的复杂微积分计算，就与这种方法十分相似。或者，我们也可以采用一种深思熟虑的方法，逐渐加深我们的理解，到最后，就像岩石被平静的海水淹没一样，曾经让我们一筹莫展的难题在我们面前迎刃而解。

当前，数学研究所采用的方法，就是坐禅式冥想与炸药爆破二者相互作用并取得微妙平衡的产物。

数学家与精神病人

1860 年，21 岁的巴比埃发表了他对布封定理的证明方法，那时他是巴黎高等师范学院的一名有前途的学生。1865 年，因为精神问题，他离开了巴黎，没有留下联络方式。从那以后，没有一位数学家见过他。直到 1880 年，他的一位老师约瑟夫·波特兰（Joseph Bertrand）在一家精神病院里发现了巴比埃。格罗腾迪克于 20 世纪 80 年代离开学术界，目前在比利牛斯山脉过着塞林格式的隐居生活。没有人知道他现在正在研究什么数学问题，或者他是否还在做数学研究，有人说他以牧羊为生。

关于数学，人们普遍持有一种错误的观念，觉得数学会令人发疯，或者数学本身就非常疯狂。前文中讲的那个故事正好佐证了这种想法。戴维·福斯特·华莱士（David Foster Wallace）是数学背景最深厚的现代小说家（他曾经中止小说创作，就无限集合论写了一本厚厚的书）。华莱士把这种错误的观念描述成"数学情节剧"，主人公是"普罗米修斯–伊卡洛斯式的人物，他最突出的天赋就是傲慢自大，这也是他致命的缺陷"。《美丽心灵》（*A Beautiful Mind*）、《证据》（*Proof*）与《圆周率》（π）等电影把数学视为困难与逃避现实的代名词。斯科特·特罗（Scott Turow）在畅销悬疑小说《推定无罪》（*Presumed Innocent*）中设置了一个峰回路转的情节：疯狂的凶手竟然是主角的妻子，她是一位数学家。（小说的悬疑情节来自女主角对一种扭曲性别观的追求，极其明显地暗示了凶手之所以如此疯狂，是因为她作为一名女性竟然无视困难去钻研数学。）最近，这个故事又摇身一变，在小说《夜色中狗的离奇逸事》（*The curious Incident of the Dog in the Night-Time*）中粉墨登场：数学天赋成了孤独症的一个致病因素。

华莱士不认同这种对数学家心理状况的描述，我与他的观点一致。在现实世界中，数学家是一群普普通通的人，过着平常的生活。他们的确会在困难重重的抽象世界里孤身奋战，但这样的状况并不是经常发生。数学家不会过度用脑而使自己崩溃，相反，数学研究往往会使他们的心理更加健康。我发现，在极端情绪出现时，数学问题往往具有最强的安抚作用，可以消除某些心理疾病。与冥想一样，数学也可以让我们直接接触宇宙，将我们置身于广袤的天地间。如果不让我钻研数学，我反倒有可能发疯。

想办法促使累积奖金向下分配

我们还是回到马萨诸塞州，接着谈彩票问题。

参与"Cash WinFall"游戏的人越多，利润就会越少；每多一个人大量购买彩票，就会多一个人瓜分奖金。杰拉德·塞尔比告诉我，"随机策略"团队的卢玉然（音）有一次提出了一个建议。卢认为，在累积奖金向下分配时，"随机策略"团队与塞尔比团队应该轮流参与游戏，以确保每个团队都有一个更大的利润空间。塞尔比认为这个提议的意思是，"你是大户，我也是大户，但是我们无法阻止别的玩家分走我们的利润"，而通过合作，至少塞尔比团队和"随机策略"团队可以互相钳制。这个提议很有道理，塞尔比却拒绝接受。他觉得利用游戏中的巧合是一件心安理得的事，因为游戏规则对所有玩家一视同仁。但是，如果同其他玩家合谋，在他看来就是作弊，即使合谋的内容并不一定会破坏彩票游戏的规则。因此，这三个团队可以说是"三足鼎立"。由于大户们在每次开奖前都会购买 120 万~140 万张彩票，因此塞尔比估计，在奖金向下分配日，彩票价值的期望值仅比彩票的价格高出 15%。

即便如此，利润仍然相当可观。不过，哈维及其合伙人对此并不满意。职业彩票玩家的生活与我们想象的不同，对哈维来说，管理"随机策略"团队是一份全职工作，但不是特别令他满意的工作。在向下分配日到来之前，他们必须手工填写几万张彩票。到了向下分配日，哈维还要组织多名成员，到愿意接受大量购买彩票的便利店，把所有彩票号码输入计算机。在中奖号码公布之后，他们还得花时间辛苦地分拣出中奖的彩票。那些没有中奖的废票也不能扔进垃圾箱，而要装进收纳箱保存起来，因为在彩票游戏中赢取大笔奖金之后，美国国税局经常会来查账，所以哈维必须保留这些废票来证明自己的博彩活动合法。（杰拉德·塞尔比保留了金额为 1 800 万美元的废票。）中奖彩票也需要履行相关手续，只要中奖，无论奖金多少，团队的每名成员都需要填写 W-2G 个税申报表。现在，大家还觉得这件事有意思吗？

检察官格雷戈里·沙利文估计，在发行"Cash WinFall"彩票的整整 7 年时间里，"随机策略"团队的税前收益为 350 万美元。我不知道詹姆斯·哈维分到了多少钱，但我知道他买了一辆车——一辆 1999 年产的二手尼桑"新天籁"。

在"Cash WinFall"彩票刚发行时，人们轻轻松松就可以赚取一倍的利润。尽管这样的美好时光一去不复返，但似乎不是遥不可及，哈维及其合伙人肯定希望美梦再续。不过，塞尔比团队和"张博士彩票俱乐部"在每个累积奖金向下分配日，都会购买几十万张彩票，在这种情况下，他们怎么可能得偿所愿？

其他彩票大户会持续参与彩票活动，只有在累积奖金不足以触发奖金向下分配时他们才会偃旗息鼓。但是，在这些开奖日，哈维也会全程参与，他的理由很充分：没有向下分配的钱，博彩活动就没有吸引力。

2010年8月13日星期五，彩票中心预计下周一开奖时的累积奖金为167.5万美元，远低于奖金向下分配的门槛。张博士与塞尔比的团队按兵不动，等待累积奖金超出向下分配的底线，但"随机策略"团队却采取了不同的行动。在之前几个月的时间里，他们悄悄地做好了准备，打算在累积奖金接近但没有达到200万美元时，一次多买几万张彩票。这一天终于到来了，团队全体成员分散到大波士顿地区各处，购买了大量彩票，总计为70万张。由于"随机策略"团队突然注入了这笔现金，到8月16日星期一时，累积奖金达到210万美元。因此，这一天变成了累积奖金向下分配日，也是彩民的发薪日。但是，除了麻省理工学院的这群大学生以外，没有人知道这一天就要来了。那次开奖时，哈维团队持有接近90%的彩票，他们甩掉了竞争对手，独自站在那座金山前面。"随机策略"团队赚了70万美元，他们的投资成本为140万美元，利润率达到了相当可观的50%。

不过，这种办法只能用一次。在这件事发生之后，彩票中心设置了一个预警系统，如果发现某个团队试图凭借一己之力推动累积奖金超过向下分配的底线，就会及时通知彩票中心的高级主管。12月底，"随机策略"团队再次使用这个伎俩，但是彩票中心已经做好了充足的准备。12月24日上午，距离开奖还有三天时间，彩票中心的业务部主任就收到同事发来的电子邮件："买'Cash WinFall'的那帮家伙正在行动，试图推动累积奖金向下分配。"如果哈维寄希望于彩票中心的工作人员正在度假，那他完全失算了。圣诞节那天一早，彩票中心就修改了累积奖金的估计金额，宣布累积奖金即将向下分配。其他彩票团队还在为8月的那次挫败耿耿于怀，在得知这个消息之后，他们立刻取消了圣诞度假计划，购买了几十万张彩票，使彩票利润回归至正常水平。

无论如何，这场游戏即将落下帷幕。随后不久，《波士顿环球报》（*Boston Globe*）的记者安德里亚·艾斯提斯（Andrea Estes）的一位朋友，在彩票中心公布的赢家"20-20名单"中注意到一个有趣的现象：中奖的密歇根人非常多，而且他们都是在"Cash WinFall"彩票游戏中中奖的。艾斯提斯有没有怀疑其中有玄机呢？ 2011 年 7 月 31 日，《波士顿环球报》头版刊登了艾斯提斯与斯科特·艾伦（Scott Allen）撰写的新闻报道，为大家介绍了这三个博彩团队在"Cash WinFall"彩票游戏中的垄断行为。8 月，彩票中心修改了该彩票的游戏规则，规定单个零售点的日彩票销售额不得超过 5 000 美元。该举措有效地切断了彩票团队大量购买彩票的渠道，但是，损失已经不可挽回。"Cash WinFall"游戏的目的是吸引普通玩家，但是，现在看来这个目的无法实现了。2012 年 1 月 23 日，"Cash WinFall"完成了它的最后一次开奖（确切地说，是最后一次累积奖金向下分配后的开奖）。

谁是最后的赢家？

詹姆斯·哈维并不是第一个利用彩票的不合理设计牟利的人。在密歇根州政府吸取教训并于 2005 年叫停"Cash WinFall"游戏之前，杰拉德·塞尔比的团队已经从中赚了几百万美元。而且，类似行为早就存在。18 世纪初，法国通过销售债券为政府提供资金，但是由于利率的吸引力不够，这些债券的销售并不理想。为了增加吸引力，政府在销售债券时搭售彩票。每张债券的持有人有权购买一张彩票，彩票的奖金为 50 万里弗（livre）①，足够中奖者舒舒服服地生活几十年。但是，由于财政部副部长米歇尔·勒佩尔蒂埃·福茨（Michel Le Peletier des Forts）在制订彩票计划时计算错误，导致彩票的奖金远远超过彩票销售所得。换句话说，与累积奖金向下分配日的"Cash WinFall"一样，彩票价值的期望值大于彩票售价，只要人们大量购买彩票，就肯定能大赚一笔。

数学家、探险家查尔斯-马利·拉孔达明（Charles-Marie de La Condamine）发现了这个秘密。于是，他跟后来的哈维一样，召集了一帮人一起购买彩票，作家伏尔泰（Voltaire）也是其中一员。在他们制订合作计划时，伏尔泰虽然在数学方面没有什么作为，但在其他方面做出了贡献。当时，彩票玩家需要在彩票上写下一句箴言，以便在该彩票中大奖时流传开来。伏尔泰觉得这是自我表现的大好

---

① 里弗是古时的法国货币单位。——译者注

时机（这也符合他的性格特征），因此他在自己的彩票上写下了"众生平等""福茨万岁"等口号。

最终，政府发现了其中的秘密并且终止了这个计划，但是，拉孔达明与伏尔泰已经赚到了足以安享余生的钱。否则，你以为伏尔泰仅凭那些文字优美的随笔与短剧就能维持生计吗？当时与现在一样，靠写作是不可能发大财的。

18 世纪的法国，既没有计算机、电话，也没有办法统筹处理彩票购买人与购买地点等信息，因此，政府花了好几个月的时间才察觉到伏尔泰与拉孔达明的图谋，是完全可以理解的。那么，马萨诸塞州有什么借口呢？从彩票中心第一次注意到大学生在麻省理工学院附近的超市大量购买彩票的怪异行径，到《波士顿环球报》报道此事，中间整整隔了 6 年时间。他们怎么可能不知道其中的秘密呢？

原因很简单：他们真的不知道。

连詹姆斯·哈维都觉得自己的博彩计划似乎过于完美，他认为彩票游戏的漏洞十分明显，因此肯定会有一些监管手段阻止他们的计划。2005 年 1 月，他来到布雷因特里的彩票办公室，了解大额博彩计划是否符合规定。此时，他的团队还没有开始首次博彩活动，甚至还没有想好团队的名字。所以，如果彩票中心希望了解这件事，连调查都没有必要，我估计当时彩票中心给哈维的答复是"没问题，小伙子，尽管买吧"之类的话。几周之后，哈维及其伙伴一起完成了第一次投注。

随后不久，杰拉德·塞尔比也加入了彩票大户的行列。他告诉我，2005 年 8 月，他告知布雷因特里彩票办公室的几位律师，自己将率领密歇根彩票团队来马萨诸塞购买彩票，并就此征求了他们的意见。因此，大额投注的存在对于马萨诸塞州政府而言根本不是秘密。

哈维、张博士与塞尔比这三个团队从政府金库中赚取了好几百万美元，为什么马萨诸塞州政府却无动于衷呢？有哪一家赌场会任凭玩家一周又一周地击败庄家而不采取任何行动呢？

要解开这个谜团，我们需要更深入地研究彩票的原理。每销售一张 2 美元的彩票，马萨诸塞州政府会留下 0.80 美元。这些钱中的一部分作为佣金支付给销售彩票的商家，一部分用作彩票运营开支，其余的则分发给全州各个市镇。2011

年，仅支付给警察、学校以及填补地方政府财政预算的窟窿，就接近 9 亿美元。

剩下的 1.20 美元被放进彩池，作为玩家的奖金。大家还记得我们在前文中得出的计算结果吗？在正常情况下，彩票价值的期望值仅为 0.80 美元，也就是说，政府每销售一张彩票，就会返还 0.80 美元。还有 0.40 美元去哪儿了？这些钱变成了向下分配的奖金。如果仅拿出 0.80 美元作为奖金，将无法清空奖池。累积奖金越来越高，到达 200 万美元之后，就会产生向下分配的奖金。此时，彩票从本质上发生了一些变化。犹如打开了泄洪闸，累积奖金像洪水一样倾泻而出，流到那些翘首以盼的聪明人手中。

政府也许会遭受经济损失，但是我们需要放宽眼界。玩家中奖所得的那些钱本来就不是马萨诸塞州政府的，从一开始这笔钱就要以奖金的形式返还给玩家。政府从每张彩票中拿走 0.80 美元，然后把剩余的钱返还给玩家。销售的彩票越多，政府的收益就越高。政府不关心谁会中奖，他们关心的是有多少人参与这项活动。

因此，在那几个博彩团队通过参与向下分配日的博彩活动赚取丰厚利润时，他们拿走的也不是政府的钱，而是其他玩家的钱，特别是那些决策不当、在非向下分配日参与博彩活动的那些玩家的钱。这些博彩团队没有击败庄家，因为他们就是庄家。

就像拉斯韦加斯赌场的经营者一样，彩票大户们根本不会受到坏运气的影响。在彩票游戏中，任何玩家都有可能手气很好，赢走一大笔钱，博彩团队也一样。如果普通玩家猜中所有 6 个号码，他们就会拿走所有向下分配的奖金。但是，哈维等人经过精心计算，把这种结果出现的可能性降到足够低的程度。在"Cash WinFall"彩票游戏的历史上，其他玩家在向下分配日赢得大奖的情况只发生过一次。如果在机会对你有利时投入足够多的资金，就能抵消任何可能出现的坏运气。

当然，在这种情况下，博彩活动的乐趣会大大减少。但是，像哈维这样的彩票大户追求的并不是乐趣，他们的所有行动都秉承了一个简单的理念：如果博彩活动令人热血沸腾，就说明他们的参与方式是错误的。

如果庄家是博彩团队，那么政府在其中扮演的是什么角色呢？政府扮演的就是政府这个角色。对于赌场，内华达政府会收走它们的一部分利润。作为交换，政府负责维护基础设施和管理工作，这样赌场才能蓬勃发展。同样，马萨诸塞州也会从博彩团队的收益中收取一笔钱。在"随机策略"团队购买了 70 万张彩票并促使奖金向下分配的时候，马萨诸塞州各个市镇从每张彩票中收取 0.40 美元，总收入为 56 万美元。无论赢钱的概率有多大，政府都不应该从事赌博活动，他们应该做的是收税。从本质上讲，这就是马萨诸塞州政府发行彩票的初衷。而且，彩票计划也不是毫无效果。检察官沙利文的报告指出，彩票中心通过"Cash WinFall"游戏获得了 1.2 亿美元的税收。如果有 9 位数的收益，我们可能不会认为自己上当受骗了。

那么，上当受骗的到底是谁呢？人们可能会回答是"其他玩家"，流进博彩团队钱包中的毕竟是这些玩家的钱。但是，检察官沙利文在报告结尾部分却严肃地指出根本没有人上当受骗。

在累积奖金即将达到 200 万美元并可能推动奖金向下分配时，只要彩票中心向公众公布这一情况，与大额博彩活动相比，购买一张彩票或者几张彩票的普通玩家就不会处于不利局面。总之，大额博彩活动不会对任何人的中奖概率产生影响，普通玩家与彩票大户的中奖概率是相同的。如果累积奖金达到了向下分配的门槛，"Cash WinFall"彩票就会有很高的中奖概率，不仅对大户玩家如此，对普通玩家也是如此。

沙利文认为，哈维等博彩团队的出现不会影响其他玩家中奖的概率。他的这个观点是正确的，但是他和亚当·斯密犯了同样的错误：这里应当考虑的问题不仅仅是中奖概率，还应该考虑收益或者损失的平均期望值。博彩团队购买几十万张彩票，会大幅增加各奖项的中奖彩票数，因此，每张中奖彩票的价值会降低。从这个意义上讲，博彩团队对普通玩家的利益造成了伤害。

打个比方，如果教堂在举办抽奖售物时几乎无人捧场，我赢得那只砂锅的可能性就很大。如果有 100 人购买了抽奖券，我赢得砂锅的概率就会大幅降低，这可能会让我不开心。但是，这种情况是不是不公平的呢？如果我发现那 100 人其实是为某个人服务的，这个人特别希望得到一只砂锅，并且计算出购买 100 张抽奖券的成本比砂锅零售价低 10% 左右，因此做了这番谋划，那么，出现上述情况仍然是公平的吗？从某种意义上讲，这个人的这番作为并不是那么正大光明，但我还是不能认为自己上当受骗了。当然，对于教堂而言，来的人越多，赚的钱就越多，毕竟赚钱才是这项活动的最终目标。

即使那些博彩大户的行为算不上欺骗，"Cash WinFall" 游戏仍然令人不安。每个月，詹姆斯·哈维都会充当虚拟赌场的业主，从那些不精于此道的玩家手里赚钱。最终，政府考虑到彩票的奇怪规则，叫停了他的这种行为。但是，这件事不正好说明这些规则有问题吗？马萨诸塞州秘书长威廉·加尔文（William Galvin）告诉《波士顿环球报》："它就是适合有经验的人参与的个人彩票游戏。但问题是，为什么要开展这样的活动呢？"

如果我们回过头仔细研究那些计算结果，就会轻易地发现一个可能的答案。别忘了，政府引进 "Cash WinFall" 游戏的目的是让彩票更受欢迎。而且，他们成功了，只不过效果没有预期的那么好。如果关于 "Cash WinFall" 游戏的质疑声甚嚣尘上，导致在每个向下分配日销售给马萨诸塞州普通公民的彩票数突破 350 万张，会有什么结果呢？请记住，参与的人越多，政府赚的钱就越多。我们前面计算过，如果彩票销售量达到 350 万张，那么即使在向下分配日，政府也是大赢家。现在，规则的漏洞被堵上了，博彩团队也会纷纷瓦解，所有人（那些大户玩家可能例外）都会感到心情愉快。

销售额如此巨大的彩票活动可能存在极大的风险，但是马萨诸塞州彩票中心的官员们认为，如果走运，是有可能大赚一笔的。归根结底，这是赌徒心理在作祟。

第12章　效用理论、风险与不确定性

1982 年的诺贝尔经济学奖得主乔治·施蒂格勒（George Stigler）说过："如果你从来没有误过飞机，那只能说明你浪费在机场的时间太多。"如果最近刚好误过一次飞机，我们肯定会认为这个说法违背了我们的直觉。当我滞留在芝加哥奥黑尔机场啃着难吃的售价 12 美元的可萨鸡肉卷时，我发现自己在经济学方面的判断力实在不怎么样。尽管施蒂格勒的说法非常奇怪，期望值却表明他是对的，至少对于经常乘坐飞机的人而言是这样。我们把这个问题简单化，只考虑三种方案：

方案 1：提前 2 小时到达机场，误机概率为 2%。
方案 2：提前 1.5 小时到达机场，误机概率为 5%。
方案 3：提前 1 小时到达机场，误机概率为 15%。

当然，误机所造成的损失在很大程度上取决于当时的情境。是错过了去哥伦比亚特区的飞机，然后改乘下一个航班，还是准备参加某位亲友于第二天上午 10 点举行的婚礼却没赶上当天最后一班飞机，两者不可同日而语。在彩票游戏中，彩票的损失是以美元来计算的。而对于误机造成的损失，我们只能用时间成本来衡量，因此，确定性比彩票的损失低很多。两者都令人生气，但是没有一种被普遍认可的通货可以明确地计量生气的程度。

至少，我们还没办法用纸币来计量生气的程度。但是，我们必须做出决策，经济学家也希望找到适合的方法来计量生气的程度。根据经济学标准理论，人们在理性情况下做出的决策都将发挥最大效用（utility）。生活中的所有事物都有效用，美元、蛋糕等人们喜好的事物，其效用为正值，而磕破脚指头、误机等令人不舒服的事，其效用则为负值。甚至有人希望使用某个叫作"效用度"的标准单位来计量效用。打个比方，假设在家一小时的效用为一个效用度，那么提前两个小时赶到机场的成本就是两个效用度，而提前一个小时的成本仅为一个效用度。误机的后果显然比浪费一小时更糟糕，如果我们认为误机的成本等同于浪费 6 个小时，成本就是 6 个效用度。

用效用度来表示效用之后，我们就可以计算出上述三个方案的期望值。

方案 1	$-2+2\% \times (-6) = -2.12$ 个效用度
方案 2	$-1.5+5\% \times (-6) = -1.8$ 个效用度
方案 3	$-1+15\% \times (-6) = -1.9$ 个效用度

平均来看，方案 2 的损失最小，尽管这个方案的误机概率不是很小。的确，滞留在机场是令人不悦的事，但是，误机概率本来就不大，为了进一步降低这种概率，每次都在候机室多等半个小时，这种做法真的可取吗？

也许有人认为它是可取的，这些人非常讨厌误机，在他们眼里误机的成本不是 6 个效用度，而是 20 个。如果是这样，上述计算结果就会发生变化，于是保守性的方案 1 成为首选，其期望值为：

$$-2+2\% \times (-20) = -2.4 \text{ 个效用度}$$

但是，这个计算结果只是改变了平衡点的位置，并不意味着施蒂格勒说错了。如果我们提前 3 个小时到机场，可能会进一步降低误机概率。但是，即使这种做法可以让我们不误机，其成本也至少为 3 个效用度，比方案 1 更差。我们可以用下图来表示在机场等候的时间与期望效用之间的关系。

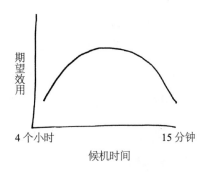

这幅图也是拉弗曲线。如果在飞机起飞前 15 分钟到达机场，误机概率就会非常大，其期望效用为负值。反之，如果到得太早，也会让你损失很多效用度。最优方案应该在两者之间，取决于误机与浪费时间在我们心目中孰轻孰重。但是，最优方案的误机概率一定为正值，虽然可能性很小，但绝不等于零。如果从未误过航班，那么我们可能位于最佳方案左边很远的地方。施蒂格勒说，我们应该增加误机次数以节省效用度。

当然，这种计算必然带有主观性。对所有人而言，在机场多等一个小时造成的损失可能并不相同。（我就特别讨厌机场提供的那些可萨鸡肉卷。）因此，不能指望这个理论准确地告诉我们到达机场的最佳时间，或者误机的合理次数。最终得出的是定性结果，而不是定量结果。我不知道你们理想的误机概率是多少，我只知道这个概率肯定不是零。

在这里要提醒大家的是，实际上，接近于零的概率与真的等于零的概率是很难区分的。对于一位满世界飞的经济学家而言，接受 1% 的误机风险就意味着每年要误机一次。而对于大多数人来说，这么低的风险也许意味着一辈子都不会误机，因此，1% 的风险对于我们来说是比较合适的，总能赶上飞机并不意味着我们做出了错误的选择。同样，我们也不能以施蒂格勒的论断作为理由，认为"如果开车时没有达到汽车允许的最快速度，就意味着开得太慢"。施蒂格勒的意思是，如果汽车没有因为速度过快而报废的风险，则意味着车速太慢。这个观点虽然没有多少意义，但却是正确的。没有任何风险的唯一办法就是不开车。

施蒂格勒式的论断适用于各类问题，以政府的浪费行为为例。每个月，我们都会看到一些报道，要么有一位政府工作人员钻了制度的空子，为自己牟取了高额退休金，要么是某位市政工程的承包商虚报价格却没有受到惩罚，要么是某个政府部门在完成其历史使命之后，由于政府的惰性或者受到强力庇护而没有被撤销，仍然在消耗着财政支出。2013 年 6 月 24 日，《华尔街日报》的"华盛顿社电"博客描述了这种行为的典型表现。

> 社会保障部的检察官在星期一时说，该部门为 1 546 名据核实已经死亡的美国人支付了 3 100 万美元的退休金。
>
> 该检察官说，在政府数据库中有这些人的死亡信息，表明社会保障部应该知道他们已经过世，不应继续为他们发放退休金。该检察官的这番言论有可能使社会保障部陷入更糟糕的境况。

我们为什么听任这类事件持续发生呢？答案很简单：与提前赶到机场一样，杜绝浪费行为也需要付出代价。履行义务与保持警惕都是有意义的行为，但是杜绝所有浪费行为，与把误机概率从非常低降到零一样，其成本超过收益。博客作者（曾经的数学竞赛选手）尼古拉斯·比尤德罗特（Nicholas Beaudrot）认为，3 100 万美元在社会保障部每年发放的补贴款中占 0.004%。换言之，该部门在了解退休金发放对象是否死亡这方面已经做得非常好了。在有了这样优秀的表现之后，再去消除为数不多的错误，成本可能会非常高。因此，我们不应该问"政府为什么要浪费纳税人的钱"，正确的问题是"政府浪费纳税人的钱以多少为宜"。用施蒂格勒的话说："如果我们的政府没有浪费行为，那只能说明他们在反浪费方面花了太多的时间。"

帕斯卡的赌注与无穷多的快乐

帕斯卡是最早清楚地理解期望值概念的人之一。1654 年，赌徒安托万·贡博（Antoine Gombaud）提出的一些问题让帕斯卡百思不得其解，为此他花了半年时间同费马通过书信进行探讨。他希望了解，从长远看哪些赌博游戏在多次参与后可能获利，哪些则可能亏本；用现代术语来阐述就是，哪些赌博游戏的期望值为正，哪些为负。人们普遍认为，帕斯卡与费马之间的信件往来代表了概率论的产生过程。

第 12 章
效用理论、风险与不确定性

1654 年 11 月 23 日夜，帕斯卡产生了一种强烈又神秘的感觉，作为一名虔诚基督教信徒的他，尽最大努力把这种感觉记录下来。

熊熊火焰

亚伯拉罕的神，以撒的神，雅各的神，

他不是哲学家的神，也不是学者们的神……

我一直在远离他，躲避他，拒绝他，诋毁他，

但我再也不能继续远离他了！

我只能用《福音书》里的方法来面对他。

心情愉快地彻底摈弃（尘世），

虔诚地归顺我的指引人，耶稣基督。

尘世一天的劳作，换来的是持久的愉悦。

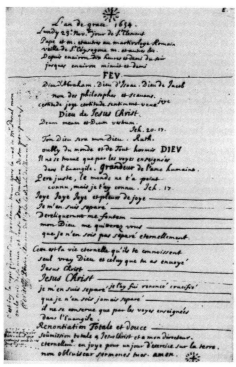

珍藏版羊皮纸手稿

资料来源：Bibliothèque Nationale de France，Paris

帕斯卡把这页手稿缝到自己外套的衬里中，一直到他去世。在经历了"熊熊火焰"之夜后，帕斯卡基本不再从事数学研究，而把全部智慧投入到宗教研究之中。1660 年，他的老朋友费马致信给他，提议面谈，但是帕斯卡回复道：

> 与你开诚布公地讨论几何学，对我来说是最好的学术活动。但是，与此同时，我发现几何学毫无用处，在我看来，几何学家与心灵手巧的工匠几乎没有区别……我现在的研究与几何学思维方式相去甚远，我已经快忘记几何学是什么了。

两年之后，帕斯卡就去世了，年仅 39 岁，他留下了一些准备结集出版、捍卫基督教的笔记与简短随笔。在他去世 8 年之后，这本书才得以出版，就是《思想录》。这部伟大的著作里有大量的警句格言，内容深奥。书中用简短的语句记录了帕斯卡种种灵光一现的想法，还带有编号：

> 199. 我们可以想象有一群人镣铐加身，都被判处了死刑。每天他们之中都有一些人会在其他人的眼前被处死，而那些暂时活着的人则从被处死者身上看到了自己的命运，等着被押上刑场。他们面面相觑，眼睛里充满悲伤，看不到一点儿希望。这就是人类境况的缩影。

> 209. 你被主人宠爱就不再是奴隶了吗？奴隶啊，你确实是交了好运，你的主人宠爱你，但他很快也会鞭打你。

《思想录》中最知名的是第 233 条想法，帕斯卡把它命名为"无限－无物"，但是现在人们普遍叫它"帕斯卡的赌注"（Pascal's wager）。

我们在前面讨论过，帕斯卡认为逻辑推理是无法解答上帝是否存在这个问题的，"'上帝要么存在，要么不存在'。但是，我们到底应该相信哪一种呢？在这个问题上，推理得不出任何答案。"不过，帕斯卡没有就此止步。他指出，信仰问题其实也是一种赌博游戏，它的风险很大，但是人们别无选择，只能参与。至于对赌注的分析，以及对明智与愚蠢做法的区分，帕斯卡的理解比地球上其他人都更加深刻，他毕竟没有完全忘记他的数学研究。

那么，帕斯卡到底是怎么计算信仰上帝的期望值的呢？答案就在他的玄妙发现中：

尘世一天的劳作，换来的是持久的愉悦。

显而易见，帕斯卡是在计算信仰上帝的成本与收益。即使在欣喜若狂地与救世主交流时，帕斯卡也没有忘记数学！

为了计算帕斯卡赌注的期望值，我们仍然需要使用上帝存在的概率。我们暂且假设自己执迷不悟，为上帝存在这个假设仅赋予 5% 的概率。如果我们相信上帝存在，并且我们的信仰是正确的，那么回报将是"持久的愉悦"，用经济学家的话说，就是无穷大的效用度。如果我们相信上帝存在，结果却发现这种信仰是错误的（这是被赋予了 95% 的置信度的结果），我们就得为之付出代价。由于我们不仅要花时间去做礼拜，我们在追求救赎时放弃的那些不道德的乐趣也会构成机会成本，因此，我们付出的代价要超出"一天的劳作"。不过，这种代价仍然有一个固定值，我们假设它为 100 个效用度。

那么，信仰上帝的期望值就是：

$$5\% \times \infty + 95\% \times (-100)$$

虽然 5% 这个数值非常小，但却能带来无穷大的愉悦，因此，无论信仰上帝所需的有限成本多大，在无穷大的愉悦面前都不值一提。

我们已经讨论过，为"上帝存在"这样的想法赋予概率数值是一种风险很大的做法，而且我们也不清楚这样的赋值是否有意义。不过，无论这个概率是 5% 还是其他数值，都不会有任何影响。无穷大的愉悦，其 1% 仍然是无穷大的愉悦，是信仰上帝的有限成本无法比拟的。概率为 0.1% 或者 0.000 001% 时，情况同样如此。更重要的是，上帝存在的概率不是零，这一点我们必须承认吧？如果果真如此，上述期望值的计算就是无可辩驳的，值得我们信任。信仰上帝的期望值不仅为正值，而且是一个无穷大的正值。

但是，帕斯卡的论证存在严重缺陷，其中最大的问题应该是他没有考虑所有可能的假设，也就是我们在第 10 章讨论的"戴帽子的猫"的问题。帕斯卡的假设只有两个：第一，上帝是真实存在的，而且会奖赏那些信仰他的人；第二，上帝不存在。但是，如果有某位神一直在诅咒基督教徒呢？这样的神也是有可能存在的。单凭这个可能性，我们就可以驳斥帕斯卡的论断：如果信仰基督教，我们就有可能得到无穷大的愉悦，但是也有可能遭受无穷大的痛苦，而且我们没有任何公正合理的办法可以计算出出现这两种结果的相对概率。这样，我们就又回到了原点，推理已经无能为力了。

伏尔泰提出了一个不同的反对理由。我们知道，伏尔泰对赌博并不反感，因此，我们以为他有可能会支持帕斯卡的赌注论。而且，伏尔泰崇尚数学，对牛顿的崇拜几乎达到了极致的程度（他曾经把牛顿称作"我愿意为之献出生命的神"），与数学家沙特莱侯爵夫人也有多年浪漫的感情纠葛。但是，作为思想家，帕斯卡与伏尔泰分属不同类别，两人在性情与哲学观方面都存在巨大的差别。活泼开朗的伏尔泰无法容忍帕斯卡郁闷、内省与神秘的个性。伏尔泰为帕斯卡起了个"极端遁世者"的别名，还专门写了一篇很长的随笔，逐条批驳后者悲观厌世的《思想录》。他眼中的帕斯卡，就是一个与聪明人格格不入的书呆子形象。

至于帕斯卡的赌注论，伏尔泰认为"有点儿不合适，也有点儿愚蠢，因为赌博关注的是金钱的得失，与严肃的信仰相互排斥"。更重要的是，伏尔泰认为："出于利益考虑而相信某个事物，并不能证明该事物确实存在。"伏尔泰倾向于不严谨的设计论：看看周围的世界，它是多么神奇，因此，上帝是存在的。证毕！

事实上，帕斯卡的赌注论非常新潮，而伏尔泰并没有抓住重点。与魏茨滕等圣经密码编码者、阿布斯诺特以及同时代支持智慧设计论的人不同，伏尔泰认为帕斯卡根本没有给出上帝存在的证据（帕斯卡的确没有给出这方面的证据），而是提出了一个上帝存在的理由，这个理由是从效用的角度给出的，与合理性无关。从某种意义上讲，伏尔泰认为我们在第9章讨论的内曼及皮尔逊等人的观点是可信的，同这两个人一样，伏尔泰也怀疑我们面前的证据未必能帮助我们准确地判断真伪。不过，我们只能接受这些证据，然后为下一步的行动做出决策。帕斯卡的目标不是让我们相信上帝存在，而是让我们相信信仰上帝会为我们带来好处，因此，我们最好加入基督教，虔诚地遵从教规、教义，经过潜移默化直至我们真的相信上帝存在。我觉得华莱士在《无尽的玩笑》（*Infinite Jest*）中对帕斯卡推理的描述十分精彩，不知道大家能否在现代作品中找到更加精彩的描述？

　　对于那些因为戒酒失败而感到绝望的人，人们会在他们清醒时鼓励他们，而鼓励的方式无外乎让他们求助于他们并不理解或者并不相信的一些口号，诸如"放轻松""放下这个问题吧""一天一天地努力"之类的空话。这些口号就属于"欲求成功，先假想成功"（这句话本身也是人们经常引用的口号）。在承诺仪式上，每个站起来发言的人首先会说自己喜欢喝酒，而且无论他是否真的喜欢，他都会这样说。然后他会说，今天他头脑清醒，对此他心存感激，能够跟大家一起出席承诺仪式，他感到十分高兴。虽然他可能根本没有感激之心，也可能根本不高兴，但他还是会这样说。人们鼓励我们说诸如此类的话，直到我们真的相信这些。如果我们问某个态度严肃、头脑清醒的人，我们什么时候才不需要在这些该死的集会上做这些傻事，他就会换上一张令人讨厌的笑脸，然后告诉我们，如果哪一天我们喜欢上这些该死的集会，我们就不用再做这些傻事了。

圣彼得堡悖论与期望效用理论

　　在就无法明确其经济价值的事物（例如被浪费的时间、不愉快的聚餐等）做出决策时，效用度是一个非常有效的计量工具。其实，在就那些经济价值十分明确的事物（例如美元）做出决策时，我们也需要讨论它们的效用度。

　　概率论在其发展早期就发现了这个道理，同很多重要的观点一样，它也是以难题的形式进入人们的视野。1738 年，丹尼尔·伯努利（Daniel Bernoulli）在论文"对一种风险测量新理论的阐述"（*Exposition on a New Theory of the Measurement of Risk*）中描述了一个著名的难题："彼得正在抛硬币，他会反复做这个动作，直到落地时硬币的正面朝上。如果第一次抛投得到正面，他会给保罗一个达科特（ducat）①；第二次抛投得到正面，给两个达科特；第三次给 4 个；第四次给 8 个。也就是说，抛投的次数每增加一次，彼得给保罗的钱就会翻一番。"

──────────

　　① 达科特是古时在大部分欧洲国家流通的金币。——译者注

　　显然，这种游戏规则对保罗来说非常有吸引力，他应该愿意下赌注。但是，赌注该怎么定呢？根据我们的彩票研究，自然需要计算保罗从彼得处赢钱的期望值。第一次硬币落地时，正面朝上的概率是 1/2，此时，保罗得到一个达科特。如果彼得第一次抛投的结果是反面朝上，第二次是正面朝上，这种情况发生的概率为 1/4，此时保罗得到两个达科特。保罗要赢得 4 个达科特的话，彼得必须前两次抛投的结果都是反面朝上，而第三次抛投的结果是正面朝上，出现这种情况的概率是 1/8。上述过程不断重复并累加，那么保罗赢钱的期望值为：

$$1/2 \times 1 + 1/4 \times 2 + 1/8 \times 4 + 1/16 \times 8 + 1/32 \times 16 + \cdots\cdots$$
$$= 1/2 + 1/2 + 1/2 + 1/2 + \cdots\cdots$$

　　这是一个发散级数，其得数不是一个固定值。加项越多，和越大，而且会不断增加，直至突破有限量的界限。这个结果似乎表明，保罗应该极力争取参与该游戏的权利，无论付出多少达科特都心甘情愿。

　　这看上去很傻，的确如此！不过，在数学推理告诉我们某个结论似乎很傻时，数学家们不会立刻弃之如敝屣，而是寻找数学推理或者直觉出错的地方。这个难题是丹尼尔·伯努利的堂兄尼古拉斯·伯努利在大约 30 年前提出来的，人们称之为"圣彼得堡悖论"（St. Petersburg paradox）。这个悖论难住了当时的多名概率学家，他们一直没有找到一个令人满意的答案。后来，丹尼尔·伯努利成功地解决了这个难题，他给出的答案非常有说服力，具有里程碑意义，它为经济学衡量不确定性的价值奠定了基础。伯努利指出，这个悖论的关键问题在于，认为一个达科特的效用就一定是一个达科特。有钱人手中的一个达科特，跟农民手中的一个达科特，两者的效用并不相同。这个道理是显而易见的，因为这两个人对他们手中金币的关心程度是不同的。而且，2 000 个达科特的效用并不等于1 000 个达科特的 2 倍，而是略少于后者的 2 倍。这是因为，如果某个人已经拥有了 1 000 个达科特，再给他 1 000 个达科特的话，这笔钱给他带来的效用，就比它给身无分文的人带来的效用小。达科特的数量加倍，不能理解为效用加倍。并不是所有的线都是直线，表现金钱与效用之间关系的那条线就不是直线。

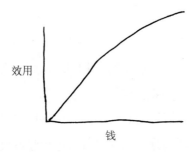

伯努利认为，效用的增长方式与对数相似，因此，第 k 次的奖金为 2^k 个达科特，它的效用是 k 个效用度。别忘了，我们可以大致把对数理解为数字的位数。伯努利的理论认为，有钱人衡量他们手中那一堆美元的价值时，考虑的是"美元"前面那个数字的位数。也就是说，拥有 10 亿美元的人比拥有 1 亿美元的人富裕，拥有 1 亿美元的人比拥有 1 000 万美元的人富裕，两种情况下的效用差是相当的。

根据伯努利的理论，圣彼得堡悖论的期望效用应该为：

$$1/2 \times 1 + 1/4 \times 2 + 1/8 \times 3 + 1/16 \times 4 + \cdots\cdots$$

于是，该悖论就迎刃而解了。这个算式的和不再是无限大，而且数值也不是很大。我们可以利用下述方法，完美地计算其准确得数。

$$\frac{1}{2} + \frac{1}{4} + \frac{1}{8} + \frac{1}{16} + \frac{1}{32} + \cdots\cdots = 1$$

$$\frac{1}{4} + \frac{1}{8} + \frac{1}{16} + \frac{1}{32} + \cdots\cdots = \frac{1}{2}$$

$$\frac{1}{8} + \frac{1}{16} + \frac{1}{32} + \cdots\cdots = \frac{1}{4}$$

$$\frac{1}{16} + \frac{1}{32} + \cdots\cdots = \frac{1}{8}$$

$$\frac{1}{32} + \cdots\cdots = \frac{1}{16}$$

$$\frac{1}{2} + \frac{2}{4} + \frac{3}{8} + \frac{4}{16} + \frac{5}{32} + \cdots\cdots = 2$$

第一行算式 $1/2 + 1/4 + 1/8 + \cdots\cdots$ 的值等于 1，这就是我们在第 2 章讨论过的芝诺悖论算式。第二行算式与第一行相同，只不过每一项都要被 2 除，因此它的得数是第一行的一半，即 1/2。同理，第三行算式中的每一项都是第二行的 1/2，它的得数也必然是第二行的 1/2，即 1/4。以此类推，各行算式得数的和是 1+1/2+1/4+1/8+……，它比芝诺悖论算式的值大 1，即等于 2。

但是，如果我们不是按行求和，而是按列求和，结果会怎么样呢？我在数家中立体声音响面板上的小洞时，无论横着数还是竖着数，都不会改变结果。同样，和就是和，也不会改变。[①] 在第一列中，只有 1/2 这一个数字；第二列有两个 1/4，即 1/4×2；第三列有三个 1/8，即 1/8×3，以此类推。按列求和构成的级数就是伯努利用来解决圣彼得堡悖论时使用的求和算式，得数与倒三角形中各行算式得数的和相同，也等于 2。因此，保罗应该下的赌注，就是两个效用度在他的个人效用曲线上所对应的达科特的个数。

对于效用曲线的形状，我们只知道它会随着钱的数量增加而向下弯曲，除此之外便一无所知。虽然当代经济学家与心理学家不断设计出越来越复杂的实验，但是，仍然无法准确地了解这条曲线的属性。（"现在，可以的话，请把头放在功能性核磁共振成像仪中，找一个舒适的位置。我马上让你看 6 张扑克牌，上面有 6 种方案，请按照吸引力由大到小的顺序排序。然后，不介意的话，请你保持这个姿势，我让我的博士后从你的口中取出唾液样本……好吗？"）

我们知道，对于不同情景中不同的人来说，金钱的效用也是不同的，所以，普适性的效用曲线根本不存在。这个事实非常重要，让我们在准备扩大经济行为的应用范围时做到（或者说应该做到）三思而后行。2008 年，我们在第 1 章提过的对里根政府的经济政策略有溢美之词的哈佛大学经济学家曼昆，在一篇被人们疯狂转载的博客中解释说，如果实行奥巴马提议的增加所得税的政策，就会挫伤他的工作积极性。毕竟，曼昆已经在效用与金钱之间取得了某种平衡，一个小时的薪酬带给他的效用与一个小时无法陪孩子的效用正好相互抵消。如果每个小时的薪酬有所减少，那么对于曼昆而言，这种交换就不值得，因此他会减少工作时间，使自己的收入水平下降，直到他认为陪孩子一个小时的效用与一个小时的

---

① 请注意，根据这种直觉推理求无穷级数的和是非常冒险的做法。在本例中，这个方法是可行的，但是在求更复杂的无穷级数的和时，尤其当各项有正有负时，常常会导致严重的错误。

薪酬再次持平。里根从明星的立场看待经济政策，他认为在税率上调之后，明星们就会减少拍片数量，曼昆的观点与他一致。

但是，并不是所有人都与曼昆持相同的观点。更重要的是，人们心目中的效用曲线并不一样。讽刺作家弗兰·勒博维茨（Fran Lebowitz）讲过一个她年轻时在曼哈顿开出租车的故事。她说，每个月一开始她都会出车，但是一旦挣的钱足够支付房租和饮食开支，她就再也不出车了，这个月剩下的时间都会被她用于写作。对勒博维茨而言，超过某个限度之后，金钱带来的效用就基本为零了。因此，她的效用曲线看上去与曼昆的大不相同。在挣够房租之后，她的效用曲线就变成水平的了。如果所得税上升，对弗兰·勒博维茨会有什么影响呢？她不仅不会减少工作量，反而会延长工作时间，只有这样才能让她的收入足够支付房租和填饱肚子。

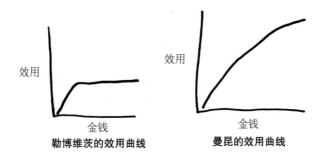

勒博维茨的效用曲线　　　　　**曼昆的效用曲线**

伯努利并不是唯一一个定义效用，并知道效用与金钱之间属于非线性关系的人，在他之前，至少有两位研究人员也取得了同样的成果：一个是日内瓦的加布里埃尔·克莱姆，另一个是与克莱姆通信的那位年轻人，也就是研究投针问题的布封。布封对概率的兴趣并不局限于那些客厅游戏，在晚年时期，他回忆起第一次接触令人头疼的圣彼得堡悖论时说："这个问题困扰我很长时间，我一直没有找出症结所在。我发现，数学计算与普通常识在这个问题上相互冲突，除非我们从道德方面加以考虑。我把这个想法告诉克莱姆先生之后，他说我的想法没错，他还通过一个类似的方法解决了这个问题。"

布封的结论可以映射出伯努利的观点，而且布封对效用曲线的非线性特征的认识尤为深刻。

我们不能单凭金钱的数量估算其效用，因为金钱只是财富的一种符号。如果金钱就是财富，即财富带来的幸福与好处和金钱的数量成正比，那么我们有理由依据金钱的数量来估算其效用。但是，人们从金钱中得到的效用未必与金钱的数量成正比。对于有钱人而言，一笔 10 万埃居的收入带来的愉悦感并不会是 1 万埃居带来的愉悦感的 10 倍。而且，金钱的数量一旦超过某个界限，就几乎丧失了所有效用，不能使人们的愉悦感进一步提升。发现一座金山的人，未必比发现 1 立方英寻①金块的人更幸福。

期望效用理论简单易懂，可以帮助人们从多种选择中挑选出期望效用最高的那一个，因此它具有极强的吸引力。该理论还成功地捕捉到人类决策方法的很多特征，因此，一直以来都是社会学家在定量研究中使用的核心工具之一。1814年，皮尔·西蒙·拉普拉斯（Pierre-Simon Laplace）在他的著作《概率论》（*A Philosophical Essay on Probabilities*）的最后一页指出："我们发现，概率论归结底就是一种普通常识，只不过表现为'微积分'这种形式。在我们做出某些选择或者某个决策时，概率论算无遗策，我们总可以借助它找出最有利的方案。"

这段话再次验证了一个观点：数学就是常识的衍生物。

但是，期望效用理论也不是万能的，它的复杂性再次引出了一个令人头疼的难题。这一次提出这个难题的是丹尼尔·埃尔斯伯格（Daniel Ellsberg），后来，埃尔斯伯格因为向媒体泄露五角大楼文件而为世人所知。（数学界的眼光有时比较狭隘，因此，在提到埃尔斯伯格时，有人说："在他出政治问题之前，他还是做了一些非常重要的工作的。"这样的说法一点儿也不奇怪。）

1961 年，距离他后来暴露于公众视野还有 10 年的时间，埃尔斯伯格是兰德公司一位优秀的年轻分析师，是美国政府的核战争决策顾问，就如何防止或限制核战争等提供咨询意见。同时，他还在哈佛大学攻读经济学博士学位。无论是作为决策顾问还是作为博士研究生，他都需要深入思考人类在面临未知情况时的决策过程。当时，期望效用理论在决策数学领域拥有至高无上的地位。冯·诺依曼与摩根斯特恩在他们合作完成的《博弈论与经济行为》（*The Theory of Games and*

---

① 1 立方英寻≈6.118 立方米。——编者注

Economic Behavior）一书中写道，所有遵从某些规则或公理的人，在做出选择时似乎总希望使效用函数最大化。后来，与亚伯拉罕·瓦尔德同在战时统计研究小组的伦纳德·萨维奇对这个观点加以补充完善，指出这些公理就是在当时不确定条件下的行为标准。

如今，博弈论与期望效用理论仍然在人们及国家之间的谈判活动中发挥着重要作用。不过，这两种理论的重要性在"冷战"高潮期的兰德公司里被发挥到了极致，五角大楼非常重视冯·诺依曼与摩根斯特恩的著作，组织相关人员认真分析书中的内容。当时，兰德公司的研究人员正在研究人类生活中的某种基本活动：选择与竞争。从事博弈论研究的人，都获得了丰厚的奖金。

埃尔斯伯格这位年轻的超级明星特别热衷于打破常规。在以全班第三名的成绩从哈佛大学毕业之后，他加入了海军陆战队，当了三年步兵，这一举动让他的学术界同行大吃一惊。1959 年，埃尔斯伯格作为"哈佛年轻学者"，在波士顿公立图书馆做了一个外交政策战略方面的报告，探讨阿道夫·希特勒（Adolf Hitler）在地缘政治战术方面的效率问题，并提出了一个有名的论断："他是一位值得我们研究的地缘政治战术大师，从他身上我们可以了解到借助暴力手段希望实现以及能够实现的目标。"（埃尔斯伯格一直强调，他并不推荐美国采用希特勒式的外交战略，而只想心平气和地研究这些战略的有效性。他的话也许是真的，但是我相信人们听后肯定会非常愤怒。）

因此，埃尔斯伯格不满足于只接受主流观点。事实上，从写作本科毕业论文开始，他就一直在挑博弈论基础理论的错误。他在兰德公司设计的一个实验非常有名，现在人们称其为"埃尔斯伯格悖论"（Ellsberg's Paradox）。

假设一只瓮中装有 90 个小球，其中有 30 个红球，至于其他小球，我们只知道它们有的是黑色的，有的是黄色的。埃尔斯伯格规定了下列 4 种下注方式：

> **红球**：如果从瓮中拿出的小球是红色的，我们会得到 100 美元；否则，什么也得不到。
>
> **黑球**：如果从瓮中拿出的小球是黑色的，我们会得到 100 美元；否则，什么也得不到。

非红球：如果从瓮中拿出的小球是黑色或者黄色的，我们会得到 100 美元，否则，什么也得不到。

非黑球：如果从瓮中拿出的小球是红色或者黄色的，我们会得到 100 美元，否则，什么也得不到。

在红球与黑球中，我们应该选择哪一种呢？非红球与非黑球相比，选择哪一种更有利呢？

埃尔斯伯格让实验对象做出选择，询问他们倾向于哪一种下注方案。结果，他发现实验对象大多选择红球，而不是黑球。对于红球，我们知道会有 1/3 的概率得到 100 美元；而对于黑球，我们不知道它的期望值是多少。对于非红球与非黑球，埃尔斯伯格发现实验对象更倾向于选择非红球，因为有 2/3 的概率赢钱。

现在，假设我们面临更复杂的选择：必须选择两个下注方案，而且不是任意选择，只能选择"红球与非红球"或者"黑球与非黑球"。既然我们觉得红球的胜算大于黑球，非红球的胜算大于非黑球，那么我们认为"红球与非红球"的选择优于"黑球与非黑球"，似乎是有道理的。

但是，问题出现了。选择"红球与非红球"意味着我们肯定能得到 100 美元，选择"黑球与非黑球"也是如此！如果两者毫无区别，为什么我们会觉得一个优于另一个呢？

对于支持期望效用理论的人而言，埃尔斯伯格的实验结果似乎非常奇怪。每种下注方案都肯定有一定数量的效用度，如果红球的效用大于黑球，非红球的效用大于非黑球，那么"红球与非红球"的效用肯定大于"黑球与非黑球"，但实际上两者是相等的。如果我们选择相信期望效用理论，那么我们必然会认为参与埃尔斯伯格实验的那些人在选择上出错了。他们要么不善于计算，要么因为注意力不集中而没有听清问题，要么是疯子。由于埃尔斯伯格询问的实验对象都是知名的经济学家与决策论研究人员，因此这个结果就演变成了现在摆在人们面前的这个难题。

埃尔斯伯格认为，这个悖论的答案非常简单：期望效用理论是不正确的。后来，唐纳德·拉姆斯菲尔德说，有的未知信息是已知的，有的未知信息是未知的，应该用不同的方法去处理它们。红球属于"已知的未知信息"（known unknown），因为我们并不知道会拿到哪种颜色的球，但是当我们希望拿到这种颜色的球时，我们可以定量分析成功的概率。而黑球则不同，对于玩家来说它属于"未知的未知信息"（unknown unknown），因为我们不仅不确定可以拿到黑球，而且根本无法计算出拿到黑球的概率。在决策理论文献中，前者被称为"风险"（risk），后者则被称作"不确定性"（uncertainty）。风险可以进行定量分析，但是对于不确定性，埃尔斯伯格认为无法使用形式主义的数学分析方法，至少不可以使用兰德公司青睐的那种数学分析方法。

效用理论具有令人难以置信的效用，它可以处理这两种未知信息。在很多情境中，例如彩票游戏，我们面对的疑团是各种风险，其发生概率非常明确；但是在更多情况下，展现在我们眼前的却是"未知的未知信息"，不过这类未知信息的作用并不是很大。我们可以看到，在数学方法特有的推动作用下，关于这类信息的研究正在向科学领域靠拢。伯努利与冯·诺依曼等数学家构建了形式主义，为探究这些到目前为止人们缺乏了解的领域指明方向。像埃尔斯伯格这样数学思维敏捷的科学家则刻苦钻研，以期了解其中的局限性，在可能的时候提出完善与改进的措施；如果无法改进，他们就会发出措辞严厉的警告。

埃尔斯伯格的论文不像技术性很强的经济学论文，其文风生动活泼。在结尾段落，他评价了他的实验对象："依据贝叶斯推理或者萨维奇公理做出的预测是错误的，根据这些预测做出的选择也是不正确的。他们蓄意违背公理，毫无歉意，而且他们似乎认为这是明智的行为。显然，他们错了，难道不是吗？"

"冷战"时期，决策论与博弈论在华盛顿与兰德公司备受推崇。当时人们认为，既然原子弹在上一次世界大战中帮助我们取得了胜利，决策论与博弈论这两个科研工具也会帮助我们打赢下一次世界大战。这两个工具在应用方面可能的确存在某种局限性，尤其当无先例可循而无法估算概率（比如人类遭受核打击瞬间化为放射性灰尘的概率）时更是如此，这个特点至少在埃尔斯伯格看来会有点儿麻烦。是不是数学上的分歧导致埃尔斯伯格对军事机构心存疑虑呢？

第 13 章　祝你下一张彩票中大奖!

效用这个概念有助于我们了解 "Cash WinFall" 彩票游戏的令人疑惑之处。杰拉德·塞尔比博彩团队购买大量彩票的方法是, 利用电脑上的 "快速选号器" (Quic Pic), 随机选取彩票号码。而哈维的 "随机策略" 团队则是自己动手选号, 这就意味着他们需要手工填写几十万张彩票, 然后逐一输入便利店的计算机中。后者的工作量很大, 而且极其枯燥乏味。

中奖号码完全是随机产生的, 因此每张彩票的中奖概率是相同的。总体来讲, 塞尔比利用快速选号器选出的 10 万组彩票号码, 与哈维及卢玉然自己手动选号产生的 10 万组号码, 为各自团队赢得的奖金应该一样多。从效用的角度来看, "随机策略" 团队的大量艰辛工作并没有得到额外的回报, 这是为什么呢?

我们考虑一个与其性质相同但更简单的例子。给你 5 万美元, 或者让你各有 50% 的机会输掉 10 万美元和赢得 20 万美元, 我们会选择哪一种方案呢? 第二种方案的期望值为:

$$1/2 \times (-100\,000) + 1/2 \times 200\,000 = 50\,000 \text{ 美元}$$

结果与第一种方案相同, 因此我们可以认为这两种方案没有多大区别。如果多次选择第二种方案，那么几乎可以肯定，你赢得 20 万美元与输掉 10 万美元的次数会各占一半。假设输赢交替出现，那么两次之后，你会赢 20 万美元、输 10 万美元，净赚 10 万美元；4 次之后净赚 20 万美元；6 次之后净赚 30 万美元，以此类推。平均每次的利润是 5 万美元，这与第一种方案的结果一模一样。

现在，假设你不是经济学教科书应用题中的人物，而是一个手头没有 10 万美元的真实的人。那么，在第一次赌输之后，赌注登记人（假设这个赌注登记人是一个身材魁梧、脾气暴躁、力大无比的光头佬）找你要钱时，你可不可以告诉他："请稍等，根据期望值计算结果，我继续玩下去就很可能有钱给你了？"尽管从数学角度讲确实如此，但在现实生活中这显然是行不通的。

如果你是一个真实世界中的人，你应该选择第一种方案。

上述推理过程可以依据期望效用理论清楚地表现出来。如果我有一家资金无穷多的公司，损失 10 万美元可能没什么大不了的（假设它的价值为 -100 个效用度），而赢得 20 万美元会给我带来 200 个效用度。在这种情况下，美元与效用度之间呈现出完美的线性关系，1 个效用度就代表 1 000 美元。

但是，如果我是一个积蓄不多的人，计算方式就会截然不同。赢取 20 万美元对公司来说意义不大，但却会改变我的生活，因此，它对我的价值更大，比如，它值 400 个效用度。但是，因为输掉 10 万美元不会让我的银行账户见底，于是我吞下了脾气暴躁的光头佬抛出的诱饵，结果输掉了赌注。这不仅很糟糕，还可能会对我造成严重的伤害。我们可以给这个结果赋予 -1 000 个效用度，此时，第二种方案的期望效用为：

$$1/2 \times (-1\,000) + 1/2 \times 400 = -300$$

期望效用为负值，意味着我不仅没有拿到唾手可得的 5 万美元，而且还要承受更糟糕的结果。50% 的一败涂地的后果是我们根本无法承受的，如果没有赢大钱的希望，我们是不会选择第二种方案的。

以上，我们运用数学方法证明了一个我们已知的法则：钱越多，你所能承受的风险也越大。第二种方案就像冒险的股票投资一样，收益的期望值为正值。如果你多次进行此类投资，可能某几次会输钱，但是从长远看，你将会成为赢家。有钱人有足够的资金储备，可以承受偶尔失利造成的损失，并且通过继续投资，最终变得更有钱。

即使资产不足以承受损失，冒险的投资行为也并非完全不可为，前提条件是你得有备用计划。如果某个市场行为有 99% 的概率赚 100 万美元，有 1% 的概率赔 5 000 万美元，那么你是否会采取行动呢？这个市场行为的期望值为正值，似乎是一个很好的投资策略。但是，一想到有遭受巨额损失的风险，而且小概率事件特别难以把握，你也有可能会畏缩不前。专业人士把这种行为称作"火中取栗"，在大多数情况下，可能会小赚一笔，但是稍有疏忽就会倾家荡产。

你到底应该怎么做呢？一种战略是拆借大笔资金，确保金融资产达到所冒风险的 100 倍。这样，你很有可能赚取 1 亿美元。（太棒了！）如果惹祸上身，亏损 50 亿美元，那怎么办呢？千万不要出现这个结果，因为我们生活在牵一发而动全身的世界，全球经济就像由锈蚀的钉子与腐烂的绳子搭建而成的摇摇欲坠的巨型树屋，一个部位出现大面积坍塌，整个树屋就很可能会轰然倒塌。因此，美国联邦储备委员会做了精心部署，以防此类情况发生。老话说得好："如果你欠了 100 万美元，那是你自己的问题；但是，如果你欠了 50 亿美元，那就是政府的问题了。"

这个金融战略极具讽刺意味，但却十分有效。根据罗杰·罗文斯坦（Roger Lowenstein）在其著作《营救华尔街》（*When Genius Failed*）中的翔实记载，20 世纪 90 年代，这个战略为长期资本管理公司做出了贡献。此外，在 2008 年金融危机中，一些公司也依靠这个战略存活下来，甚至实现了赢利。从目前看，局面不会发生重大变化，因此，这个战略仍然会继续起作用。[①]

人与金融公司不同。大多数人，即使是有钱人，也不喜欢采取不确定性的行为。有钱的投资人可能会心情愉快地选择期望效用为 5 万美元、有 50% 的概率获利的第二种方案，但是他们可能更愿意选择第一种方案，直接拿走那 5 万美元。与之相关的专业术语叫作"方差"（variance），表示某个决策结果的分布范围以及出现极端结果的可能性。如果两个方案的期望经济价值相同，那么大多数

---

① 当然，我们有充分的理由认为，银行界肯定有人知道他们的投资很可能会失败，而且肯定有人在这个方面撒谎了。问题的关键在于，即使银行家都非常正直，在巨大的诱惑面前，他们也有可能采取非常愚蠢的冒险行为，最终的损失却由公众来承担。

人，特别是流动资产有限的人，会倾向于选择方差较小的方案。因此，尽管从长远看，股票的回报率更高，但有的人却选择投资收益稳定的市政公债。投资股票的方差比较大，有可能获利更多，但也有可能损失更多。

无论你是否承认，如何处理方差问题都是理财的一大难点。正是因为考虑到方差问题，你才会通过共同基金进行多元化投资。如果把所有的钱都投到石油与天然气股票上，一旦能源领域遭受大的冲击，所有资金就会付诸东流。但是，如果在天然气与技术股票中各投一半的钱，一类股票与另一类股票不可能同时发生数额较大的买进卖出交易，这种投资组合的方差就比较小。你希望把鸡蛋放到尽可能多的篮子中，所以，你把积蓄委托给大型指数化证券投资基金，因为它们的投资无处不在。波顿·马尔基尔的《漫步华尔街》（*A Random Walk down Wall Street*），就很青睐这种投资策略，它的业绩一般，但却非常稳健。如果拿退休基金狂赌一把，会有什么结果呢？

股票的价值会增长，至少从长远看是这样的。换言之，投资股票市场的收益期望值是正值。对于收益期望值为负值的赌博行为而言，微积分计算的结果往往会令人抓狂。人们对肯定亏损的行为的憎恶程度，不亚于他们对肯定赢利的行为的渴望程度。在后一种情况中，你会青睐大方差，而不会追求小方差。所以在轮盘赌游戏中，人们不会气定神闲地走上前，然后在每个号码上押下一枚筹码。要送钱给庄家的话，无须采取这种复杂的行为。

那么，这些跟"Cash WinFall"彩票有什么关系呢？我们在前面说过，无论我们选择哪些号码，10万张彩票价值的期望值都不会改变。但是，方差的情况就不同了。假设我决定大幅增加赌注，但是采用不同的方式——购买10万张号码组合相同的彩票。

如果这组号码在开奖时与大奖号码有4个数字相同，我就非常幸运地成为10万张"6中4"彩票的持有人，我会把140万美元的奖金悉数收入囊中，利润率为非常可观的600%。但是，如果这组号码没有中奖，我花费20万美元买的彩票就成了一堆废纸。这是大方差的赌法，遭遇大额损失的概率很大，获利的概率很小，但是一旦获利，就可以大赚一笔。

因此，"别把所有的钱都押在同一组号码上"这条建议非常好，分散下注的效果要好得多。塞尔比团队用快速选号器随机选取号码，也是这个道理吗?

两者并不完全相同。首先，尽管塞尔比没有把所有钱都押在同一组号码上，但是他经常一号多投。乍一看，这种做法似乎非常奇怪。在最活跃的时候，每次开奖前他会购买 30 万张彩票，让计算机在接近 1 000 万组号码中随机选取。既然他购买的号码组合在总数中仅占 3%，为什么他还要一号多投呢?

有这样一个老掉牙的打赌方法：让出席派对的宾客们赌房间中是否有两个人的生日在同一天。派对的规模不能太小，比如说 30 个人。30 个生日在 365 个可选日期中所占的比例并不是很大，因此我们可能会认为其中有两个人生日正好在同一天的可能性非常小。但是我们需要考虑的相关量并不是人数，而是人们可以组成多少个两人组合。不难算出，30 个人可以组成 435 个不同的两人组合，每个组合中的两个人生日在同一天的概率是 1/365，因此，在这个规模的派对上，很有可能有两个人的生日在同一天，这样的两人组合甚至会有两组。事实上，在 30 个人中，有两个人的生日在同一天的概率超过 70%，这已经非常高了。如果从 1 000 万组备选号码中随机选取 30 万组号码，同一组号码被购买两次的概率非常接近于 1。如果要求我准确地说出这个概率，我宁愿说"这是一种必然"，也不愿意去数 "99.9%" 的小数点后面到底有多少个 9。

而且，不同的地方不仅仅在于号码重复。我们采用一如既往的做法，让数字变得很小，以便更直观地了解其中的区别。假设抽奖时仅有 7 个球，彩票中心从中选取 3 个构成头奖号码组合。这样，我们一共有 35 种可能的头奖号码组合，对应从集合 "1、2、3、4、5、6、7" 中选择 3 个数字的 35 种方法。我们把这 35 个号码按照数字顺序排列如下：

123 124 125 126 127

134 135 136 137

145 146 147

156 157

167

234 235 236 237

245 246 247

256 257

267

345 346 347

356 357

367

456 457

467

567

假设杰拉德·塞尔比来到便利店，利用快速选号器随机购买了 7 张彩票，那么他中大奖的概率会非常小。但是，在这种彩票游戏中，只要押中 3 个数字中的两个，也能中奖。

猜中 3 个数字中的两个是很容易的。每次都说"猜中 3 个数字中的两个"非常麻烦，因此我们把这种情况简称为"二等奖"。例如，如果大奖号码是 1、4、7，含有一个 1、一个 4 以及 7 以外的其他数字的 4 张彩票就都中了二等奖。除了这 4 张彩票以外，还有 4 张彩票猜中了 1、7，以及 4 张彩票中了 4、7。因此，在全部 35 张彩票中，有 12 张中了二等奖，中奖概率超过 1/3。这说明杰拉德·塞尔比购买的 7 张彩票中可能至少有两张中了二等奖。我们可以准确地计算出塞尔比的中奖情况：

没中二等奖的概率是 5.3%；

只有一张彩票中二等奖的概率是 19.3%；

有两张彩票中二等奖的概率是 30.3%；

有 3 张彩票中二等奖的概率是 26.3%；

有 4 张彩票中二等奖的概率是 13.7%；

有 5 张彩票中二等奖的概率是 4.3%；

有 6 张彩票中二等奖的概率是 0.7%；

所有 7 张彩票全部中二等奖的概率是 0.1%。

因此，中二等奖的彩票数量的期望值为：

$$5.3\% \times 0+19.3\% \times 1+30.3\% \times 2+26.3\% \times 3+13.7\% \times 4+4.3\% \times 5+$$

$$0.7\% \times 6+0.1\% \times 7=2.4$$

詹姆斯·哈维在购买彩票时没有使用快速选号器，而是手动选择了 7 张彩票。这 7 个号码组合为：

124

135

167

257

347

236

456

如果大奖号码为 1、3、7，哈维就中了 3 个二等奖：135、167 和 347。如果大奖号码是 3、5、6 呢？哈维还是中了 3 个二等奖：135、236 和 456。以此类推，我们很快就会发现他选的这些号码组合有一个非常值得关注的特性：他要么中了大奖，要么正好中了 3 个二等奖。7 张彩票中有一张中大奖的概率是 1/5，即 20%。因此，他的中奖情况为：

没中二等奖的概率为 20%；

有 3 张彩票中二等奖的概率为 80%。

哈维中二等奖的彩票数量期望值为：

$$20\% \times 0+80\% \times 3=2.4$$

结果与塞尔比的相同，这是必然的，但是其方差却比塞尔比的小得多。由于哈维对自己能中二等奖的彩票数量比较确定，因此他的投资组合对潜在合伙人的吸引力非常大。特别需要注意的是，如果哈维没有中 3 个二等奖，他就会中大奖。这说明哈维的策略可以保证他的彩票中奖金额比较可观，而这是塞尔比等使用快速选号器的玩家做不到的。自己选号可以在保证中奖概率的同时规避风险，但其前提条件是选对号码。

怎样才能选对号码呢？这可是一个价值连城的问题啊！（至少这一次是真的。）

你可以尝试用计算机来完成这项工作。哈维和他的合伙人都是麻省理工学院的学生，他们不费力气就能写出几十个代码行。为什么不编写一个程序，把"Cash WinFall"彩票的所有号码组合都筛选一遍，找出方差最小的选号策略呢？

这样的程序肯定不难编写，但问题是，在编写的程序处理完这些数据的冰山一角之前，宇宙中的所有物质与能量可能早已进入热寂状态了。从现代计算机的性能来看，30 万并不是一个非常大的数字，但是，计划编写的程序处理的对象不是30 万组彩票号码，而是从 1 000 万组"Cash WinFall"彩票号码中选取 30 万组可能构成的集合。那么，一共有多少种可能的集合呢？这个数字大于 30 万，大于现存于世或者曾经存在的次原子微粒的数量，而且大得多，是我们闻所未闻的数字。

摆在我们面前的是在计算机科学中被称作"组合爆炸"（the combinatorial explosion）的可怕现象。如果你希望在美国 50 个州中为自己的公司选择最有利的驻地，这个目的不难实现，你只需要比较这 50 个州就可以了。但是，如果你希望找出穿行这 50 个州而且效率最高的路线，也就是所谓的"旅行商问题"（traveling salesman problem），就会发生组合爆炸，你所面临的困难将完全不在之前的数量级上，可供选择的路线一共有 30 千那由他（vigintillion）[①]条。

这下，组合爆炸真的发生了！

因此，我们必须另辟蹊径，找到可以减小方差的选号方法。如果我告诉大家，人们借助平面几何知识解决了这个难题，你们相信吗？

平行线也可以相交

平行线永不相交，这是平行线的基本特征。

但是，平行线有时似乎也会相交。想象一条铁道在一览无余的平地上向前延

---

① 1 千那由他 $=10^{63}$。——编者注

伸，你的视线也跟着向前移动，这时你会发现，随着距离地平线越来越近，那两根铁轨似乎逐渐融为一体（如果希望在头脑中形成一幅生动逼真的画面，我们可以一边听着乡村音乐一边想象，这样效果会更好），这就是"透视现象"（phenomenon of perspective）。我们的视野是二维的，如果我们希望在这个二维视野中描绘三维世界，那么有些东西必然会丢失。

最早发现这个现象的人是画家，他们不仅需要了解事物真实的形态及其在人们眼中的形态，还需要了解两者之间的不同之处。在意大利文艺复兴初期，画家知道了透视这个概念，视觉表现方式从此发生改变，欧洲的画作再也不像孩子们在冰箱门上的涂鸦之作，人们看一眼就知道他们画的是什么。

艺术史学家就菲利波·布鲁内莱斯基（Filippo Brunelleschi）等佛罗伦萨的艺术家到底是如何形成透视这种现代绘画理论的问题，进行过上百次争论。本书对这个问题就不再赘述了，我们现在可以确定的是，这个突破性进展使人们将数学与光学方面的新认识应用到对美的追求上。比如，人们意识到影像是光线照在物体上反射后进入人眼形成的。这一认知在现代人看来非常浅显，但当时的人却不是很清楚。以柏拉图为代表的众多古代科学家认为，视觉与发源于眼球的某种火焰有关，这个观点至少可以追溯至可罗顿的阿尔克迈翁（Alcmaeon），阿尔克迈翁是我们在第 2 章里讨论过的怪异的毕达哥拉斯的信徒之一。他认为眼睛肯定能发光，否则"光幻视"（phosphene）的光源是什么？所谓光幻视，就是闭上眼睛，然后用手挤压眼球，就能看到有金星闪现。详细地提出反射光视觉理论的人，是 11 世纪的开罗数学家海塞姆（Haytham）。海塞姆的光学著作《光学书》（*Kitab al-Manazir*）被翻译成拉丁语，并且很快就被希望更系统地了解视觉与所见物体之间关系的哲学家及艺术家奉为圭臬。该书的主要观点是，画布上的 P 代表三维空间中的直线。根据欧几里得的几何学原理，我们知道经过两个定点的直线只有一条。因此，P 与眼睛之间可以形成一条直线，这条直线上的所有点在画中的位置就是 P。

现在，假设你是布鲁内莱斯基，正站在开阔的大草原上，在眼前的画布上画那条铁道。铁道有两条铁轨，我们分别称之为 R_1 和 R_2，每条铁轨呈现在画布上就是一条直线。画布上的点与空间中的直线相对应，同样，画布上的直线对应一个平面。与 R_1 相对应的平面 P_1 是由铁轨 R_1 上所有点与眼睛的连线构成的。同样，与R_2相对应的平面P_2是眼睛与R_2上各点的连线构成的。这两个平面与画布分别相交于一条直线，我们把这两条直线分别叫作L_1和L_2。

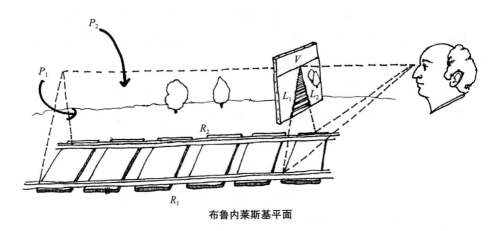

布鲁内莱斯基平面

两条铁轨相互平行，但那两个平面并不是平行平面，这是为什么呢？因为这两个平面在你的眼中相交，而平行平面是永远不会相交的。但是，不平行的平面必然相交，它们的交线是一条直线。在本例中，交线是一条水平线，从眼睛开始，沿着与铁轨平行的方向延伸。由于这条交线是水平的，因此不会与大草原相交，而是向着地平线延伸，但是永远不会与地面接触。好了，好戏就要上演了。这条交线与画布相交，交点为V。由于V位于平面P_1上，因此必然位于P_1与画布的交线L_1上。由于V也位于P_2上，因此必然位于L_2上。换言之，V就是画作中铁轨在画布上的交点。事实上，大草原上所有与铁轨平行的直路在画布上看起来都像经过V的直线。V就是所谓的"消失点"（vanishing point），即与铁道平行的所有直线在画作中必然经过的点。每一对平行轨道都能在画布上形成某个消失点，消失点的位置取决于平行线的延伸方向。（唯一例外的是平行于画布的各对直线，例如铁轨之间的枕木，它们在画作中看上去仍然是相互平行的。）

布鲁内莱斯基在上述分析中完成的概念转换是射影几何学的核心内容。看到风景画中的点，我们就会想到通过我们眼睛的直线。乍一看，似乎仅仅是语义上的区别；地面上的各点可以而且只能形成一条通过该点与我们眼睛的直线，因此，我们想到的是点或者直线，会有什么不同呢？两者的区别就在于，通过我们眼睛的直线比地面上的点多,因为水平直线并不与地面相交。这些水平直线对应画布上的消失点,也就是铁轨相交的位置。你可能会把这样的直线看成沿铁道延伸方向的地面上一个无穷远的点,数学家把这样的点叫作"无穷远点"(point at infinity)。如果你把欧几里得几何学中的平面复制到无穷远点,就会得到"射影平面"(projective plane),参见下图。

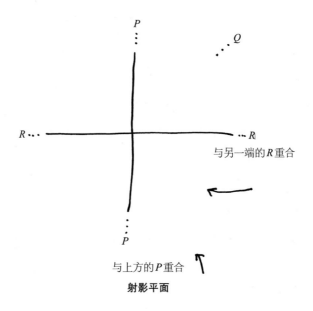

射影平面

大多数射影平面看上去与你熟悉的规整、平坦的平面非常相似,但是,射影平面上有很多无穷远点。每个无穷远点都代表平面中直线延伸的一个方向,上图中,P对应垂直方向,你应该把它看成沿纵轴向上无限延伸,同时还沿着该纵轴向下无限延伸。在射影平面中,纵轴的两端在无穷远点重合,因此,它表现为圆,而不是直线。同样,Q是位于东北方向(同时也位于西南方向)上的无穷远点,R是位于横轴末端的点,或者说是横轴两端的端点。如果向右移动无穷远的距离,到达R之后继续移动,此时你会发现你仍然在向右移动,但却是从画的左边向中心位置靠近。

从一个方向离开,却从相反方向回来,温斯顿·丘吉尔(Winston Churchill)年轻时曾对这个奇特的现象备感着迷,他回忆自己毕生在数学方面的唯一一次顿悟时说：

> 有一次，我突然对数学有了感觉，以前无法理解的难题在我面前迎刃而解。我看到一个数字在经过无穷点之后，符合由正号变成负号。我当时的感觉，就像人们看到金星凌日现象，甚至是伦敦市长就任时的游行盛况那样激动不已。我彻底明白了其中的道理，知道这种改变必然发生的原因。就跟从政一样，各个步骤之间存在某种必然的联系。不过，当时我已经吃过晚饭了，所以没有做进一步的研究。

事实上，R不仅是横轴的端点，还是所有水平直线的终点。如果两条不同的直线都是水平的，那么它们相互平行。但是，在射影几何学中，它们却会在无穷远点处相交。很多人认为《无尽的玩笑》一书的结尾非常突兀，因此，1996 年，有人在采访华莱士时问他，他是不是因为"在写这本书时感到厌烦了"，所以不想写结尾？华莱士有点儿不耐烦地说："我认为这本书是有结尾的。平行线都有可能趋于相交，因此，读者可以在正常框架之外设计一个'结尾'。如果你想不到这种趋于相交的现象，也不会设计结尾，那么对你来说，这本书就是一部失败的作品。"

射影平面有用绘图方式难以表现的缺陷，但是也有让人们更乐于接受几何学原理的优点。在欧几里得几何学的平面中，两个不同的点可以确定唯一的直线，两条不同的直线可以产生唯一的交点，但是这两条直线不能是平行线，否则它们不会相交。在数学上，我们愿意接受各种规则，不喜欢例外情况。在射影平面上，我们可以认为两条直线相交于一点，而不需要考虑任何例外情况，因为平行线也会相交。例如，任意两条垂直线都会相交于P，而任意两条从东北向西南方向延伸的直线都会相交于Q。两个点确定一条直线，两条直线确定一个相交点，无须任何附加条件。经典平面几何学不可能有这样完美的对称性，也不可能这样简练。在人们尝试解决利用画布描绘三维世界这个实际问题的过程中，射影几何学应运而生，这并不是一种巧合。历史反复证明，数学的简洁与实际效用紧密相关。有时，科学家发现了某个理论，就把它交给数学家，让后者研究这个理论为什么如此简洁；还有些时候，数学家建立了某个简洁的理论，然后交由科学家研究该理论的实际价值。

　　射影平面的一个好处是促生了具象绘画，还有一个好处是选对彩票号码。

射影几何学与彩票中奖

　　射影几何学有两个公理：

> **公理 1**：经过两点有且只有一条直线。
> **公理 2**：两条直线有且只有一个交点。

　　数学家发现一种射影平面可以满足上述两个公理之后，自然会想是不是还有更多的射影平面也满足这两个公理。研究发现，这样的射影平面非常多，而且大小不一。最小的射影平面是以其创建者法诺（Gino Fano）的名字命名的，叫作"法诺平面"（Fano plane）。法诺是 19 世纪末期最先对有限维射影几何学认真展开研究的数学家之一，法诺平面的大致情形如下图所示。

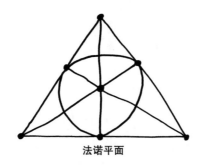

法诺平面

　　这个射影平面真的非常小，只包含 7 个点。其中的"直线"，即图中的线条，也非常短小，每条只包含 3 个点。一共有 7 条这样的直线，其中 6 条看起来像直线，另外一条则与圆相似。尽管这个射影平面形状奇特，但它与布鲁内莱斯基平面一样，满足公理 1 和公理 2。

　　值得赞赏的是，法诺使用了现代研究经常使用的方法，用哈代的话说就是"下定义的习惯"，从而避免了"射影平面到底是什么"这个无法回答的问题，代之以"哪些现象具有射影平面的特点"。法诺的原话是这样的：

作为研究的基础，我们假设有任意数量、任意属性的实体，我们简称其为"点"，但是这个名称与它们的属性无关。

对于法诺及其信徒而言，直线"看起来像"直线、圆、野鸭还是其他任何东西并不重要，重要的是这些直线遵从欧几里得及其后来者关于直线的定义。只要它的特性与射影平面相似，我们就认为它是射影平面。有人认为，这种行为会把数学与现实割裂开来，应当予以抵制。但是，这种观点过于保守了。研究发现，我们运用几何学方法思考那些看起来不像欧几里得空间的物体，甚至理直气壮地把它们称作"几何体"，这种大胆的做法，在我们理解相对时空几何学时，发挥了非常重要的作用。时至今日，我们在展望互联网前景时还会使用广义的几何学理论。几何学理论的变化更大，如果欧几里得重生，估计他也无法辨认，这就是数学了不起的地方。我们所定义的一系列概念，如果是正确的，即使它们被用到远远超出当初构建情境的更大范围中，也不会有问题。

我们再次以法诺平面为例，只不过把平面中的点用 1 至 7 这 7 个数字一一加以标记。

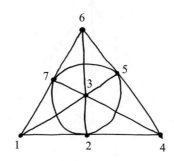

是不是感觉很熟悉呢？如果我们用其中的 3 个点代表这些直线，并把全部 7 条直线列出来，就会得到：

124

135

167

257

347

236

456

它们正好是我们在上文中看到的 7 个数字构成的彩票号码组合，也就是可以保证至少获得最低奖金的号码组合。这似乎充满了神秘感，以至于我们会不由自主地想：什么样的人才能想出如此完美的彩票号码组合呢？

但是现在，我打开了盒子，让大家看到了其中的奥秘：一个非常简单的几何体。每对数字都会出现在一张彩票上，因为每对点只能出现在一条直线上。它还是欧几里得几何学，虽然我们所说的点与直线已经面目全非，可能连欧几里得本人也辨认不出来。

信号与噪声

法诺平面可以教我们怎么买特兰西瓦尼亚彩票才会稳赚不赔，那么马萨诸塞州的"Cash WinFall"彩票该怎么买呢？包含多于 7 个点的有限维射影平面非常多，但可惜的是，它们都不能精准地满足"Cash WinFall"彩票的所有要求。因此，我们需要找到更具一般性的射影平面。结果，不是文艺复兴时期的绘画或者欧几里得几何学，而是信息论出人意料地给出了答案。

假设我希望给一颗卫星发出一条重要的信息，例如"打开右推进器"。卫星不会讲英语，因此，我实际上发出的是 0 与 1 构成的序列，计算机科学家把 0、1 称作"比特"（bit）。

1110101……

上面这条信息似乎干净利落，没有歧义。但是在现实生活中，通信渠道却充满了各种噪声。卫星在接收到你发送的信息时，可能同时会接收到宇宙射线，导致信息中的一个比特被篡改了，于是卫星收到的信息变成：

1010101……

这条信息看上去似乎变化不大，但是，如果它把"右推进器"篡改成了"左推进器"，这颗卫星就可能陷入大麻烦。

卫星造价昂贵，因此，我们肯定希望避免此类情况发生。在吵闹的派对上与朋友交谈时，为了不让嘈杂声淹没我们的声音，我们可能会不断重复自己的话，直到朋友听清楚为止。这个方法对卫星同样有效，在发前面那条信息时，我们可以把每个比特重复一遍，用 00 代替 0，用 11 代替 1：

11 11 11 00 11 00 11……

此时，如果宇宙射线篡改了其中的第二个比特，卫星就会收到：

10 11 11 00 11 00 11……

卫星知道每个信息片段要么是 00 要么 11，而"10"是一个危险信号，表明信息传输出了问题。但是，到底是哪里出错了呢？卫星很难回答这个问题，它不知道噪声到底篡改了信号的哪个部分，也不知道原始信息的开头部分是 00 还是 11。

这个问题不难解决，我们只需要将所有比特发三遍即可：

111 111 111 000 111 000 111……

被篡改之后的信息变成：

101 111 111 000 111 000 111……

这条信息不会对卫星造成任何损坏，因为卫星知道第一个片段中的三个比特应该是 000 或者 111，而 101 意味着信息传输有问题。如果原始信息是 000，宇宙射线必须篡改两个比特才会得到 101 这个结果。宇宙射线篡改信息的发生概率极低，一下篡改两个比特的可能性非常小。所以，卫星有足够的把握来处理这个问题：如果这三个比特中有两个是 1，那么原始信息很有可能是 111。

上文介绍的是"错误校正码"（error-correcting code）的一个范例。错误校正码是一种通信协议，可以帮助接收方消除信号中噪声所导致的错误。信息论的几乎所有概念都来自克劳德·香农（Claude Shannon）于 1948 年发表的里程碑性质的论文——"通信的数学原理"（*A Mathematical Theory of Communication*）。

"通信的数学原理"这个题目是不是有炒作的嫌疑啊？难道通信这种人类的基本活动也可以变成冷冰冰的数字与公式吗？

在这里，我要温馨提示或者强烈建议大家：只要有人声称借助数学方法可以解释、征服或者彻底了解这样或那样的事物，我们都不可以盲目相信。

然而，由于数学技术手段越来越广博、越来越丰富，数学家不断找到各种方法处理传统观点认为不属于数学领域的那些问题，因此，数学史就是一部扩张史。概率论现在听起来稀松平常，但人们一度认为这是自不量力的表现，因为数学研究的是各种必然性与事实，而不是随机性与可能性之类的问题。在帕斯卡、伯努利等学者为偶然性的作用机制创建了数学定理之后，一切都发生了翻天覆地的变化。"无穷大理论？我没听说过这个概念"，在 19 世纪格奥尔格·康托尔（Georg Cantor）发表他的研究成果之前，就像神学与科学相互冲突一样，概率论与数学也是格格不入的。但是现在，对于康托尔提出的那些无穷级数，我们已经非常了解，足以教授数学专业一年级的学生了。（当然，学生们第一次接触这些概念时的确会大吃一惊。）

这些数学上的形式主义在描述某个现象时，不会表现其所有细节，而且它们也没有这种打算。例如，概率论对某些随机性问题就无能为力。在某些人看来，超出数学研究范围的问题才是最有意思的问题。但是，在当今社会，如果思考可能性问题时根本不使用概率论，那肯定是错误的。如果大家不相信，可以问一问詹姆斯·哈维。当然，如果问那些把钱输给哈维的人，效果会更好，因为他们的体会更深。

是否有与意识、社会或者美学相关的数学理论呢？毫无疑问，人们正在做这方面的尝试，但是到目前为止，进展仍然非常有限。如果有人宣称他们取得了突破，那么我们应该本能地不相信他们，但是我们也应该认识到，他们有可能真的取得了某些重要突破。

起初，人们觉得错误校正码可能并不是一个革命性的数学成果。在嘈杂的派对上，我们重复自己说的话，就可以解决问题。但是，这种解决方案是需要成本的。如果我们在发送信息时，把每个比特都发三遍，这条信息的长度就会是原始信息的三倍。对于派对上的交流而言，这可能不会有任何影响，但是，如果我们想让卫星在一秒钟之内打开右推进器，就有可能出问题。香农在他的那篇关于信息论的论文中指出，时至今日，工程师们仍然面临着一个基础性难题：信号抗噪声干扰的能力越强，传输这条信息的速度就会越慢，如何在两者之间取得平衡呢？噪声的出现，为传输渠道在固定时间内精准传送的信息长度设置了上限，香农把这个限度称作通信渠道的信息传输能力。水管可以输送的水量是有限的，同样，通信渠道的信息传输能力也是有限的。

"重复三遍"的通信协议会把通信渠道的信息传输能力降至 1/3，而我们在矫正错误时并不一定需要承担这么大的损失。我们有更好的办法，香农非常了解这个办法，因为这个办法是他在贝尔实验室的同事理查德·海明（Richard Hamming）提出来的。

海明是位年轻的数学家，很早就加入了"曼哈顿计划"。他有贝尔实验室重达 10 吨的第五代机械继电器式计算机的低级使用权，只能在周末时使用这台计算机运行他编写的程序。但是，这台计算机有个问题，只要发生机械故障，海明的计算就只能中止，直到星期一上午才有人重新启动这台机器。这让海明非常恼火，要知道，生气是技术进步的一个重要激励因素。海明想，如果这台机器可以自己纠正错误，永远不会死机，情况不就能大大改观吗？由此，他想到了一个办法。跟卫星信息传输一样，人们在这台计算机上输入的内容可以看成是一连串的 0 与 1。至于这两个数字是数据流中的比特、继电器的开关状态还是纸带上的小孔（当时技术水平下的数据界面），人们根本不关心。

海明采取的第一个步骤是将信息分割成一个个代码块，每个代码块由三个数字组成，比如：

111 010 101 ……

"海明码"（Hamming code）是一种把三位数的代码块转换成 7 位数的代码块的规则，其密码本为：

000 → 0000000

001 → 0010111

010 → 0101011

011 → 0111100

101 → 1011010

110 → 1100110

100 → 1001101

111 → 1110001

经过编码之后，上述信息就会变成：

1110001 0101011 1011010……

这些 7 位数的代码块叫作"代码字"（code word），海明码只允许有这 8 个代码字。如果接收到的信息中的代码块不是其中之一，就可以肯定有地方出错了。比如，如果接收到 1010001，我们就会知道它肯定不正确，因为 1010001 不是代码字。此外，我们接收到的这条信息与代码字 1110001 只有一个地方不同，而其他代码字与我们实际看到的错误信息都不可能如此接近，因此，我们可以很有把握地猜测对方想要传输给我们的代码字是 1110001，也就是说，原始信息中与之对应的三位数代码块应该是 111。

可能有人认为我们太幸运了。如果接收到的信息与两个代码字都非常接近，我们该怎么办呢？我们的判断就不会那么有把握了吧？但是，这种情况不会发生，我会告诉大家原因。我们现在回过头去研究法诺平面上的那些直线：

124

135

167

257

347

236

456

我们把这些直线输入计算机时，该怎么描述它们呢？计算机可以识别的语言只有 0 与 1，因此，我们必须把每一条直线都转换成一连串的 0 与 1，其中，在 n 处的 0 表示"n 位于该直线上"，而在 n 处的 1 则表示"n 不在该直线上"。比如，第一行的 124 可以写成 0010111，第二行的 135 可以写成 0101011。

我们发现，这两个代码块都是海明码的代码字。实际上，海明码中的 7 个非零代码字正好对应法诺平面上的 7 条直线。因此，海明码（还包括特兰西瓦尼亚彩票的最佳号码组合）与法诺平面是完全相同的数学研究对象，只不过改头换面了！

这就是海明码隐藏得很深的几何特性。代码字是法诺平面上可以构成直线的 3 个点的组合，只要原始的代码字不是 0000000，代码块的小变动就等同于在直线上增减一个点，而接收到的错误信息则对应两个点或者 4 个点。如果我们接收到两个点，我们就会知道如何找到丢失的点，它肯定是连接这两个点的唯一直线上的第三个点。如果我们接收到 4 个点，构成了"直线加一个点"的信息，该怎么办呢？此时，我们可以推断正确的信息应该是由可以形成直线的 3 个点组成的。思维缜密的人立刻会问：我们怎么知道只有 3 个点符合条件呢？为了便于理解，我们给这 4 个点分别命名为 A、B、C、D。如果 A、B、C 位于一条直线上，那么发送方想要发送的肯定是 A、B、C 构成的信息。但是，如果 A、C、D 也位于一条直线上呢？别担心，这是不可能的，因为包含 A、B、C 的直线与包含 A、C、D 的直线有 A、C 两个公共点，但是公理 2 规定，两条直线只能相交于一个点。换言之，由于几何公理的作用，海明码具有与"重复三次"相同的校正错误的魔力。如果信息在传输过程中被篡改了一个比特，那么接收方肯定可以判断出发送方想要发送的信息。而且，我们无须花费 3 倍的传输时间，这种新方法在传输信息时，每 3 个比特的原始信息仅需花费 7 个比特的传输量，两者之间的比为 1：2.33，效率更高。

海明码及随后出现的功能更加强大的错误校正码，推动了信息工程学的发展。构建有重重保护和双重检查模式的系统以确保信息传输无误，已经不再是人们追求的目标。海明与香农的研究足以将错误发生的频率降至非常低的程度，无论有什么样的噪声，灵活机动的错误校正码都可以消除它们造成的影响。火星轨道飞船"水手 9 号"在把火星表面的照片发回地球时使用的阿达玛码,就是具有这种效果的错误校正码。光盘在编码时采用的是里德所罗门码,即使光盘上有擦痕也不会有多大影响。(1990 年之后出生的读者,如果对光盘不太了解,可以想一想闪盘驱动器的情况。在这些驱动器中,人们为了防止数据损毁,使用了与里德所罗门码类似的博斯-乔赫里-霍克文黑姆码。)银行的汇款路线号码由一种叫作"检验和"(checksum)的简单编码构成。这种编码不是错误校正码,而是与"每个比特重复两遍"的信息协议比较相似的错误检测码。如果一个数字输入错误,执行汇款交易的计算机可能无法知道我们真正想要输入的数字是几,但是它至少知道出了问题,从而避免我们把钱汇到错误的银行账户中。

我们不清楚海明是否全盘了解他的这项新技术的适用范围,但是在他准备发表这项研究成果时,他发现贝尔实验室的老板精于此道。

> 专利部一定要等到申请了专利之后才同意我发表这个成果……我不相信一堆数学公式也能申请专利。我告诉他们,这是不可能的。但是他们说:"看我们的吧。"他们成功了。从此以后,我知道我对专利法的理解太肤浅了,因为我觉得某些东西应该不能申请专利(或者为这些东西申请专利是不道德的),但他们却常常能成功地申请到专利权。

数学前进的步伐比专利办公室快。瑞士数学家、物理学家马塞尔·戈利(Marcel Golay)从香农那里听说了海明的想法之后,发明了大量的新编码。但他不知道海明本人已经开发了很多相同的编码并且申请了专利,他发表了自己的编码,导致双方就这项荣誉的归属权产生了纠纷,直到现在尚无定论。贝尔实验室得到了这项专利权,但是,依据 1956 年一个反垄断协议的条款,他们失去了有偿授权的权利。

海明码为什么能够奏效呢?要理解这个问题,我们必须反过来思考:在什么情况下,海明码无法发挥作用?

别忘了,最让错误校正码头疼的问题是,一个代码块与两个代码字都非常接近。收到这串令人讨厌的比特之后,接收方会无所适从,因为没有任何基于既定规则的方法可以帮助他们判断原始信息中包含的到底是哪一个代码字。

我们似乎使用了比喻这种修辞格，因为代码块和代码字都没有固定位置，为什么我们可以说一个代码块"接近"另一个代码字呢？海明在信息论概念方面的伟大贡献之一，就是强调这个说法不仅仅是比喻，甚至不需要冠上"比喻"之名。他为距离赋予了一个新的含义，现在人们称之为"海明距离"（Hamming distance）。海明距离在年轻的信息数学中的意义，同欧几里得和毕达哥拉斯心目中的海明距离在平面几何中的意义没有任何不同。海明给出的定义非常简单：两个代码块的海明距离就是把一个代码块变成另一个代码块时需要改变的比特数。比如，代码字 0010111 与 0101011 的间距是 4，因为要把第一个代码字变成第二个代码字，我们需要改变排在第二、第三、第四和第五位的比特。

海明用 8 个代码字构建的海明码之所以能取得非常好的效果，是因为任何包含 7 个比特的代码块与两个不同代码字之间的海明距离不可能都小于 1。否则，这两个代码字彼此之间的海明距离就会小于 2。但是，两个代码字之间仅有两个比特不同的情况是不存在的。事实上，任意两个代码字的海明距离至少是 4。我们可以把代码字想象成被束缚在原子核周围的电子，或者电梯中性格孤僻的人。他们都位于一个狭窄的空间中，并且尽可能地保持彼此之间的距离。

经受得住噪声干扰的所有通信方式都是以这个原则为基础的，我们日常使用的语言就是这样。如果我把"language"（语言）写成了"lanvuage"，你们肯定知道我想要说什么，因为在英语中没有其他单词与"lanvuage"仅有一个字母不同。但是，如果你写的是一些比较短的单词，例如，"dog"（狗）、"cog"（齿轮）、"bog"（沼泽）和"log"（木材），前面的推理方法就不管用了，因为这些事物在英语中出现的频率都不少，如果噪声掩盖了第一个字母的发音，你就不大可能知道对方到底说的是哪一个单词。但是，即使在这种情况下，你仍然可以借助语境修正错误。咬人的很可能是"dog"，你可能是从"log"上面掉下来的，等等。

我们有可能提高语言的效率，但是，如果我们真的这样做，就会破坏香农发现的那种严格的平衡性。很多书呆子和（或者）有数学信仰的人曾历经艰辛，创造了可以准确传递信息的简洁语言，这种语言没有英语等语言中存在的冗长、同义和歧义等问题。1906 年，牧师爱德华·鲍威尔·福斯特（Edward

Powell Foster）创造了一门叫作"罗欧语"（Ro）的人造语言。他的目的是弃用英语的海量词汇，代之以可根据逻辑由读音推导出语义的单词。麦尔威·杜威（Melvil Dewey）的"杜威图书十进制分类法"虽然把公立图书馆的书架管理得井井有条，但该分类法就像罗欧语一样严格死板，因此，杜威热衷于罗欧语这个事实可能并不令人吃惊。罗欧语的确非常简洁，英语中很多比较长的单词，例如"ingredient"（配料），在罗欧语中就简短得多，写作"cegab"。但是，简洁也是要付出代价的，罗欧语失去了错误校正这个英语与生俱来的特点。电梯里空间狭小，人多拥挤，因此乘客并没有多少个人空间，也就是说，罗欧语中的每个单词都会与其他很多单词相近，很容易发生混淆。罗欧语表示"颜色"的单词是"bofab"，如果换一个字母，把它变成"bogab"，就会得到表示"声音"的单词。"bokab"的意思是"电"，而"bolab"的意思是"味道"。更糟糕的是，罗欧语的逻辑结构导致发音相近的单词也具有相近的意思，导致我们几乎无法根据上下文的语境来判断到底是哪个词。"bofoc""bofof""bofog""bofol"的意思分别是"红""黄""绿""蓝"，用相近的发音来表示相似的事物有一定道理，但是，也会导致人们在嘈杂的派对上无法使用罗欧语谈论颜色，"对不起，我没有听清楚，你说的是 bofoc 还是 bofog？"

与之相反，某些现代人造语言走到了另一个极端，过度使用了海明与香农提出的那些原则。当代最成功的人造语言之一——"逻辑语"（Lojban），严格规定所有的基本词根（或者叫作"ginsu"）都不允许有相近的发音。

海明的"距离"观与法诺的哲学观一脉相承，他认为，如果一个量与距离有相似的特点，那么这个量也可以被称作"距离"。很显然，海明并没有就此止步。在欧几里得几何学中，与给定中心点的距离小于或等于 1 的点集叫作圆；在维度大于 2 时，叫作球体。因此，我们把与某个代码字的海明距离不超过 1 的代码块的集合叫作"海明球体"，该代码字位于海明球体的中心。要想具有错误校正能力，编码中的所有代码块（如果真的要用几何学来类比，就是所有的点）与两个不同代码字的海明距离就不能都小于或等于 1，换言之，我们要求以不同的代码字为中心的海明球体不能有交叉点。

因此，在构建错误校正码时，与经典几何学一样，也需要解决"球体填充"

（sphere packing）的难题，即如何把一堆大小相同的球体填充到狭小的空间中，使它们尽可能地紧密排列而且所有球体互不重叠。换一个更简洁的说法：盒子中可以装多少个橙子？

球体填充问题由来已久，比错误校正码出现的时间要早得多，甚至可以追溯至天文学家约翰尼斯·开普勒（Johannes Kepler）的时代。1611 年，开普勒写了《关于六角雪花》（*Strena Seu De Nive Sexangula*）的小册子。尽管这个书名非常具象化，但是开普勒在书中思考的却是天然形状的起源这个大问题。雪花与蜂巢为什么是六边形，而苹果的种子却是五五排列呢？现在，与我们关系最密切的此类问题是：为什么石榴的种子通常有 12 个面呢？

下面是开普勒的解释：石榴希望在果实中装入尽可能多的种子，也就是说，它在尝试解决球体填充问题。如果我们认为大自然总能找到解决问题的最佳途径，石榴就应该是球体填充的范例。开普勒认为，下面的结构是最紧密的球体填充方式。从平面图来看，第一层的种子应该是以下图所示的规则、整齐的方式排列在一起的。

第二层与第一层相同，不过每颗种子都非常巧妙地置身于由位于下一层的 3 颗种子所构成的三角形的狭小空间中。然后，以同样的方式添加其他层。我们需要注意的是：每层有一半的间隙要用于盛放上一层的"球体"。因此，在填充每一层时，我们需要选择在哪些间隙中填充这些球体。最常见的选择方案叫作"面心立方晶格"（face-centered cubic lattice），该方案有一个非常好的特性：每层球体的位置正好位于自该层起下方第三层球体的正上方。开普勒认为，这是球体填充最紧密的方法。在面心立方晶格中，每个球体正好接触 12 个球体。开普勒猜想，石榴种子在逐渐长大的过程中，每颗种子会挤压与之相邻的 12 颗种子，因此接触点附近的表面会变平，最终形成他观察到的十二面形。

我不知道开普勒的石榴论是否正确，但是，几百年来，他的"面心立方晶格是最紧密的球体填充方式"的论断，一直为数学界津津乐道。开普勒没有提供任何证明，很显然，在他看来，面心立方晶格理论是不可能被推翻的。一代代的食品杂货商都与开普勒的观点一致，他们在堆放橙子时一直采用面心立方晶格这种方法，而从来不考虑这是不是最佳做法。不过，苛求的数学家希望能找到铁证，而且，他们关心的不仅限于圆与球体。进入理论数学的研究领域之后，我们自然会超出圆与球体的范畴，研究维度超过三维的所谓超球体填充问题。射影几何学的研究成果拓展了错误校正码理论的视野，那么高维的球体填充问题也会推动编码理论的发展吗？这一次的情况与人们的初衷几乎背道而驰，人们深入研究编码理论取得的突出成果，反过来对解决球体填充问题起到了推动作用。20 世纪 60 年代，约翰·里奇（John Leech）利用戈利发明的一种编码，构建了一种紧密程度令人叹为观止的 24 维球体填充方法，人们称之为"里奇晶格"（Leech lattice）。在里奇晶格这个拥挤的空间里，每个 24 维球体同时接触 196 560 个其他球体。我们仍然不知道这种填充方法是不是最紧密的 24 维球体填充法，但是，2003 年，微软研究院的亨利·科恩（Henry Cohn）与阿比纳夫·库玛（Abhinav Kumar）证明，如果存在更紧密的晶格，那么这种晶格的与里奇晶格的紧密程度的比值最多为：

$$1.000\ 000\ 000\ 000\ 000\ 000\ 000\ 000\ 000\ 001\ 65$$

也就是说，两者非常接近。

你无须关心 24 维球体以及如何将它们排列在一起的问题，但是，你必须知道，像里奇晶格这种令人惊叹的数学对象肯定有非常重要的价值。事实证明，里奇晶格具有大量奇特的对称性。1968 年，杰出的群理论学家约翰·康威在接触到里奇晶格之后，经过 12 个小时的计算，用了很多张纸，才找出了其所有的对称性。后来，这些对称性成了有限对称群的一般理论的组成部分，这些一般理论是代数学家在 20 世纪大部分时间里潜心研究的内容。

至于古老的三维橙子问题，研究证明开普勒说的没错，他的填充法的确是最佳方法。但是，直到大约 400 年之后，托马斯·黑尔斯（Thomas Hales）才于

1998 年完成了证明。黑尔斯当时在密歇根大学任教，他将这个问题简化为只有几千种排列方式的球体，然后借助计算机处理大量计算步骤，才完成了这个艰难的证明。数学界对于艰难的证明早就习以为常了，对于他们而言这不是问题。人们很快就发现并验证了黑尔斯的证明过程的准确性，但是，计算机完成的大量计算则难以验证。我们可以从头到尾详细检查证明过程，但是计算机程序与证明过程不同。即使人们可以检查每个代码行，又如何才能确定这些代码运行起来没有问题呢？

数学家普遍认可了黑尔斯的证明，但是黑尔斯本人却面临着一个问题。当初，证明过程对计算机的依赖让他感到有些不安，现在，虽然开普勒猜想的证明工作顺利完成了，但他依然无法释怀。于是，黑尔斯离开了让他一举成名的几何学领域，投身到对证明过程进行验证的研究中，他希望未来的数学与我们现在看到的有很大不同。他认为，无论是借助计算机还是使用纸笔完成的数学证明，都已经变得十分复杂，而且各个证明过程相互依赖，以至于我们再也没有充分的理由相信这些证明过程是正确的。康维尔对里奇晶格的分析成为"有限单群分类"的一个重要组成部分，有限单群分类这个研究项目目前已经完成，其成果表现为几百名作者撰写的几百篇论文，这些论文的篇幅总计超过 1 万页。据说，到目前为止还没有人能够理解其全部内容。那么，我们如何才能确定这些内容都是正确的呢？

黑尔斯认为，我们别无选择，只能另起炉灶，在可以借助计算机验证的前提下重新整合大量的数学资料。黑尔斯曾经为证明过程是否站得住脚而头疼不已，他认为，如果用于验证证明过程的编码本身便于验证（黑尔斯有充分的理由认为这个目标是可以实现的），我们就可以一劳永逸地摆脱类似的争议。然后呢？也许就是要求计算机在完全不需要人类介入的情况下可以独立完成证明过程，甚至具有思维能力。

如果这一切真的发生了，是不是意味着数学将会寿终正寝？的确如此，如果计算机在思维能力方面赶超人类，然后像某些偏激的未来主义者预测的那样，把人类当作奴隶、牲畜或者宠物，那么，数学真的会和所有东西一起灭亡。毕竟，几十年来，人们一直在利用计算机辅助数学研究。有很多种曾经被视为"研究"

的计算活动，在现代人的心目中已经与 10 位数的求和一样不再具有创造性，也不值得称道了。只要笔记本电脑可以完成的工作，再也不能算作数学研究了。但是，数学家并没有因此失业。就像动作片的主角跑得比爆炸引起的大火蔓延的速度要快一样，数学家也总能领先于计算机影响力不断扩展的速度。

如果未来的机器智能真的可以接管大部分我们现在视为研究的工作，会怎么样呢？我们会重新分类，把那些研究工作划拨到"计算"的项目之下。而人类利用善于做定量研究的头脑所完成的全部工作，都会被称作"数学研究"。

虽然海明码的效果相当不错，但是人们想百尺竿头更进一步，毕竟海明码的效率还可以进一步提高。早在穿孔纸带与机械式继电器时代，计算机就已经可以完美地处理几乎所有 7 位数的代码块了。海明码似乎过于谨慎了，我们肯定可以减少向信息中添加的保护代码位数，香农的著名定理证明我们确实可以做到这一点。比如，香农认为，如果错误的发生概率为每 1 000 位数的代码中出现一个错误，那么在应用某些编码进行处理后，信息的长度仅比编码前增加了 1.2%。这些编码还不是最好的，如果逐渐增加基础代码块的长度，我们发现某些编码在达到一定的处理速度的同时，还能满足我们对信息可靠程度的任何要求。

那么，香农是如何发明这些优质编码的呢？答案是，这些编码并不是他发明的。我们在遇到像海明码这样的复杂结构时，往往会下意识地认为错误校正码真的非常特别，在设计时它们肯定会被反复修改，直到每对代码字都小心翼翼地保持彼此间的距离，而且能确保其他对代码字不得其门而入。香农的聪明才智表现在，他看出这是一个彻头彻尾的错误认识。错误校正码根本没有任何特别之处，香农成功地证明（一旦知道需要证明的内容，证明过程本身并不是特别难）几乎所有的代码字集都有错误校正的功能。换言之，没有经过任何设计的完全随机的编码也极有可能是一种错误校正码。

毫不夸张地说，这至少是一个令人震惊的新发现。假设我们接受了一个建造气垫船的任务，难道我们的第一选择是把一堆引擎零部件和橡皮管随意地扔到地上，然后指望它们能自动组装成漂浮在水面上的气垫船吗？

1986 年，时隔 40 年之后，海明仍然对香农的证明过程敬佩不已，他说：

香农最杰出的特点之一就是他的勇气。想想他提出的主要定理，他的勇气便可见一斑。他希望发明一种编码，因为无从下手，他就写了一个随机编码。这时，他想到了一个问题："普通的随机编码有什么作用？"他认为普通编码具有完美的随机性，因此肯定具有较高的使用价值。如果没有无与伦比的勇气，怎么会有这么大胆的想法呢？勇气是伟大科学家必备的特质，这些科学家在极度困难的情况下也会昂首阔步向前进，并不断地思考。

如果随机编码也有可能是错误校正码，那么海明码还有什么存在的意义呢？既然香农也认为随机编码有可能具有矫正错误的功能，那么我们为什么不随意选择代码字呢？这是因为这个做法会导致一个问题：编码光在理论上具有矫正错误的功能是不够的，关键是它在实践中是否能够矫正错误。如果香农编码的代码块的位数为 50，代码块的总数就是 50 个 0、1 构成的不同代码块的总数，即 2^{50} 个，这个数字略大于 1 000 兆。卫星接收到的信号应该是（或者至少接近于）这些代码块中的一个，但是代码块一共有 1 000 兆个，它接收到的到底是哪一个代码块呢？如果我们必须从这 1 000 兆个代码块中逐一甄别，就太麻烦了，因为这又是一个组合爆炸问题。因此，我们必须再次采取一种平衡的策略。像海明码这种条理清晰的编码往往更易于解码，但是事实证明，这些非常特别的编码，其效率通常比不上香农研究的那些随机编码。时至今日，几十年过去了，数学家一直在结构性与随机性这两个概念之间进退维谷，在绞尽脑汁地发明各种编码时，既希望其有足够的随机性，可以快速处理数据，又希望其有充分的结构性，以便降低解码的难度。

海明码在特兰西瓦尼亚彩票游戏中可以大显身手，但是在"Cash WinFall"彩票游戏中却一无是处。这是因为特兰西瓦尼亚彩票只有 7 个数字，而马萨诸塞州的彩票却有 46 个数字，后者需要更强大的编码。我能找到的最适合"Cash WinFall"彩票的编码就是莱斯特大学的丹尼斯顿（Denniston）于 1976 年发明的，这套编码真是太完美了。

丹尼斯顿列出了一个号码组合清单，其中包含 285 384 个号码组合，都是由 48 个备选数字中的 6 个构成的。排在清单前几位的号码组合为：

> 1 2 48 3 4 8
>
> 2 3 48 4 5 9
>
> 1 2 48 3 6 32
>
> ……

前两组号码有 4 个数字相同,即 2、3、4 和 48。但是,我们在这 285 384 组号码中不可能找到有 5 个数字相同的两组号码,这正是丹尼斯顿清单的神奇之处。在前文中,我们把法诺平面转变成编码,同样,我们也可以把丹尼斯顿清单转变成编码:把每组彩票号码转换成由 0 和 1 构成的 48 位数的代码块,在与彩票号码中数字相对应的位置填上 0,其他位置填上 1。因此,上面的第一组号码就会变成下面这个代码块:

000011101111111111111111111111111111111111111110

由于每两组号码的 6 个数字中不可能有 5 个相同,因此,这套编码与海明码一样,每两个代码块的间距都会大于或等于 4。这个结论,请大家自行验证。

也就是说,任意 5 个数字的组合在丹尼斯顿的彩票号码清单中至多出现一次。它的好处不仅限于此,事实上,任意 5 个数字的组合在丹尼斯顿的彩票号码清单中都会出现但只有一次。

由此可以想象,丹尼斯顿列举这个清单时必须非常小心。丹尼斯顿在他的论文中给出了一个用"算法语言"(ALGOL)编写的计算机程序,可以验证他的清单的确具有他所说的神奇特点。在 20 世纪 70 年代,这是非常高调的姿态。此外,他还强调,在人机合作方面,计算机的作用应严格从属于他本人所发挥的作用:"虽然我建议大家可以使用计算机验证我的研究结果,但是我要明确地告诉大家,在得出这些结果的过程中我没有使用计算机。"

"Cash WinFall"彩票游戏有 46 个数字,要使用丹尼斯顿系统的话,我们需要稍稍破坏后者的完美对称性,剔除其中包含 47 或者 48 的所有号码组合。这样,剩下的号码组合仍然有 217 833 个。如果我们从藏在床底下的钱中拿出 435 666 美元买这些号码组合,结果会怎样呢?

彩票中心会开出 6 个数字，比如 4、7、10、11、34、46。如果这个号码组合不可思议地与你选的某组号码完全匹配，你就中了大奖。不过，即使没中大奖，你仍然有可能猜中 6 个数字中的 5 个，赢得让你满意的奖金。你买的彩票中有没有一组含有 4、7、10、11、34？丹尼斯顿列举的那些号码组合中的确有一组这样的号码，除非这组号码是 4、7、10、11、34、47 或者 4、7、10、11、34、48，导致你没法选用，否则，你绝不会与奖金失之交臂。

如果开出的是另外 5 个号码，比如 4、7、10、11、46，结果会怎么样呢？上一次你的运气不好，因为丹尼斯顿清单中有一组号码是 4、7、10、11、34、47，因此，4、7、10、11、46、47 这组号码就不可能出现在丹尼斯顿清单上，否则清单上就会有两组号码有 5 个数字相同。换句话说，如果 47 这个讨厌的数字让我们错失了一次获得"6 中 5"奖金的机会，那么它只有这一次捣乱的机会，数字 48 的情况与之相同。因此，一共有 6 个号码组合可能会赢得"6 中 5"奖项：

4	7	10	11	34
4	7	10	11	46
4	7	10	34	46
4	7	11	34	46
4	10	11	34	46
7	10	11	34	46

你买的彩票肯定至少包含其中 4 组号码。因此，如果我们购买了 217 833 组丹尼斯顿号码，我们就会有：

2% 的概率中大奖；

72% 的概率赢得 6 个"6 中 5"奖项；

24% 的概率赢得 5 个"6 中 5"奖项；

2% 的概率赢得 4 个"6 中 5"奖项。

我们把这种情况与塞尔比通过快速选号器随机选号的结果进行比较。塞尔比的选号策略有一个比较小的概率会被"6 中 5"奖项完全拒之门外，这个概率为 0.3%。更糟糕的是，只中一个该奖项的概率为 2%，中两个的概率为 6%，中三个的概率为 11%，中 4 个的概率为 15%。因此，丹尼斯顿策略可以保证的收益在这里被风险所取代。当然，风险也有好的一面。塞尔比团队赢得 6 个以上该奖项的概率为 32%，而根据丹尼斯顿策略选号时，中该奖项的数量不可能超过 6 个。塞尔比的彩票期望值与丹尼斯顿的彩票期望值，乃至所有人的彩票期望值相同，但是，丹尼斯顿策略可以让玩家免受风险的影响。要规避博彩活动的风险，仅凭购买数十万张彩票是不够的，还必须选择正确的号码。

"随机策略"团队费时费力地手工填写数十万张彩票，是不是出于这个原因呢？他们是不是利用丹尼斯顿在纯粹的理论数学研究中发明的系统，毫无风险地从彩票中心圈钱牟利呢？在探究这个问题时，我遭遇了一次挫折。我成功地与卢玉然取得了联系，但他并不清楚这些号码是如何选择的。他只是告诉我，他们大学宿舍里有一位"关键先生"，全权负责选号事务。我不确定这个人是否使用了丹尼斯顿系统或者诸如此类的系统，但是我认为，如果他没有使用这类系统，就太可惜了。

非理性行为为什么会存在？

到目前为止，我们已经不厌其烦地证明了一个结论：从奖金期望值的角度看，买彩票几乎在所有情况下都是错误的选择；即使在某些罕见的个案中，彩票的奖金期望值高于其售价，我们也必须非常小心，才能从彩票中尽可能多的获得期望效用。

这个结论让拥有数学思维的经济学家，很难解释彩票销售非常火爆的事实。200 多年前，这个事实也让亚当·斯密困惑不已。埃尔斯伯格研究的是人们针对未知概率或者无法预测的概率做决策的情况，而购买彩票并不包含在内，因为所有人都已经被告知彩票的中奖概率非常小。人们在做决策时往往会追求效用最大化，这个原则是经济学家开展研究的基础，在为包括经营决策与爱情决策在内的所有行为建模时，给他们提供了有效的帮助。但是，这些行为并不包括弹力球游戏。就像毕达哥拉斯的门徒无法接受三角形的斜边长度是无理数一样，某些经济学家也无法接受弹力球游戏这种非理性的行为。弹力球游戏不适合他们的所有模型，但却是一种真实存在的事物。

经济学家比毕达哥拉斯的门徒更懂得变通。在有人告诉他们坏消息时，他们不会勃然大怒，把送信人扔进大海淹死，而是对模型做出修正，以适应这种现实。我们的老朋友米尔顿·弗里德曼与伦纳德·萨维奇给出的一个解释得到了普遍认可。他们认为，彩票玩家遵循的是一种不规则的效用曲线，该曲线表明人们在买彩票时考虑的是阶级地位，而不是数量多少。如果你是中产阶级，每周在彩票上投入 5 美元并且没有中奖，那么这个决策会让你损失一点儿钱，但是不会改变你的阶级地位。而且，尽管你损失了一点儿钱，但是这个效用与零非常接近。不过，一旦中奖，就会让你步入一个新的社会阶层。我们可以使用"临终"模型来考虑这个问题：你都快要死了，如果因为买彩票而导致你临死时的钱变少了，你还会在乎吗？你可能一点儿都不在乎。如果中了弹力球游戏的大奖之后，你可以在 35 岁退休，尽情享受生活，比如去圣卢卡斯海角潜水，那么你会为之心动吗？是的，你肯定非常向往它。

丹尼尔·卡尼曼（Daniel Kahnemann）与阿莫斯·特沃斯基在偏离经典理论的方向上走得更远。他们认为，一般来说，人们不仅仅是在丹尼尔·埃尔斯伯格把一只瓮放到他们面前时才会背弃效用曲线，而是在大多数情况下都会这样做。他们提出的"前景理论"（prospect theory）现在被视为行为经济学的基础理论，后来卡尼曼还因此获得了诺贝尔经济学奖。该理论的目的是，以尽可能逼真的模型展现人们实际的行为方式，而不是运用抽象的理性去推测他们应该采取的行为方式。卡尼曼-特沃斯基理论认为，人们对小概率事件的重视程度，往往超过冯·诺依曼公理认为我们应当赋予它们的重视程度；因此，大奖的诱惑力会大于我们根据期望效用理论计算得出的结果。

但是，我们甚至根本不需要费力地开展理论研究，就可以给出一个最简单的解释：无论输赢，买彩票都可以给我们带来一些乐趣。与加勒比度假之旅或者参加通宵舞会的乐趣不同，这种乐趣也许只值一两美元吧。我们有理由不相信它（例如，玩家自己往往认为中奖的前景是他们买彩票的首要原因），但是它的确可以很好地解释人们买彩票的行为。

第13章
祝你下一张彩票中大奖！

经济学家不是物理学家，效用与能量也不同。效用无法储存，相互作用的结果有可能使双方都获得更多的效用，这是乐观的自由市场论者的彩票观。彩票不是递减税，而是一个游戏。人们向政府支付一小笔钱，参与政府廉价提供的几分钟娱乐活动，政府也因此获得维持公立图书馆、街道照明所需要的资金。有贸易往来的两个国家在交易之后都会成为赢家，彩票也是一样的道理。

因此，如果你觉得弹力球游戏好玩，就尽管去玩吧，无须考虑数学问题！

这个观点肯定也有问题。我们还是以帕斯卡为例，介绍一种典型的、悲观的博彩观：

> 这个人一辈子小赌不断，每天如此，从来不知疲倦。如果每天上午给他一笔钱——他每天可能赢多少钱就给他多少钱，条件是他不得再赌，这会让他感到非常痛苦。也许有人会说，他赌博的目的是找乐子，而不是赢钱。但是，如果让他参与赌博游戏，但不允许他下注，他就不会感到兴奋，而是觉得无聊。因此，他追求的不仅仅是乐趣，闲适安逸、没有激情的乐趣只会让他觉得索然无味。他之所以感到兴奋，是因为他以为自己感到快乐的原因，是赌博可以让他赢得不下注就无法得到的东西。其实，这不过是一种自欺欺人的幻想。

帕斯卡认为以赌博为乐是可鄙的，沉迷其中会带来伤害。支持彩票的人还会拿脱氧麻黄碱作为论据，认为脱氧麻黄碱经销商与客户形成了一种双赢的关系，这跟彩票发行方与玩家的关系十分相似。

如果我们不考虑这些赌博上瘾的人，而是考虑其他人，情况会怎么样呢？经营一家商场或者有偿提供服务，这些与买彩票的行为不同，前者的成功从一定程度上讲是可控的。但是，两者又有一些相同的地方。对于大多数人而言，经营企业是胜算不高的赌博。哪怕我们相信自己出售的烧烤汁非常美味可口，我们的第三方应用程序是一种颠覆性创新，或者我们准备采用的经营方法冷酷无情到近乎犯罪的程度，我们遭遇失败的可能性也会远远大于取得成功的可能性，这是由企业经营的本质决定的。如果经营企业，我们将会面临三种结果：一是赚大钱，这个概率非常非常小；二是捉襟见肘、勉强维持生计，这个概率比较大；三是亏本倒闭，这个概率最大。对很大一部分潜在的企业家而言，如果对这些数据加以处理，就像买彩票一样，收益期望值也小于零。普通企业家（与普通彩票玩家一样）会过高地估计自己获得成功的概率。即使在存活下来的企业中，企业主挣的钱通常也不会很多，如果他们去某个公司上班、领薪水，绝大多数情况下收入会更高。但是，因为人们没有采取更明智的行动，而是纷纷开办企业，结果社会获得了好处——我们需要饭店、理发师、智能手机游戏。企业经营真的是"傻瓜缴纳的税金"吗？如果我们真的这样认为，那就大错特错了。原因之一是我们对企业主的尊重程度高于赌徒，我们在判断一种行为是否理性时，很难不受到道德观念的影响。还有一个原因（也是更重要的原因）是，企业经营的效用与购买彩票的效用一样，不仅仅是通过收益期望值来衡量的。实现梦想的行为本身，甚至这方面的尝试，就是一种回报。

詹姆斯·哈维和卢玉然就做出了这样的决定。在"Cash WinFall"彩票被叫停之后，他们搬到了西部，在硅谷创建了公司经营网上聊天系统业务。（哈维在个人资料页面半遮半掩地把"非传统性投资策略"列为自己的兴趣爱好。）在我撰写本书时，他们正在四处寻找风险投资，他们也许能如愿以偿吧。但是，即使他们铩羽而归，我相信他们也很快会卷土重来，他们才不会考虑什么收益期望值呢。祝愿他们购买的下一张"彩票"中大奖！

HOW NOT TO

BE WRONG

第四部分　回归

精彩内容：

- 遗传的天赋
- 本垒打的诅咒
- 让大象排成方阵
- 贝蒂荣人身测定法
- 散点图的发明
- 高尔顿的椭圆形
- 富裕的州支持民主党而有钱人支持共和党
- 肺癌可能是导致人们吸烟的原因之一吗？
- 为什么相貌英俊的人性情却很古怪？

第 14 章　我们为什么无法拒绝平庸？

对于美国商界而言，20 世纪 30 年代与现在一样，是一个需要进行深刻反省的时代。毫无疑问，某些地方出了问题。但是，到底是什么问题呢？1929 年的股市大崩溃以及随之而来的大萧条是无法预测的灾难吗？或者说美国的经济体制有缺陷吗？

回答这个问题的最佳人选非霍勒斯·西克里斯特（Horace Secrist）莫属。西克里斯特是美国西北大学的统计学教授、商业研究中心主任，也是将定量方法应用于商业领域的专家，他编写的统计学教材在学生与企业管理人员中广受欢迎。早在 1920 年，距离大萧条还有好几年的时间，他就已经开始一丝不苟地搜集几百家企业的详细统计数据了，这些企业包括五金店、铁路公司和银行等。西克里斯特分门别类地列出了开支、销售总额、工资及房租支出以及可以收集到的其他数据，试图找出使企业兴旺发达或者裹足不前的种种神秘变量。

因此，当西克里斯特在 1933 年准备公布他的分析结果时，学术界与商界都翘首以待。等到他的这本 468 页的专著正式出版时，书中令人惊叹的各种图表更是让人们如获至宝。西克里斯特也毫不谦虚，他把书名定为"平庸状态在商业活动中的胜利"（*The Triumph of Mediocrity in Business*）。

西克里斯特在书中指出："在竞争激烈的商业行为之中，平庸已成为常态。对数千家公司的成本（开支）与利润研究明显地指向这个结论，这是追求产业（贸易）自由需要付出的代价。"

西克里斯特是如何得出这个令人沮丧的结论的呢？首先，他对各个领域的企业进行分类，谨慎地区分成功企业（高收入、低开支）与经营不善的低效企业。西克里斯特研究了 120 家服装店，他根据 1916 年的营收开支比给这些服装店排序，然后把它们分成 6 个群，即"六分相"（sextile），每个六分相包含 20 家服装店。西克里斯特认为，排在第一个六分相的那些服装店拥有市场领先的商业技能，所以它们会进一步发展，扩大优势，生意蒸蒸日上。但是，他发现情况恰恰相反。到 1922 年，名列前茅的服装店已经丧失了大部分优势，它们的经营状况虽然仍优于绝大多数普通服装店，但已经不再遥遥领先了。然而，排名靠后（经营状况糟糕）的服装店却发生了相反的变化，它们的业绩有所提高，正在不断接近平均水平。仅仅 6 年时间，曾经把第一个六分相中的那些服装店推到市场最前列的优势就丧失了，平庸状态取得了成功。

西克里斯特发现，所有行业的情况都类似。业绩优秀的五金店会衰退到平庸状态，杂货店也同样如此。而且，无论他采用哪种衡量体系，都会得出相同的结果。西克里斯特用过薪水营收比、租金营收比以及其他统计手段，结果都是这样。随着时间的推移，那些业绩优秀的企业逐渐变得"泯然众人矣"。

商界精英们本来就惴惴不安，西克里斯特的这本书无疑又给他们泼了一盆冷水。很多评论家认为，西克里斯特的这些图表以数字的形式打破了企业经营的神话。布法罗大学的罗伯特·里格尔（Robert Riegel）指出："这些研究结果把一个无法回避，甚至从某种程度上讲是悲剧的问题摆到了商人与经济学家面前。以前，人们认为能力强的人经过早期打拼取得成功之后，在很长的时间里都可以尽情享受胜利的果实。尽管有例外情况，但它确实是一种普遍性规律。可是，这种观念现在已经被彻底颠覆了。"

到底是什么力量把卓越的企业变得平庸呢？自然界中似乎没有这种现象，因此，这种力量必然与人类行为有某种关系。西克里斯特一贯思维缜密，他做了一个实验，调查美国 191 个城市 7 月份的平均气温，结果没有看到任何回归现象。

1922 年气温最高的那些城市，到了 1931 年仍然是最炎热的城市。

西克里斯特潜心记录美国的商业统计数据，并分析其规律。经过几十年的努力，他认为自己找到了答案：竞争的本质就是打压成功企业，而扶持能力较弱的企业。西克里斯特指出：

> 贸易准入没有任何限制，再加上竞争持续不断，平庸状态将会成为永恒现象。新创建的公司相对来说"能力不足"，至少经验不足。如果某些新公司取得了成功，它们就要面对市场竞争。但是，在那些不择手段、不明智、信息不透明以及欠考虑的经营方式面前，卓越的判断力、促销意识与诚信经营根本没有用武之地，其结果必然是零售业人满为患、店铺规模小且效率低下、营业额不高、开支相对较大、利润微薄。只要所有人都可以进入自由市场（这是实情），"自由"地竞争，优势与劣势就不会长久地存在；平庸会成为常态，一般智力水平的经营者会占大多数，他们所采用的经营手段也会变成主流。

如今，商学院的教授会说这样的话吗？这是不可想象的。现代的主流观点认为，自由市场竞争是一把手术刀，能像切除腐肉一样，把那些竞争力不强的企业，以及业绩比优秀企业低 10% 以上的企业一起淘汰。这与西克里斯特的观点正好相反。

在西克里斯特眼中，规模与经营水平不一的公司在自由市场中相互竞争，这与合班上课的学校（到 1933 年，这种学校基本上消失了）非常相似。他说："年龄、心智与教育水平各异的学生挤在一间教室里上课，其结果必然是秩序混乱、学习积极性受挫、学习效率低下。后来，人们基于常识认为有必要采取分班、分年级以及特殊对待等改进措施，这为所有学生打开了方便之门，让他们的天赋得以展现，让优等生免受差生的影响和干扰。"

最后一句话听起来有点儿……该怎么说呢？大家可以想象，在 1933 年，还会有其他人说精英需要远离落后者吗？

从西克里斯特的教育观来看，我们可能会很自然地认为他的回归平庸的思想来自 19 世纪的英国科学家、优生学先驱弗朗西斯·高尔顿（Francis

Galton）。高尔顿是家里 7 个孩子中最小的，他小时候是一个神童，卧床不起的姐姐阿黛尔把教高尔顿学习看作她主要的娱乐活动。两岁时，高尔顿就会写自己的名字，4 岁时在给姐姐写的信中说："我会所有的加法，会 2、3、4、5、6、7、8、10 的乘法。我会背便士名称表。我懂一点儿法语，还会看时间。" 18 岁时，高尔顿开始研究医学，但是在他的父亲过世并给他留下一笔可观的遗产之后，他发现自己对从事传统职业兴趣平平。高尔顿一度热衷于探险，组织了几次深入非洲的探险活动。但是，1859 年《物种的起源》（*The Origin of Species*）这部划时代的巨著问世之后，他的兴趣发生了翻天覆地的变化。高尔顿回忆说，他"如饥似渴地阅读这部著作，迅速吸收其中的内容"。从那时起，高尔顿把他的大部分时间都花在研究人类身心特征的遗传方面，这些研究帮助他在"策略偏好"（policy preference）领域取得了一系列成果。在现代人看来，这方面的研究毫无疑问是非常枯燥乏味的。1869 年，他在《遗传的天赋》（*Hereditary Genius*）一书中开门见山地指出：

> 本书拟证明的观点是：人的能力是由遗传得来的。它受遗传因素决定的程度，正如一切有机体的形态及躯体组织由遗传因素决定一样。因此，尽管受程度所限，但是，通过精心选择，我们仍然可以很容易地培育出拥有善跑或者某种其他能力的狗或马。同样，通过连续几代的优生优育培养出天赋极高的人，也是可行的。

高尔顿深入详细地研究包括牧师与摔跤手在内的成就显著的英国人，他发现英国名人的亲友也是名人的概率相当高，以此证明他的上述观点是正确的。《遗传的天赋》受到了很多人尤其是牧师的抵制，因为高尔顿对世俗的成功抱有一种纯粹的自然观，这让传统的天道观几乎没有了存在的空间。而且，高尔顿认为传教工作本身能否取得成功，也会受到遗传因素的影响，"虔诚的信徒之所以如此虔诚，不是因为（就像我们一直相信的那样）上帝让他的灵魂得以升华，而是因为他的父亲给了他充满宗教激情的身心"，这个观点让人们尤为反感。三年后，高尔顿发表了一篇题为"祈祷功效的统计调查"（*Statistical Inquiries into the*

Efficacy of Prayer)的短文,其主要观点为:祈祷并没有多大的作用。随后,他就失去了宗教机构里的所有朋友。

不过,秉承维多利亚时代精神的科学界对这本书的态度却截然不同。他们虽然没有不加批判地盲目接受它,但却为之欢欣鼓舞。没等到高尔顿写完这本书,查尔斯·达尔文就给高尔顿写了一封信,字里行间洋溢着知识分子特有的狂热:

> 亲爱的高尔顿:
>
> 你的书稿我刚读到第 50 页左右(即"法官"这个部分)。我必须放松一下,否则身体就会出问题。这是我有生以来读到的最有趣、最有独创性的书,而且你的表述清楚明白!我的儿子乔治看完这本书后,也有同样的感觉。他告诉我,后面的章节比开头几章还要精彩得多。因为我是请我的妻子读给我听的,所以还需要一段时间才能看到后面的章节。我的妻子对这本书也很感兴趣。从某种意义上讲,你让一个持反对意见的人改变了立场,因为我一直认为,除了傻瓜,所有人在智力方面几乎没有差别,不同之处可能只在于是否有激情以及是否刻苦钻研。当然,我现在依旧认为,是否有激情以及是否刻苦钻研是判断一个人是否聪明的重要特征。我确信你的这本书将令人难以忘怀,恭喜你!每次阅读时,我都怀有极大的兴趣,并且充满了期待。但是,我渐渐发现要读懂你的这本书实在很困难,不过,这都是我的理解能力欠缺造成的。你的表述非常清楚,没有任何问题。

客观地讲,达尔文是高尔顿的大表哥,所以他的话不一定公正。而且,达尔文坚定地认为,数学方法可以丰富科学家的世界观,尽管他本人在研究中采用的定量分析远没有高尔顿的多。达尔文在自传中谈及自己的早期教育经历时说:

> 我学过数学,还在 1828 年夏天和我的家庭教师(他是一个非常沉闷的人)去了巴尔茅茨,但是我的数学成绩很差。我非常讨厌学习数学,主要原因是从一开始我就觉得代数没有任何意义。这种不耐烦的心态很愚蠢,多年来让我后悔不已,当时我应该坚持学下去,至少要了解数学的一些重要原理,因为所有掌握了这些原理的人,思维都很敏捷。

达尔文因为数学知识的欠缺而无法提出超感官的生物学理论，也许他在高尔顿身上看到了这种可能性。

对《遗传的天赋》持批评意见的人认为，尽管遗传因素对智力的影响是真实存在的，但是高尔顿过分夸大了它的作用，而忽视了成功的其他因素。于是，高尔顿决心了解父母遗传决定子女命运的程度。但是，量化"天赋"的遗传程度并不是一项轻而易举的工作。到底该如何衡量一位英国名人的"有名"程度呢？高尔顿没有灰心，他改变了思路，转而研究更容易量化的那些人类特征，例如身高。包括高尔顿在内的所有人都知道，父母个子高的话，孩子的个子往往也很高。如果一名身高 1.8 米的男子与一名身高 1.55 米的女子结婚，那么他们孩子的身高很有可能超过他们俩的平均身高。

但是，高尔顿却发现了一个异乎寻常的现象：这个孩子的身高很有可能不如他的父母。父母较矮时，情况则正好相反，虽然孩子也比较矮，但是不会比他们的父母矮。现在，人们把高尔顿所发现的这个现象叫作"回归平均值"（regression to the mean），他收集的数据表明这个现象毫无疑问是存在的。

1889 年，高尔顿在《自然的遗传》（*Natural Inheritance*）一书中指出："我认为，从整体情况看，成年子女的身高与他们的父母相比更加趋于平均水平。虽然这个观点乍一看似乎非常奇怪，但是从理论上讲这是一个必然的事实，而且观察结果也清楚地证明它是正确的。"

因此，高尔顿推断人们的智力水平肯定也会如此，日常生活的经验证实了他的这个推断。伟大的作曲家、科学家或者政治领导人的孩子往往在相同领域有突出的表现，但是很少能赶超其父母的杰出程度。高尔顿观察到的现象与西克里斯特在商业活动中发现的事实不谋而合，优秀的特质不会持续存在，随着时间的推移，平庸这位不速之客会悄然登场。

不过，高尔顿与西克里斯特之间也存在一个显著的不同点。高尔顿从本质上讲是一名数学家，而西克里斯特不是。因此，高尔顿能理解回归平均值现象发生的原因，而西克里斯特则百思不得其解。

高尔顿认为人的身高是由遗传因素和外部因素共同决定的，外部因素可能包括环境、幼年时的健康状况或者纯粹是运气。我身高 1.85 米，一部分的原因在于我父亲的身高是 1.85 米，我从他那里遗传了某些有利于长高的基因。不过，还有一部分原因在于我小时候饮食合理，也没有受到阻碍我长高的压力。毫无疑问，我的身高受到多种因素的影响。有些人较高，是因为遗传因素的影响，或者是因为外部因素的作用，或者是两种因素共同作用的结果。一个人的身材越是高挑，这两种因素都有利于他长高的可能性就越大。

换言之，在身高最高的那群人中，每个人的身高几乎都超过了遗传因素所决定的身高。他们身上的遗传因素有利于他们长高，同时，环境与其他外部因素也会产生推动作用。他们的孩子拥有与其相同的基因，但是，外部因素却不一定会在遗传因素作用的基础上对他们的身高产生有利影响，让他们长得更高。因此，他们的身高会超过平均身高，但不会像他们的父母那么高。正是出于这个原因，高尔顿认为回归平均值"从理论上讲是一个必然的事实"。最初，当他看到数据表现出这个特点时，他感到非常吃惊，但等他明白其中的道理之后，他就知道这是必然现象，没有其他可能。

商业同样如此，西克里斯特对 1922 年最赚钱公司的分析并没有错。这些公司很有可能是它们所在领域中管理最到位的公司，同时它们的运气也相当不错。随着时间的推移，这些公司的管理优势可能会保持下去，仍能做到决策明智、判断准确。不过，虽然它们在 1922 年的运气不错，但是 10 年过去了，它们的运气不大可能仍然比其他公司好。因此，位于第一个六分相的那些公司，其排名会逐年下滑。

事实上，生活中随时间产生起伏变化的任何东西，几乎都会受到回归效应的影响。最近你有没有尝试调整饮食结构，改吃杏仁奶油干酪，结果发现体重减轻了 3 磅呢？再回想一下你决心减肥时的情形。正常情况下，你的体重会有变化，而在你下定决心减肥时，体重很有可能正好处于波峰。你看了一眼体重秤，甚至仅仅低头看了看自己的肚子，就知道自己该减肥了。如果确实如此，那么无论你吃不吃杏仁奶油干酪，体重都有可能回归正常水平，也就是说会减轻 3 磅。因此，这种饮食疗法是否有减肥效果，你仍然不得而知。

你可以利用随机抽样的方法，尝试解决这个问题。随机选择 200 名病人，找出其中体重超重的人，然后让他们采用这种饮食疗法。根据西克里斯特的观点，体重超重的那些人与业绩优秀的企业非常相似，与普通人相比，他们长期超重的可能性肯定更大。但是，在我们给这些人量体重时，他们的体重也很有可能正好处于波峰。在西克里斯特的研究中，那些业绩优秀的企业会随着时间的流逝而趋于平庸，同样，在我们这个实验中，无论饮食疗法是否有效，这些超重病人的体重自然也会减轻。因此，在研究饮食疗法的效果时，更好的做法不是研究一种饮食疗法的效果，而是比较两种备选疗法的效果。回归效应对每一组减肥者的作用应该是相同的，因此这种比较是公平的。

一位作家在他的第一部小说大获成功之后，或者一个流行乐队在其第一张专辑销售火爆之后，第二部作品受欢迎的程度往往会下降，这是为什么呢？不是（至少不全是）因为大多数艺术家的能力只是昙花一现，而是因为艺术家跟所有人一样，他们的成功也是天赋与运气共同作用的结果，也会受到回归效应的影响。

在签订期限超过一年的合同之后，美式橄榄球的跑卫们在下一个赛季中带球进攻时的跑动距离会略有下降。[①]有人认为这是因为他们不再受金钱的激励，因此他们不愿意全力奔跑，他们还得出心理因素可能也在其中发挥了某种作用的结论。但是，他们的这种表现还有另外一个重要的原因。这些跑卫之所以能签下这份合同，是因为他们在前一年表现突出。如果在接下来的赛季中，他们的表现没有回归至普通水平，那才奇怪呢。

"有望如何如何"与"本垒打大赛的诅咒"

我撰写本章内容的时间是在 2014 年 4 月，那时棒球赛季刚刚开始。每年都会有大量新闻报道预测哪些球员"有希望"取得某个不可思议的破纪录的成绩。某一天的娱乐与体育节目电视网（ESPN）告诉我，"道奇队的马特·坎普（Matt Kemp）在赛季初表现抢眼，上垒率为 0.460，有希望完成 86 次本垒打，取得 210 分的打点，得到 172 分。"这些令人瞠目结舌的数字（在棒球大联盟的历史

---

① 这个事实及其解读来自美国国家橄榄球联盟统计部门的布莱恩·伯克（Brian Burke）。伯克善于阐释并密切关注依据统计学做出的准确判断，是严谨认真的体育分析师的典范。

上，还从来没有人在一个赛季中打出 73 次本垒打）就是假线性推理的典型例子。同样，应用题"如果玛莎在 17 天的时间里粉刷了 9 栋房子，那么在 162 天的时间里她最多可以粉刷多少栋房子"，也是一种假线性推理。

在道奇队的前 17 场比赛中，坎普打出了 9 次本垒打，每场平均为 9/17 个本垒打。那么，代数水平比较一般的人可能会写出下面这个线性方程式：

$$H = G \times (9/17)$$

其中，H 是坎普整个赛季打出的本垒打次数，G 是球队的比赛场次。每支球队在每个赛季中要打 162 场比赛，因此，如果把 162 代入 G，就会得到 86（准确地讲应该是 85.764 7，四舍五入后得到 86）。

但是，并不是所有的线都是直线，马特·坎普也不大可能在一个赛季打出 86 次本垒打，原因就在于回归效应。在赛季的任何时候，本垒打次数居联盟之首的球员，打出漂亮的本垒打的可能性都比较大。的确，从坎普以往的表现来看，他具有打棒球的天赋，经常可以打出力量超大的好球。但是，他的本垒打次数位居联盟之首，其中很可能也有运气的成分。也就是说，无论前景如何，他的排名都很有可能随着赛季的持续而有所下降。

公平地讲，即使在 ESPN，也没有人认为马特·坎普真的可以打出 86 次本垒打。4 月新闻里说的"有望如何如何"的那些话通常是开玩笑，"他当然不可能打出那么多次本垒打，但是，如果他可以保持这种势头呢？"不过，等到了夏天，人们就会认真起来，等到赛程过半时，他们就会使用线性方程式推断某个球员到赛季结束时的各项成绩。

但是，这种做法仍然不正确。在 4 月时会发生回归平均值的现象，到了 7 月，这个现象同样会发生。

球员们通常都会受到这个现象的影响。人们预测德瑞克·基特（Derek Jeter）有望打破皮特·罗斯（Pete Rose）保持的安打纪录，基特因此备受困扰，他告诉《纽约时报》的记者："体育竞技中最不应该说的话就是'有望如何如何'。"他的话非常有道理。

假设到全明星赛时，我的本垒打次数在全联盟排名第一，那么在剩下的比赛中我可以打出多少次本垒打？

全明星赛把棒球赛季分成了"上半赛程"和"下半赛程"，下半赛程实际上要短一些，最近几年，下半赛程的比赛场次只有上半赛程的80%~90%。因此，大家预测我下半赛程的本垒打次数可能是上半赛程的85%左右。

但是，从以往的情况看，这种预测是不对的。为了找出其中的原因，我研究了1976~2000年在美国棒球大联盟19个赛季的上半赛程中本垒打次数最多的那些球员（不包括因为罢工导致赛程缩水的赛季和上半赛程本垒打次数出现并列第一名情况的赛季）。在全明星赛之后的下半赛程，只有三名球员——1978年的吉姆·莱斯（Jim Rice）、1980年的本·奥利维（Ben Oglivie）和1997年的马克·麦维尔（Mark McGwire）——的本垒打次数为上半赛程的85%。1993年，到全明星赛阶段以24次本垒打领先全联盟的米奇·泰托顿（Mickey Tettleton），在下半赛程只打出了8次本垒打，而且每个赛季都会有击球手的情况与此类似。在上半赛程领先其他球员后，这些优秀击球手在下半赛程的本垒打次数平均为上半赛程的60%左右。之所以出现这种下降趋势，不是因为身体疲劳或者8月天气炎热等，否则，整个联盟的本垒打数据也会出现下降趋势。其实原因很简单，即回归平均值现象。

受它影响的不仅仅是联盟中的那些本垒打高手。每年在全明星赛的本垒打大赛中，优秀的棒球选手利用自动投球器喂球，试图尽可能多地打出超大号本垒打。有的击球手抱怨说，在本垒打大赛后的几周时间内很难打出本垒打，他们把这种影响叫作"本垒打大赛的诅咒"。2009年，《华尔街日报》刊登的一则名为"本垒打大赛的神秘诅咒"的新闻令人瞠目结舌，有统计学知识的棒球博主对其进行了严厉的驳斥，但《华尔街日报》却对他们的批评置若罔闻，于2011年再次刊登了观点相近的文章——"本垒打大赛的诅咒再次发威"。但是，所谓的诅咒纯属子虚乌有。球员们之所以能登上本垒打大赛的赛场，是因为他们在赛季之初表现突出。由于回归效应，他们在赛季后期打出的本垒打次数肯定会减少。

2012年5月，马特·坎普的腘绳肌拉伤，停赛一个月。等到他伤愈复出时，他的状态明显不如受伤前。因此，他在那个赛季打出的本垒打次数不是86次，而是23次。

人们有时会出于某种原因而不愿意接受回归平均值的现象，他们更愿意相信是某种力量把那些强大的存在拉下了神坛，而 1889 年高尔顿的"强大的存在常常徒有其表"的观点并不能得到我们的认同。

霍林特与西克里斯特的论战

西克里斯特对这个重要观点并不了解，不过具有数学思维的研究人员却非常清楚。虽然西克里斯特的研究得到了评论者的普遍尊重，但是也有人表示反对。他从统计学角度批评了西克里斯特的研究，而且抨击得非常有道理，这个人就是《美国统计学会杂志》（*Journal of the America Statistical Association*）的哈罗德·霍特林（Harold Hotelling）。霍特林是明尼苏达人，他的父亲是一位干草经销商。他上大学期间学的是新闻学专业，但却发现自己在数学方面颇具天赋。（如果弗朗西斯·高尔顿当初研究美国名人的遗传情况，那么他会非常惊喜地发现，尽管霍特林出身卑微，但是他的先辈中有一位马萨诸塞湾殖民地的官员和一位坎特伯雷大主教）。与亚伯拉罕·瓦尔德一样，霍特林在普林斯顿大学就读期间学的是理论数学，博士论文写的是代数拓扑学方面的内容。如果他继续研究理论数学，就有可能担任纽约战时统计研究小组的领导人。1933 年，在西克里斯特的著作出版时，霍特林还是哥伦比亚大学的一位年轻老师，但他已经在理论统计学，特别是与经济问题有关的统计学领域，做出了非常重要的贡献。据说，他喜欢在头脑中玩"地产大亨"游戏，他能记住游戏的棋盘以及各种随机牌与社区福利牌出现的频率，这个游戏对他来说就是生成随机数字和心算等非常简单的活动。这足以表明霍特林的智力水平与他的喜好。

霍特林全身心地投入研究，他认为西克里斯特与自己有相似之处，因此撰文对他的研究表示赞同，"直接收集数据的工作量肯定非常大"。

但接下来却是对西克里斯特的批评。霍特林指出，只要研究的变量同时受到稳定因素和随机性的影响，那么平庸状态的胜利就或多或少是一种必然结果。西克里斯特列举的数百个图表，"除了能证明他所研究的各种比率表现出徘徊的趋势以外，没有任何其他价值"；他的彻底调查的结果"总的说来显而易见，根本不需要引用大量数据加以证明"。霍特林仅列举了一个关键性的观察结果，就清楚地表明了自己的观点。西克里斯特认为回归平庸状态是长期竞争的结果，1916年的优质商店到了1922年仅勉强居于中上游水平，造成这种局面的原因就是竞争。但是，如果研究对象是1922年业绩最优秀的那些商店，我们又会得出什么结果呢？根据高尔顿的分析，这些商店取得良好业绩的原因可能是自身经营有方，也可能是运气不错。如果回溯至1916年，这些公司在1922年采用的优秀管理方法应该具有同样的效果，但是它们的运气可能完全不同。因此，在1916年，这些公司中的绝大多数业绩应该趋近于平庸。换言之，按照西克里斯特的观点，回归平均值是竞争的必然结果，无论时间向前还是向后推移，都会产生相同的影响。

霍特林对西克里斯特的批评并不严厉但是语气坚定，遗憾的成分明显多于气恼。他认为西克里斯特是一位非常优秀的同行，而且他试图以最温和的方式告诉后者：他的这10年时间算是白白浪费了。但是，西克里斯特并没有领会霍特林的意图，他在随后的一期《美国统计学会杂志》上发表了一篇文章，回应霍特林对他的批评。西克里斯特认为霍林特的评论中有几处理解错误，而且，即使没有这些错误，后者的评论也明显偏离了重点。西克里斯特再次强调回归平庸状态不仅是统计学上的一个笼统原则，而且是根据"受竞争压力与调控措施共同影响的数据"得出的具体结果。事情发展到这个地步，霍特林也不再客气了，他直截了当地指出："正确解读这本书，就会发现西克里斯特的主题基本没有任何价值……耗费大量时间与金钱，比较多个行业中企业的利润开支比，仅仅是为了'证明'这样一个结果，这种行为就好比为了证明乘法表，先把大象排成方阵，再换其他多种动物做同样的实验。这种做法虽然有娱乐价值，也有一定的教学价值，但是并不会对动物界或者数学界有所贡献。"

糠麸对肠道消化真的有帮助吗？

我们不应该过分指责西克里斯特，即使是高尔顿本人，也花了20年左右的时间才弄清楚回归平均值的全部含义。其后，很多科学家都和西克里斯特一样误解了高尔顿提出的这个概念。生物统计学家瓦特尔·韦尔登（Walter F. R. Weldon）证明，高尔顿在人类特征变异性方面的发现同样适用于虾，他在 1905 年的一次报告中对高尔顿的研究做出了评价。

> 生物学家在使用高尔顿的这个方法时，很少有人会专门研究他采用这些方法的前因后果。我们发现，人们总是认为回归平均值是生物特有的属性，在它的作用下，差异的程度会在世代遗传的过程中逐渐减弱，而物种则保持不变。有人则简单地认为儿童的差异平均值小于其父辈，可能在他们看来，上述观点是站得住脚的。但是，这些人忘记了一个同样明显的事实：上一代也会相对于下一代发生回归，因此从整体来看，不正常儿童的上一代，其不正常的程度会小于他们的后代。明白了这个事实之后，他们要么把这个事实归因于下一代修正上一代不正常的能力也会发生回归，要么认识到他们正在讨论的这个现象到底说明了什么问题。

生物学家希望从生物学的角度探讨回归的原因，西克里斯特等经营管理学家认为回归源于竞争，文学评论家则把回归现象归因于创作能力枯竭。但是，他们都错了，回归是一个数学问题。

而且，尽管霍特林、韦尔登与高尔顿等人做出了努力，但是人们仍然没有彻底搞清楚回归这个概念。不仅《华尔街日报》体育版会犯错，科学家们也会犯错。1976 年，《英国医学杂志》（*British Medical Journal*）发表的一篇介绍用糠麸治疗憩室病的文章，就是一个非常典型的例子。（1976 年，我已经懂事了，所以我清楚地记得，当时关注健康的人对糠麸的推崇程度，堪比我们现在对欧米茄-3 脂肪酸与防腐剂的重视程度。）该文作者记录了每个病人接受糠麸疗法前后的"消化道通过时间"（oral-anal transit time，即一顿饭从入口到排泄所需的时间）。他们发现糠麸有显著的调整作用，"对于消化道通过时间短的人，其消化速度减慢了，通过时间延长至接近 48 个小时……在通过时间适中的人身上没有引起任何变化……对通过时间长的人，其消化速度加快了，通过时间逐渐缩短至接近 48 个小时。因此，糠麸可以把过长与过短的消化道通过时间调整至接近 48 个小时"。其实，我们可以预测，即使糠麸没有任何效果，也会出现这样的结果。

换言之，无论肠道的健康状况如何，我们在消化方面花费的时间都会时短时长。如果我们在星期一那天的消化道通过时间异乎寻常地短，那么，无论有没有接受糠麸疗法，星期二的通过时间都会更接近平均水平。

"现身说法"计划的兴衰也属于这类案例。"现身说法"计划的目的是将少年犯带到监狱去听犯人的现身说法，警示他们如果不立即停止犯罪行径，等待他们的将是铁窗生涯。该计划起源于罗威州立监狱，在 1978 年被拍成纪录片并荣获奥斯卡奖之后，全美国乃至挪威的多个地方纷纷效仿。青少年热烈赞扬"现身说法"计划让他们在道德层面深受触动，而监狱中的看守与囚犯也因为有机会对社会做出积极贡献而高兴。但是，这个计划会让人们想到一个受到普遍认可而且根深蒂固的观念：青少年犯罪归咎于父母与社会对他们的过度溺爱。更重要的是，"现身说法"计划真的发挥了作用。新奥尔良的一份有代表性的报告说，实施该计划后，青少年犯罪率较以前下降了 50%。

其实，这项计划的效果并没有那么明显。就像西克里斯特研究中的那些业绩不佳的商店一样，这些少年犯不是研究人员随机选择的研究对象，他们之所以被选中，是因为他们是同类人群中表现最差的。根据回归理论，如果这一年表现最恶劣，那么下一年仍然有可能会惹麻烦，但是概率并没有人们想象的那么大。即使"现身说法"计划没有任何效果，我们也可以预测到这些青少年的犯罪率会下降。

这并不意味着"现身说法"计划没有任何效果。人们在少年犯中随机选择了一部分人，让他们参与"现身说法"计划，然后同那些没有参与该计划的少年犯进行比较，以此来检验这项计划的效果。结果，研究人员发现，该计划竟然导致反社会行为有所增加。或许，给这项计划取名"以身试法"更合适。

第 15 章　父母高，孩子不一定也高

根据高尔顿的研究，只要研究对象受到随机性的影响，就会发生回归平均值现象。不过，与遗传因素相比，随机性的影响力有多大呢？

单凭数据，高尔顿无法找出其中的玄机，因此，他必须把这些数字转变成图表的形式。后来，高尔顿回忆说："我拿出一张白纸，用尺子和笔在上面画出坐标轴，横轴表示孩子的身高，纵轴表示父亲的身高，并标记出对应每个孩子及其父亲身高的那个点。"

这个直观展示数据的方法汲取了勒内·笛卡儿（René Descartes）解析几何的精髓。解析几何要求我们把平面中的点看成一对数字，分别为横坐标和纵坐标，由此把代数和几何学紧密地联系在一起。

每对父子都对应两个数字，也就是父亲的身高和孩子的身高。我父亲的身高是 73 英寸，我也一样，因此我们在高尔顿的数据集中就会被记录成（73，73）。高尔顿在图中表示我们父子时，会在横纵坐标都是 73 的位置上画一个标记点。在高尔顿的庞大数据集中，每对父子都会在坐标图上对应一个标记点，因此，这张图上会有很多点，能够直观地显示出身高差异的变化情况。就这样，高尔顿发明了现在被我们称为"散点图"（scatterplot）的图表类型。

　　在揭示两个变量之间的关系时，散点图可以发挥惊人的作用。随便翻开任何一种科学杂志，我们都能看到散点图。19 世纪后期是数据可视化的黄金时代，1869 年，查尔斯·密纳德（Charles Minard）完成了他的那幅非常著名的示意图，展示了在入侵俄罗斯的途中拿破仑军队的规模逐渐减小，直至最后从俄罗斯撤退的情形。这幅示意图被称作人类有史以来最伟大的数据图，其实这幅图是在弗罗伦斯·南丁格尔（Florence Nightingale）的"玫瑰图"（coxcomb graph）的基础上演变而来的。南丁格尔完全借助可视化的方法，指出在克里米亚战争中绝大多数英国士兵不是被俄罗斯人杀死的，而是死于传染性疾病。

　　玫瑰图与散点图都非常适合我们的认知能力。我们的大脑不习惯接收一列列的数字，但是特别善于在二维图表中找出规律与隐含的信息。

　　在某些情况下，这些规律与信息并不难发现。举个例子，假设每对父子的身高都相同，就像我的父亲和我。这种情况说明，随机性没有发挥任何作用，我们的身高完全是由遗传因素决定的。相应地，散点图中所有点的横坐标与纵坐标都相同，换言之，这些点都在方程式 $x = y$ 表示的直线上。

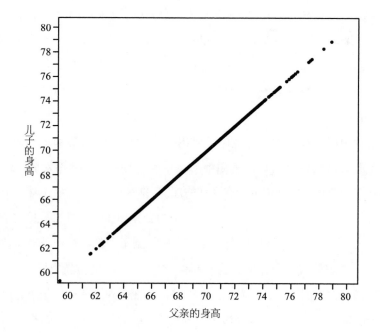

　　请注意，在这条对角线的中间位置点的密度大，而两端的密度小。这是因为

身高 69 英寸的人比身高 73 英寸或者 64 英寸的人多。

如果父子的身高没有任何相关性，那么在这种相反的极端情况下，会出现什么结果呢？此时，我们会得到下面的散点图：

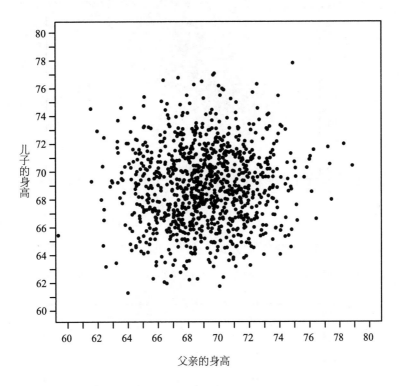

这幅图与前面的散点图不同，没有表现出构成对角线的任何趋势。如果我们集中考虑父亲身高为 73 英寸的那些孩子的情况，也就是散点图右半部分中的一个垂直细长条的情况，就可以看出他们孩子的身高仍然会集中在 69 英寸周围。这表明儿子身高的条件期望值（也就是说，在父亲身高为 73 英寸时儿子的平均身高）与无条件期望值（在没有任何限制条件时儿子的平均身高）相同。父亲较高的孩子由于受到回归平均值现象的影响，因此与父亲不高的孩子的身高没有区别。这是回归平均值的极致形式。

如果遗传基因不会造成身高差异，高尔顿画的图就会与这幅图相似。但是，高尔顿的散点图与上面两种极端情况下的数据图都不相同，而是两者中和的产物。

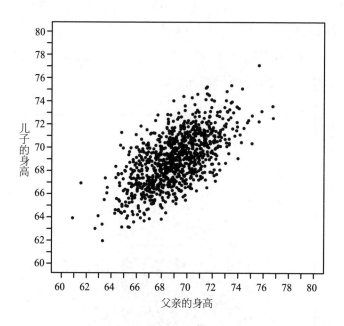

在这幅图中，当父亲的身高为 73 英寸时，儿子的平均身高是多少呢？我在图中画出了一个垂直的细长条，与这些父子的情况相对应的点就位于这个区域中。

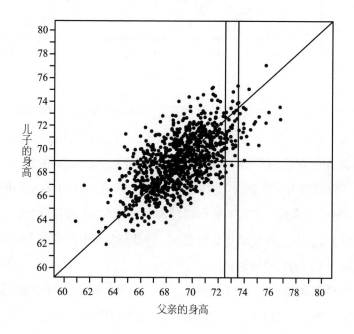

从上图可以看出，在"父亲的身高接近 73 英寸"这个细长条中，对角线下

方的点比对角线上方的点更加密集，这表明儿子的平均身高没有超过父亲。同时，这些点大多位于男性平均身高（69 英寸）的上方。儿子们的平均身高略低于 72 英寸，也就是说超过男性的平均身高，但没有他们的父亲高。所以，我们看到的这幅图表现出回归平均值的特征。

高尔顿很快发现，他的这幅表现遗传因素与随机性相互作用的散点图中形成了某种几何图形。这个几何图形没有表现出任何随机性，而是一个近似椭圆的形状，其中心位置对应的就是父母与孩子正好都是平均身高的那个点。

数据构成的倾斜椭圆形在下页表中表现得更明显，大家可以观察非零数据项在表中形成的图形。此外，这张表也表明我对高尔顿数据集的介绍还有所保留，例如，他所选用的纵坐标并不是"父亲的身高"，而是"母亲的身高乘以 1.08 加上父亲的身高再除以 2"，高尔顿把它称作"中亲值"（mid-parent）。

事实上，高尔顿还做了一些其他工作，他在散点图上小心翼翼地沿着密度大致相同的点画出多组曲线，这种曲线叫作"等值线"（isopleth）。以美国地图为例，我们用曲线分别把今天最高温度正好是 75 华氏度、50 华氏度[①]或其他度数的所有城市连接起来，就会得到"等温线"（isotherm），我们在气象图中经常可以看到这种曲线。真正专业的气象图可能还包括"等压线"（isobar，大气压相同地区的连线），或者"等云量线"（isoneph，云量相等地区的连线）。如果我们测量的不是气温而是高度，这些等值线就会变成地形图上的"等高线"（isohypse）。本书第 275 页的等值线图表示的是美国各地发生暴风雪的年平均次数。

等值线的发明者并不是高尔顿，第一幅公开发表的等值线图是由英国皇家天文学家埃德蒙·哈雷于 1701 年完成的。我们在前文中讲过哈雷向英国国王介绍如何为终身年金保险定价的故事。航海家们早就知道磁北与真北并不完全一致，在远洋航行中，准确了解这种不一致情况的发生时间与原因，对于顺利航行显然具有非常重要的意义。哈雷绘制的是"等偏线"（isogon），可以告诉水手在哪些地方磁北与真北之间的差值相同。这些数据都是哈雷在"帕拉莫尔"号上测量得出的，当时，哈雷亲自掌舵，驾驶"帕拉莫尔"号几次横渡大西洋。（这个家伙在研究彗星的间隙也不闲着。）

---

① 75 华氏度≈23.9 摄氏度，50 华氏度≈10 摄氏度。——编者注

205 对身高不等的中亲所生子女成年后的身高状况
（女性身高已乘以系数 1.08）

身高中亲值（英寸）	成年子女身高														总人数		
	以下	62.2	63.2	64.2	65.2	66.2	67.2	68.2	69.2	70.2	71.2	72.2	73.2	以上	成年子女数	中亲数	中值
以上	:	:	:	:	:	:	:	:	:	:	:	1	3	:	4	5	:
72.5	:	:	:	:	:	:	:	1	2	1	2	7	2	4	19	6	72.2
71.5	:	:	:	:	1	3	4	3	5	10	4	9	2	2	43	11	69.9
70.5	1	:	1	:	1	1	3	12	18	14	7	4	3	3	68	22	69.5
69.5	:	:	1	16	4	17	27	20	33	25	20	11	4	5	183	41	68.9
68.5	1	:	7	11	16	25	31	34	48	21	18	4	3	:	219	49	68.2
67.5	:	3	5	14	15	36	38	28	38	19	11	4	:	:	211	33	67.6
66.5	3	3	3	5	2	17	17	14	13	4	:	:	:	:	78	20	67.2
65.5	1	:	9	5	7	11	11	7	7	5	2	1	:	:	66	12	66.7
64.5	1	1	4	4	1	5	5	:	2	:	:	:	:	:	23	5	65.8
以下	1	:	2	4	1	2	2	1	1	:	:	:	:	:	14	1	:
总人数	5	7	32	59	48	117	138	120	167	99	64	41	17	14	928	205	
中值	:	66.3	67.8	67.9	67.7	67.9	68.3	68.5	69.0	69.0	70.0						

注：在计算中值时，各数据项均选取该数据项的中间值。表头所给给的数字为 62.2、63.2 等数值，原因是观察结果不均匀地分布在 62 与 63、63 与 64 之间，但是人们一种明显偏好选用整数来表示整数人的身高。经过慎重考虑，我认为本表头所选用的表头正是最符合研究的前提条件。在关于子中亲身高的观察数据中，没有发现明显的不均匀性。

274

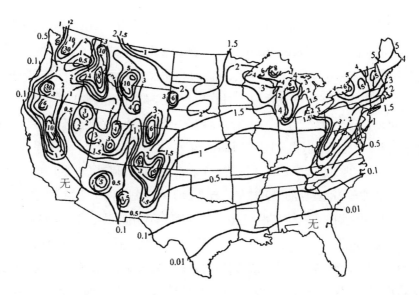

高尔顿发现自己绘制的散点图表现出惊人的规律性：所有等值线都是椭圆形，一个包含另一个，且中心都在同一个点上。这幅图就像一座山峰的标准等高线图，最高点是父亲与儿子平均身高所对应的点，而这两个身高在高尔顿的散点图中出现的次数最多。其实，这座山峰就相当于棣莫弗曾经研究过的"法国警察的帽子"，只不过是三维的，用专业术语表达就是"二元正态分布"（bivariate normal distribution）。

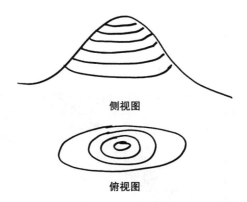

侧视图

俯视图

如果像本章第二幅散点图那样，儿子的身高与父母的身高没有任何相关性，这些椭圆形就会变成圆形，散点图的形状看上去也大致呈圆形。如果像本章第一幅散点图那样，儿子的身高不受任何随机性的影响，而完全由遗传基因决定，这些点就会沿着一条对角线排列，我们可以把它看成是一个被压扁了的椭圆形。在这两种极端情况之间，有胖瘦程度各异的椭圆形。胖瘦程度在经典几何学中被称作椭圆形的"离心率"（eccentricity），可以测量父亲身高对儿子身高的影响程度。离心率高则意味着遗传因素的作用大，而回归平均值的作用小；离心率低则意味着相反情况，此时回归平均值起到决定性作用。高尔顿则把这个量叫作"相关系数"（correlation），这个概念一直被沿用至今。当高尔顿的椭圆形接近于圆形时，相关系数接近零；当椭圆形很扁并且它的轴沿着东北—西南方向延伸，相关系数就接近于1。高尔顿发现，借助离心率（这是一个非常古老的几何量，它的历史至少与公元前3世纪阿波罗尼奥斯的研究成果一样久远）可以测量两个变量之间的相关性，这样，19世纪生物学的一个前沿问题——遗传因素作用的量化问题就迎刃而解了。

如果我们是适度的怀疑论者，就会想到一个问题：假如我们的散点图看上去并不像一个椭圆形，会怎么样呢？实用主义者的答案是：在实践中，我们根据现实数据集绘制的散点图通常大致呈椭圆形。虽然不是一贯如此，但是经常如此，因此这项技术可以得到广泛的应用。下面这幅图表现的是2004年约翰·克里（John Kerry）的得票率与2008年巴拉克·奥巴马的得票率的对比。图中每个点分别代表休斯敦的一个地区。

在这幅图中，椭圆形清晰可见，而且非常扁，这说明克里的得票率与奥巴马的得票率高度相关。此外，大多数点位于对角线上方，这说明奥巴马的总体得票情况优于克里。

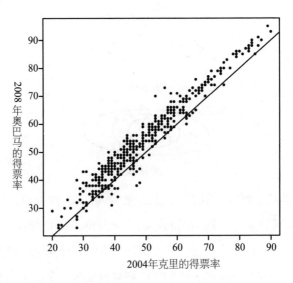

下面这幅图表现的是谷歌公司与通用电气公司在几年时间内的日股票价格波动情况。

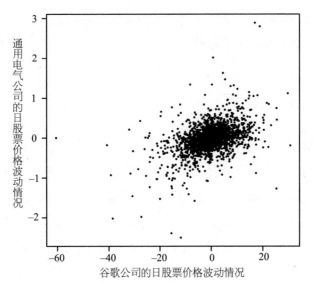

下面这幅图我们在前文中见过，它表现的是 SAT 平均分与北卡罗来纳州若干大学的学费之间的关系。

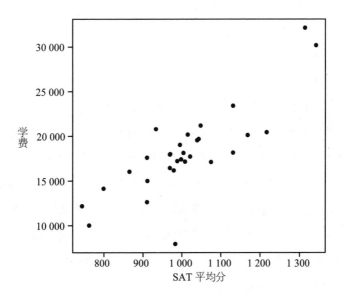

这些数据来源各不相同，但是，三个案例的散点图的形状跟表现父亲与儿子

身高的散点图相似，都近似椭圆形。在第一和第三个例子中，相关系数为正值，表示一个变量的增加与另一个变量的增加存在相关关系，椭圆形由东北指向西南方向。在第二个例子中，相关系数为负值，说明比较富裕的州倾向于支持民主党，椭圆形由西北指向东南方向。

数学的复杂与简单

对于阿波罗尼奥斯与希腊几何学家而言，椭圆形就是圆锥体的斜截面。开普勒指出，天体的运行轨迹不是人们以为的圆形，而是椭圆形。（不过，天文学界用了几十年的时间才接受了他的这个观点。）现在，这种曲线再次粉墨登场，化身为一种自然图形，将表示父亲与儿子身高的那些点包含其中，这是为什么呢？是不是因为有某个圆锥体躲在角落里，偷偷地掌控着遗传基因，如果以适当的角度切割这个圆锥体，就会得到高尔顿的椭圆形？当然不是。那么，遗传基因是否受到某种类似于万有引力的影响，促使高尔顿的散点图变成椭圆形了呢？答案也是否定的。

正确的答案要从数学的某个基本属性中寻找。从某种意义上讲，科学家之所以认为数学非常重要，就是因为这种属性。数学有非常多复杂的研究对象，但是简单的研究对象却寥寥无几。因此，如果某个问题的解需要用简单的数学语言来描述，那么我们可以选用的描述方法是非常有限的。这种情况导致最简单的数学实体随处可见，因为它们要身兼数职，解答各种问题。

最简单的线是直线。我们都知道，直线随处可见，从水晶的棱边到不受任何外力作用的物体的运动轨迹。简单性仅次于直线的是二次曲线。在二次方程式中，相乘的变量不得超过两个，因此，一个变量的平方、两个不同变量的乘积都是允许的，但是三次方或者用一个变量的平方与另一个变量相乘，则是被严格禁止的。按照以前的习惯，包括椭圆形在内的这种曲线仍然叫作圆锥体斜截面，但是勇于创新的代数几何学家把它们叫作"二次曲面"（quadric）。二次方程式的数量非常多，但是它们都满足下面这个形式：

$$Ax^2+Bxy+Cy^2+Dx+Ey+F=0$$

其中 A、B、C、D、E 和 F 为常量。（有兴趣的读者可以自行验证，在只允许两个变量相乘而绝不可以有三个变量相乘的条件下，我们只能采用这种代数表达式。）从这个表达式看，二次方程式可以有很多个，事实上，二次方程式有无穷多个！但是，二次曲面只有三个主要的类型：椭圆形、双曲线和抛物线，如下图所示。

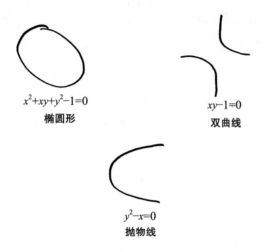

$x^2+xy+y^2-1=0$
椭圆形

$xy-1=0$
双曲线

$y^2-x=0$
抛物线

我们发现，有很多科学问题的解都表现为这三种曲线。不仅天体的运动轨迹如此，曲面镜的优化设计、抛射体的弧形轨道以及彩虹的形状也是如此。

这三种曲线的应用甚至超出了科学领域。我的同事迈克尔·哈里斯（Michael Harris）是巴黎朱西厄数学研究院的一名杰出的数论学家。哈里斯认为，小说家托马斯·品钦（Thomas Pynchon）有三部作品可以用圆锥体斜截面来表示：《万有引力之虹》（*Gravity's Rainbow*）是抛物线（那些刚刚发射和正在坠落的火箭），《梅森和迪克逊》（*Mason & Dixon*）是椭圆形，《抵抗白昼》（*Against the Day*）是双曲线。对我而言，用这种方法分析这三部小说的组织结构，效果不比我见过的其他任何方法差。品钦曾经学习物理专业，经常在小说中提到莫比乌斯带、四元数这样的专业词汇，他当然清楚圆锥体斜截面的含义。

高尔顿观察到自己手绘的这些曲线非常像椭圆形，但是他的几何知识并不丰富，因此无法确定这些曲线就是椭圆形，而不是其他类似的卵形图。由于他一心希望建立一套简洁的普适理论，那么在理解收集来的数据时他会不会因此受到影响呢？果真如此的话，他既不会是科学界犯此类错误的第一个人，也不会是最后一个人。高尔顿一贯谨慎，他找到剑桥大学的数学家汉密尔顿·迪克森（Hamilton Dickson），咨询他的意见。为了不让迪克森偏向于某个结论，他特意隐瞒了数据的来源，诡称在从事物理学研究时遇到了一个问题。迪克森很快确认这个椭圆形不仅是数据所表示的曲线，而且是理论所需要的曲线，这让高尔顿十分高兴。

高尔顿在他的著作中写道："这个问题对于一位功底深厚的数学家而言可能并不是特别难，但是，迪克森单凭数学推理就证实了我辛辛苦苦得出的各种统计学结论，而且其细致入微的程度甚至超出了我最乐观大胆的预测。这些数据在某种程度上讲有点儿粗糙，我在处理时必须加倍小心。因此，在得到迪克森的答复之后，数学分析一锤定音的权威性和不容置疑的掌控力，让我深深折服、无限崇拜。"

谁偷走了世界名画《蒙娜丽莎》？

高尔顿很快发现，相关系数的应用并不仅限于遗传研究领域，只要两个量彼此之间可能有关系，就可以用相关系数来分析。

碰巧的是，高尔顿拥有一个人身测量方面的大型数据库。由于阿方斯·贝蒂荣（Alphonse Bertillon）的研究成果，"人身测定法"在19世纪末风靡一时。贝蒂荣是法国的一名犯罪学家，对待科学研究的态度与高尔顿非常相似，他热衷于运用严格的量化方法来研究人类，而且他深信这是一种行之有效的方法。当时，法国警察辨别嫌犯的做法非常随意，没有一套系统的方法，这让贝蒂荣深感不安。他想，如果在每个违法的法国人的资料中附上一系列测量数据，诸如头的长度与宽度、手指与脚掌的长度等，这种办法肯定会大大提高警察辨识嫌犯的效率。根据贝蒂荣的这套方法，每名嫌犯被捕之后，警察都会测量他的数据，并将数据记录存档备用。如果这个人再次被捕，辨识他的身份就变得非常简单：只需要得到他的测量数据，然后与档案中的数据记录进行比对即可。可以用代号取代真实的姓名，"啊哈，15-6-56-42先生，你以为你可以逍遥法外吗？"

由于贝蒂荣的这套系统性的方法与当时的分析学宗旨十分吻合，因此于 1883 年被巴黎市警察总局采用，并迅速推广到世界各地。包括布加勒斯特和布宜诺斯艾利斯在内的各大城市的警察局，都采用了贝蒂荣的人身测定法，并把它作为辨识嫌犯的权威方法。1915 年，雷蒙德·福斯迪克（Rcoymond Fosdick）指出："贝蒂荣的人身测量数据文件柜是现代警察机构特有的标志。"这种做法在美国也曾十分盛行，而且没有人对此提出任何异议。2013 年，大法官安东尼·肯尼迪（Anthony Kennedy）在为马里兰州诉肯恩一案撰写关键性意见时提到了这个方法，允许各州采集因犯重罪而入狱的犯人的 DNA 样本。肯尼迪法官认为，DNA 序列是 21 世纪的贝蒂荣人身测定法，是可以被添加到人身测量数据库中的一组数据。

高尔顿思考了一个问题：贝蒂荣所选择的那些测量数据是不是最合适呢？如果测量更多的数据，有没有可能更准确地辨识嫌犯呢？高尔顿发现，这些人体测量数据有一个问题，它们并不是完全独立的。如果我们测量了嫌犯双手的数据，是不是仍然需要测量他双脚的数据呢？人们普遍相信，如果一个人的手比较大，从统计学的角度看，他的双脚也很有可能大于平均值。因此，在测量了双手的数据之后再测量双脚的尺寸，贝蒂荣人身测定法可以利用的信息并不会如人们最初希望的那样大幅增加。随着测量的数据越来越多（尤其当测量项目的选择不是很科学时），有可能产生边际效用递减的现象。

为了研究这个问题，高尔顿绘制了另一幅散点图，分析身高与肘长（肘部到中指指尖的距离）之间的关系。结果，同父子身高的关系散点图一样，这幅图也呈现出相似的椭圆形。就这样，高尔顿借助图表再一次证明身高与肘长这两个变量间存在相关关系，尽管两者之间没有显著的相关性。如果两种测量数据高度相关（如左脚和右脚的长度），那么费时费力地把这两个数据都记录下来的做法意义不大。最有效的测量数据应该与其余各项数据都没有相关性，而有相关性的数据可以通过高尔顿收集的大量人体测量数据计算出来。

高尔顿发明的相关系数概念并没有让贝蒂荣的人身测定法得到大幅改进，其原因主要在于高尔顿本人，他支持的是人身测定法的竞争对手——指纹鉴定法。同贝蒂荣的人身测定法一样，指纹鉴定法也是利用一系列数字或符号来辨识嫌犯，而且这些数据或符号可以记录到卡片上，然后分类归档。指纹鉴定法的优势非常明显，其中最突出的优点是，在罪犯本人不在场的情况下也可以采集他的指纹，这个优点在 1911 年的温森·佩鲁贾（Vincenzo Peruggia）案中凸显出来。当时，佩鲁贾采取了一个大胆的行动，在光天化日之下从卢浮宫偷走了名画《蒙娜丽莎》。佩鲁贾曾在巴黎被捕过，当时，警察非常尽职地记录了他的相关数据，但是，人们却发现这张人身测定数据记录卡并不能指认佩鲁贾。如果卡片上记录有指纹鉴定信息，那么仅凭佩鲁贾留在被他丢弃的《蒙娜丽莎》画框上的指纹，就可以立刻指证他。

相关性、《欢乐颂》与数字压缩技术

我在前面对贝蒂荣人身测定法的介绍并不完全准确。事实上贝蒂荣并没有记录各种人体特征的具体数值，而仅仅给出了大、中、小这三个等级。在测量手指长度时，把罪犯分成三类：手指较短的罪犯、手指长度中等的罪犯和手指较长的罪犯。在接下来测量肘长时，再把这三个类别分别分成三个子类，因此，罪犯一共被分成了 9 个类别。贝蒂荣人身测定法通常包括 5 种测量数据，可以把罪犯分成 243（即 3^5）个类别。在这 243 个类别中，每个类别针对眼睛与头发的颜色又有 7 种选择。因此，贝蒂荣最终把罪犯分成了 1 701（即 $3^5 \times 7$）个类别。如果被逮捕的人数超过 1 701 个，那么某些类别囊括的嫌犯人数必然超过 1 个。但是，每个类别囊括的人数会很少，警察就可以很方便地从那些记录卡中找出与嫌犯数据相匹配的人的照片。如果我们愿意增加测量项目，那么每增加一个，类别的数量就会变成以前的三倍。这样，我们可以很容易地把这些类别变得足够小，使每个贝蒂荣代码仅代表一个罪犯（在贝蒂荣的研究中指的是某个法国人）。

这种利用简短的符号串记录人体特征等复杂事物的手段非常简单明了，而且它的应用并不仅限于人体特征。比如，帕森斯编码可以用于为乐曲分类，下面我来为大家介绍帕森斯编码的工作原理。选择一首我们都知道的乐曲，比如《贝多芬第九交响曲》的华丽终曲《欢乐颂》。我们用符号"*"标记第一个音符，然后从三个符号中选择一个来标记它后面的那个音：如果这个音比前面的音高，就用符号"u"表示；如果比前面的音低，就用符号"d"表示；如果两者相同，就用符号"r"表示。《欢乐颂》的前两个音相同，因此我们在开头部分记下"*r"。随后的两个音相继升高，记作"*ruu"。接下来，第五个音与最高的第四个音相同，随后便是依次降低的 4 个音，因此，《欢乐颂》第一句的帕森斯编码就是"*ruurdddd"。

我们不可能根据贝蒂荣的测量结果画出银行抢劫犯的画像，同样，我们也不可能根据帕森斯编码再现贝多芬的代表作。但是，如果我们的文件柜中装满了帕森斯编码，这些符号串就可以帮助我们准确地辨识任何乐曲。比如，如果我们记得《欢乐颂》的旋律，但是想不起它的名字，我们就可以登录"音乐大百科"之类的网站，输入"*ruurdddd"，这一小串符号足以把选择范围缩小至《欢乐颂》与莫扎特《第 12 号钢琴协奏曲》。如果我们哼唱 16 个音，就会产生 43 046 721（即 3^{16}）种帕森斯编码。这个数字肯定大于所有乐曲的数目，因此，这个编码代表两首歌的可能性非常小。每增加一个符号，就会把编码的种类扩大到原来的 3 倍。由于指数级增长的神奇性，利用一段非常短的编码，我们就可以高效地区分两首乐曲。

但是这种做法存在一个问题，我们还是回过头从贝蒂荣人身测定法说起。如果警察逮捕的那些人的肘长与手指长度都分属同一个类别，会导致什么结果呢？两种测量数据本来能产生 9 种类别，但在这种情况下只剩下三种：较短的手指/较短的肘长、中等长度的手指/中等长度的肘长、较长的手指/较长的肘长。此时，贝蒂荣人身测量数据文件柜的抽屉有 2/3 会处于闲置状态。类别的总数不是 1 701 个，而是少得多的 567 个，因此，我们辨识罪犯的能力会下降。我们还可以换一种方式来考虑这个问题，我们以为测量了 5 种数据，但是，如果肘长与手指长度这两个数据项所包含的信息一模一样，那么实际上测得的数据仅有 4 种，可能得到的卡片数量就会由 1 701 张（即 7×3^5）锐减至 567（即 7×3^4）张。存在相关关系的测量数据越多，有效类别的数量就越少，贝蒂荣人身测定法的效果就越差。

高尔顿敏锐地发现，即使手指长度与肘长不属于同一个类别，只要它们有相关性，就会产生同样的结果。测量数据间的相关性会使贝蒂荣记录卡包含的信息量变少。高尔顿的敏锐判断力使他在学术上再次表现出先见之明，他的这个发现其实是一种思维方式的雏形。半个世纪之后，克劳德·香农在他的信息论中为之赋予了完整的形式。我们在第 13 章讨论过，香农的信息论可以给出比特在嘈杂的信息渠道中传输速度的变化范围，他的理论也能以差不多的方式，表现变量之间的相关性使记录卡中信息量减少的程度。也就是说，测量数据间的相关性越强，贝蒂荣记录卡包含的信息量（按照香农的理解）就越少。

如今，尽管贝蒂荣人身测定法已经风光不再，但是，认为"记录身份的最佳方式是一串数字"这种观念已经占据绝对优势，我们生活的环境成了数字化信息的世界，相关性会使有效信息量减少的理念也成为最核心的组织原则。过去，照片就是在有化学涂层的相纸上将颜料排成某种图案的产物，而现在则变成了一串数字，其中的每个数字代表像素的亮度与颜色。一部 400 万像素照相机捕捉的画面就是由 400 万个数字组成的数字串，因此这部照相机在拍摄照片时需要留出不小的内存。但是，这些数字相互之间有很强的相关性。如果一个像素是鲜绿色的，那么下一个像素可能同样是鲜绿色的，所以这幅图像中实际包含的信息远少于 400 万个数字的信息表达能力。正是出于这个原因，压缩技术才成为一种可能。[①]压缩是一种非常重要的数字技术，可以将图像、视频、音乐和文本储存到远小于我们预期的内存空间中。相关性概念的提出使压缩技术成为可能，但是在实际操作中还涉及一些更现代的概念和想法，例如让·莫雷（Jean Morlet）、斯特凡·马拉特（Stéphane Mallat）、伊夫斯·梅耶尔（Yves Meyer）和英格丽·多贝西（Ingrid Daubechies）等人于 20 世纪七八十年代提出的"小波理论"，以及发展势头迅猛的压缩传感技术。后者源于 2005 年伊曼纽尔·康戴斯（Emmanuel Candès）、贾斯汀·罗姆博格（Justin Romberg）与陶哲轩合著的一篇论文，随后迅速发展成应用数学的一个非常活跃的子领域。

寒冷的城市与炎热的城市

接下来，我们还要继续讨论前面提到的一个问题。我们已经知道如何利用回

---

① 我得承认，原因不完全在于像素之间的相关性，但最根本的原因的确是图像所承载的信息量（按照香农的理解）。

归平均值来解释西克里斯特发现的"平庸状态取得胜利"现象。但是，在平庸状态取得的胜利中，还有一些是西克里斯特没有观察到的，对于这些胜利，我们能否用回归平均值现象来解释呢？西克里斯特在分析美国城市的气温时，发现1922 年最炎热的城市到了 1931 年仍然是最炎热的，这对于他证明企业经营业绩的回归是人类特有的现象有着非常重要的意义。然而，如果回归平均值是普遍现象，为什么气温就不存在这种现象呢？

答案很简单：气温也会回归平均值。

下表列出的是威斯康星州南部 13 个气象站收集的 1 月份平均气温，单位为华氏度。这些气象站两两之间的距离都不超过两个小时的车程。

	2011 年 1 月	2012 年 1 月
克林顿	15.9	23.5
科蒂奇格罗夫	15.2	24.8
阿特金森堡	16.5	24.2
杰斐逊	16.5	23.4
米尔斯湖	16.7	24.4
洛蒂	15.3	23.3
麦迪逊机场	16.8	25.5
麦迪逊植物园	16.6	24.7
麦迪逊，察迈尼	17.0	23.8
马佐梅尼	16.6	25.3
波蒂芝	15.7	23.8
里奇兰中心	16.0	22.5
斯托顿	16.9	23.9

如果把这些气温数据绘制成高尔顿式散点图，我们就会发现，总体来说，2011 年气温较高的城市到 2012 年气温仍然较高。

但是，2011 年气温最高的三个气象站（察迈尼、麦迪逊机场和斯托顿），2012 年 1 月的平均气温分别排在第一、第七和第八。同时，2011 年气温最低的气象站（科蒂奇格罗夫、洛蒂和波蒂芝）到 2012 年气温相对有所升高。按照气温由低到高排列，波蒂芝排在第四位，洛蒂排在第二位，而科蒂奇格罗夫的气温已经高于大多数城市了。换言之，气温最高与气温最低的城市都在向中间位置靠拢，这与西克里斯特研究五金店得出的结果十分相似。

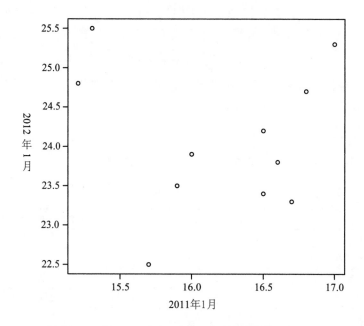

那么，为什么西克里斯特没有发现气温的这种变化情况呢？这是因为他选择的气象站有所不同，并不是集中在中西部偏北的位置，而是很分散。假设我们不研究威斯康星州的气温，而是考察加利福尼亚州各地 1 月份的气温。

	2011 年 1 月	2012 年 1 月
尤里卡	48.5	46.6
弗雷斯诺	46.6	49.3
洛杉矶	59.2	59.4
河滨	57.8	58.9
圣迭戈	60.1	58.2
旧金山	51.7	51.6
圣何塞	51.2	51.4
圣路易斯奥比斯波	54.5	54.4
斯托克顿	45.2	46.7
特拉基	27.1	30.2

从这张表中看不出任何回归的迹象。最冷的地方，如内华达山脉的特拉基，仍然非常冷；而最炎热的城市，如圣迭戈和洛杉矶，气温仍然很高。如果把它们

绘制成散点图，就会看到与上图完全不同的情况。

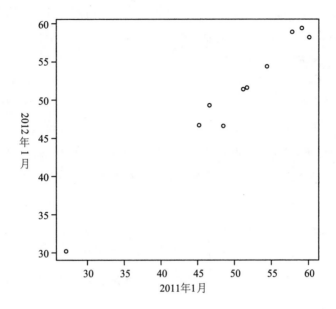

如果根据这 10 个点绘制高尔顿式椭圆形，这个椭圆形会非常扁。这表明，加利福尼亚的某些地方明显比其他地方寒冷，城市之间气温的差别非常大，因此随机性的影响根本无从体现。用香农的话来说，"信号很丰富，噪声却比较少"。而威斯康星州中部偏南地区各城市的情况正好相反，从气温的角度看，马佐梅尼与阿特金森堡的情况比较接近。在任一年份，这两个城市的气温排名都会受到随机性的显著影响，也就是说，噪声比较多，而信号比较少。

西克里斯特以为，他历经艰辛发现的回归平均值现象是经济学的一个新定理，有利于提高经济研究的确定性与严谨性。但是，他的心愿落空了。如果把企业比喻成加州的各个城市，用炎热程度来代表商业经营行为中内在的差异性，我们就会发现回归平均值现象并没有那么明显。西克里斯特的发现表明，跟企业更加相似的是威斯康星州的那些城市：优质的管理与敏锐的商业眼光非常重要，但是运气的成分同样不可忽视。

如果谈到高尔顿却不详细介绍优生学理论，就有点儿奇怪了。优生学在数学界之外享有盛名，高尔顿被称为"优生学之父"。我认为关注数学贴近生活的一面有助于我们规避错误，如果大家都能接受这个观点，那么高尔顿这位在数学问题上目光敏锐的科学家，怎么会大错特错地认为人类可以通过优生的方式有选择地拥有某些特性呢？高尔顿认为他在这方面的观点是中肯、明智的，尽管当代人觉得它们骇人听闻。

　　如果有人提出新观点，在大多数情况下，都会有执迷不悟的人提出严厉的反对意见，优生学也遭遇了同样的命运。这些反对者最常用的手段就是歪曲优生学，认为优生学与动物育种一样，必须采取强制性婚配这种方法。事实并非如此。我认为，对于有精神失常、智力低下、经常犯罪、靠救济度日等问题且程度较严重的人，应当采取严格的限制措施，禁止他们随意生育后代，但是这种做法与强制性婚配完全不同。如何限制不恰当的婚姻本来就是一个难题，那么无论我们采取隔离措施，还是采取有待发明且与公众在信息渠道通畅的情况下形成的人道主义观点相一致的其他方法，都很难解决这一难题。

　　对此我能说什么呢？数学可以帮助我们规避错误，但是仍然会有漏网之鱼。（对不起，本书一经售出，概不退款！）犯错误就像一种原罪，打从一出生我们就会犯错误，而且会不断犯错误，因此，我们必须时刻保持警惕。数学知识会增强我们分析某些问题的能力，但是，如果对我们的所有信念都充满信心，甚至在未知领域也盲目地自信，就会将自己置于十分危险的境地。

　　请大家在阅读本书时多加小心，因为我也可能犯同样的错误。

相关性与十维空间的探险之旅

　　高尔顿提出的相关性概念对我们所处的世界具有不可估量的影响。它的影响力不仅触及统计学，而且涵盖科学活动的所有领域。关于"相关性"一词，我们首先应该了解的是"相关关系并不意味着因果关系"。即使一个现象不会导致另一个现象，根据高尔顿的理解，这两个现象之间也可能存在相关性。其实，这并不是什么新发现。人们早就知道兄弟姐妹更有可能有相同的身体特征，还知道并不是因为哥哥高所以妹妹也高。但是，这个现象背后仍然暗藏着某种因果关系：

父母高，在遗传因素的作用下，两个孩子也高。在后高尔顿时代，我们可以大谈特谈两个变量之间的相关性，但是对于两者之间是否存在某种因果关系（无论是直接还是间接的因果关系）却不得而知。从这个意义上讲，高尔顿的相关性概念，与名气比他大的表哥（达尔文）的伟大发现之间有某种共通之处。达尔文指出，在讨论进化时即使不带有任何目的，也可能产生研究价值，而高尔顿的研究则证明，在针对相关性开展有意义的讨论时无须关注潜在的因果关系。

高尔顿给出的相关性的原始定义存在某种局限性，仅适用于分布遵循钟形曲线定律的变量。但是，卡尔·皮尔逊很快就对他的这个概念进行了修正，使其适用于所有变量。

皮尔逊的公式里有许多平方根与比例，如果我们对笛卡儿几何学的掌握没有达到驾轻就熟的程度，皮尔逊的公式就不可能对我们有所启发，因此，我在这里就不列出这个公式了，大家也无须查阅相关资料。不过，皮尔逊的公式有一个非常简单的几何描述方法。从笛卡儿开始，数学家就热衷于在现实世界的代数描述与几何描述之间来回切换。代数的优势在于形式严谨，易于输入电脑；而借助几何学，我们则可以凭直觉处理眼前的难题，当拥有绘图能力时，这个优势会更加明显。有很多数学知识我无法真正地理解，但是，一旦了解了它的几何含义之后，我就会豁然开朗。

那么，在几何学中，相关性指的是什么呢？为方便理解，我们回过头，再次研究 2011 年 1 月和 2012 年 1 月 10 个加州城市 1 月份平均气温的表格。我们发现，2011 年的气温与 2012 年的气温之间存在非常强的正相关性，根据皮尔逊的公式，该相关系数是 0.989。

在研究两个不同年份气温测量数据之间的关系时，我们可以把表中各数据项减去相同的量，这个操作不会影响结果。如果 2011 年的气温与 2012 年的气温之间存在相关性，那么它与"2012 年的气温 +5 华氏度"之间也必然存在相关性。我们还可以换一种方法来考虑这个问题：如果我们把图中所有的点都向上移动 5 英寸，那么高尔顿的椭圆形不会改变，发生改变的只是它的位置。事实证明，如果把这些气温值加上或减去一个相同的量，将更有利于我们的分析研究。比如，在这个案例中，两列数值分别减去 2011 年与 2012 年的气温平均值，我们就会得到下表：

	2011 年 1 月	2012 年 1 月
尤里卡	−1.7	−4.1
弗雷斯诺	−3.6	−1.4
洛杉矶	9.0	8.7
河滨	7.6	8.2
圣迭戈	9.9	7.5
旧金山	1.5	0.9
圣何塞	1.0	0.7
圣路易斯奥比斯波	4.3	3.7
斯托克顿	−5.0	−4.0
特拉基	−23.1	−20.5

在这张表中，数据为负值时表示该城市气温较低，如特拉基；数据为正值时表示气温较高，如圣迭戈。

接下来的步骤非常关键。记录 2011 年 1 月气温情况的那一列有 10 个数字，因此这一列就是一串数字，它还是一个点。这是怎么回事呢？这得归功于笛卡儿。我们可以把两个数字的组合 (x, y) 看成平面上的一个点，x 自原点向右，y 自原点向上，并画出一个从原点指向点 (x, y) 的短箭头，这个箭头叫作"向量"（vector）。

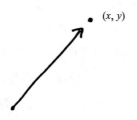

同样，三维空间中的点可以表示成三个数字的组合 (x, y, z)。只要我们不因循守旧，敢于创新，就能有所突破。4 个数字的组合可以看成是四维空间中的点，那么，表中表示加州各地气温情况的那 10 个数字，就是十维空间中的点。不过，更好的做法是把它看成一个十维向量。

此时，大家有足够的理由提出疑问：我应该怎么考虑这个十维向量？它到底是什么样子？

十维向量的样子如下图所示：

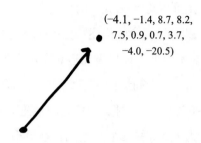

(-4.1, -1.4, 8.7, 8.2,
7.5, 0.9, 0.7, 3.7,
-4.0, -20.5)

这是高级几何学中隐藏的一个小秘密。拥有处理十维（甚至一百维、一百万维）几何体的能力似乎是一件非常美妙的事，但是，我们的脑海里只能产生二维最多三维几何体的形象，这是我们思维能力的极限。值得庆幸的是，这种有限的思维能力足以帮助我们处理一些问题。

高维几何体似乎有些神秘，因为我们生活在一个三维世界里（加上时间维度就是四维，如果我们是弦论学家，就可能是二十六维。即便如此，我们也会认为宇宙在其中大多数维度上的延伸是有限的）。我们为什么要研究高维几何体呢？

时下特别流行的数据研究给出了一个答案。大家还记得前面讨论的用 400 万像素照相机拍摄的那幅照片吧，那幅照片被描述成了 400 万个数字，每个数字对应一个像素。（这是在不考虑颜色的情况下得到的结果。）因此，该影像就是一个四百万维向量，或者说，是四百万维空间中的一个点。随时间变化的影像就可以表示成一个在四百万维空间中移动的点，在四百万维空间中留下一条线。也就是说，不知不觉中，我们已经在研究四百万维向量的微积分问题了，而且，我们还会发现这样的研究其乐无穷。

接下来我们继续讨论气温问题。表中有两列数据，每列都是一个十维向量，如下图所示：

　　这两个向量的方向大致相同，表明这两列数据实际上区别不大。我们已经知道，2011 年最冷的城市在 2012 年也非常冷，气温高的城市情况亦大致如此。

　　这就是用几何语言表述的皮尔逊公式，两个变量之间的相关性是由这两个向量之间的夹角决定的。如果用三角学来描述，相关性就是夹角的余弦。至于你是否记得余弦的含义，这并不重要，你只需知道 0 度角（即两个向量指向相同方向）的余弦为 1，180 度角（两个向量指向相反方向）的余弦为 −1。如果两个向量的夹角为锐角（小于 90 度的角），那么它们之间存在正相关关系；如果两个向量的夹角大于 90 度，即为钝角，那么它们之间存在负相关关系。笼统地讲，当夹角为锐角时，两个向量"指向相同方向"；而当夹角为钝角时，两个向量会"指向相反方向"。

　　如果夹角既不是锐角也不是钝角，而是直角，那么这两个变量之间不存在相关性。在几何学中，我们把夹角为直角的两个向量叫作"垂直"（perpendicular）或"正交"（orthogonal）向量。数学家以及那些对三角学情有独钟的人经常延伸"orthogonal"这个词的内涵，用它来表示某个东西与手头上的东西没有任何关系。例如，"你可能以为你深受欢迎的原因与你的数学技能有关，但是，根据我的经验，这两者之间没有任何'交集'（orthogonal）"。慢慢地，为三角学痴迷者们所青睐的这种用法就变成了人们广泛使用的语言。我从美国高等法院近期发生的口头辩论中摘选了一段，帮助你们了解这个现象。

　　　　弗雷德先生：我认为那个问题与我们在这里讨论的问题没有任何"交集"，因为我们州承认……

　　　　首席法官罗伯茨：对不起。没有任何什么？

　　　　弗雷德先生：交集。两者毫无关联，没有任何相关性。

　　　　首席法官罗伯茨：哦。

　　　　法官萨卡里亚：是哪个词啊？我喜欢这个词。

　　　　弗雷德先生：交集。

　　　　法官萨卡里亚：交集？

　　　　弗雷德先生：对，对。

第 15 章
父母高，孩子不一定也高

法官萨卡里亚：哦。

（哄堂大笑。）

对于大家纷纷效仿使用"orthogonal"一词的行为，我是赞成的。数学术语变成日常用语已经不是新鲜事了。现在，"lowest common denominator"[1]这个表达的数学含义几乎消失了，而且这个演变过程是以指数级速度完成的。

客气地说，将三角学应用于高维向量以量化相关性，并不是人们当初发明余弦函数的初衷。公元前 2 世纪，尼西亚天文学家希帕恰斯（Hipparchus）写出了第一个三角函数表，目的是计算日食的时间间距，他所使用的向量都是用来描述天体的，而且毫无例外都是三维的。但是，为达到某个目的而发明的数学工具，往往也可以在其他多个方面发挥作用。

借助几何学来理解相关性这个概念，使统计数据中某些含糊不清的内容变得明晰起来。我们以富有的自由派精英分子为例，一段时间以来，这个略带贬义的词频频出现在政治专家的意见之中。戴维·布鲁克斯（David Brooks）在这个方面的见解可能最专注，也最翔实，他写了一本书介绍被他称作"波波族"的群体。[2]2001 年，布鲁克斯在思考兼具城乡特色、经济富裕的马里兰州蒙哥马利县和经济水平居于中游的宾夕法尼亚州富兰克林县之间的差距时，发现根据经济水平进行政治分类的老方法已经严重滞后了。在这种旧的分类体系中，共和党支持的是钱袋子，而民主党支持的则是埋头工作的人。

在去年的总统大选中，与硅谷、芝加哥北岸、康涅狄格州城郊等美国各地的其他高收入地区一样，蒙哥马利县支持的是民主党，共和党和民主党的选票分别占 34% 和 63%；而富兰克林县则把大部分选票投给了共和党，两党得到的选票分别占 67% 和 30%。

首先，这里说的"各地"有点儿言过其实了。威斯康星州最富裕的县是沃基

---

① 最小公分母，常喻指"大众化的东西""最平庸的人"等。

② "波波族"（Bobo）是由"布尔乔亚"（Bourgeois）和"波西米亚"（Bohemia）组合而成的。布尔乔亚和波西米亚这两个性质完全不同，甚至相互冲突的社会阶层混合在一起，构成了一个自相矛盾的"波波族"。波波族既讲究物质层面的极致享乐，又标榜生活方式的自由不羁和浪漫主义。

莎，小布什在这里击败了阿尔·戈尔（Al Gore），但是，在全州范围内戈尔以微弱的优势取得了胜利。

其次，布鲁克斯说的是实情，我们在前面介绍的散点图中已经清楚地看到了这个现象。从当今美国大选来看，富裕的州更有可能把选票投给民主党。密西西比州和俄克拉何马州都是共和党的地盘，但是共和党根本不会奢望主导纽约州和加利福尼亚州。换言之，居住在富裕的州与把选票投给民主党，两者之间存在正相关性。

但是，统计学家安德鲁·格尔曼（Andrew Gelman）认为，布鲁克斯描述的其实是一种新型的自由主义者，他们喝着拿铁，开着丰田普锐斯，住着有品位的大房子，印有"NPR"（美国国家公共电台）字样的大手提袋中装满了现金，而实际情况更加复杂。事实上，几十年以来，有钱人把选票投给民主党的可能性一直高于那些囊中羞涩的人，而且这种情况持续存在。格尔曼及其合作伙伴深入分析每个州的统计数据，结果发现了一个非常有意思的规律。在某些州，例如得克萨斯州和威斯康星州，富裕的县会把更多的选票投给共和党。但是在马里兰、加利福尼亚与纽约等州，富裕的县则更倾向于支持民主党，而众多政治专家正好就住在这些州。他们坐在家中放眼一看，在他们周围这片富足的土地上生活的都是有钱的自由主义者，便自然而然地认为全美各地都是这样。的确，他们有这样的想法是很自然的，但是，如果看一看总体数据，我们就会知道这是一个错误的想法。

不过，这里似乎存在一个悖论。家境富裕与居住在富裕的州，这两者之间毫无疑问是存在正相关关系的，居住在富裕的州与把选票投给民主党也存在正相关关系，这是不是意味着家境富裕与把选票投给民主党之间肯定也存在正相关关系呢？用几何语言表述的话，就是：如果向量1与向量2的夹角为锐角，向量2与向量3的夹角也是锐角，那么向量1与向量3的夹角是不是也一定是锐角呢？

并非如此，我们可以画图证明。

第 15 章
父母高，孩子不一定也高

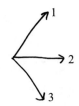

　　某些关系（例如"大于"）是可以"传递"的。如果我比我儿子重，我儿子又比我女儿重，那么，我肯定比我女儿重。"与……居住在同一座城市"也具有可传递性。如果我和比尔住在同一座城市，比尔与鲍勃住在同一座城市，那么我和鲍勃一定也住在同一座城市。

　　但是，相关性不具有可传递性，相关性与"血缘关系"比较类似。从血缘方面讲，我与我儿子有血缘关系，我儿子与我妻子有血缘关系，但是我和我妻子之间并没有血缘关系。事实上，如果把存在相关性的变量理解成"部分DNA相同"，就不会有多大问题。假设我经营的小型理财公司只有三位投资者——劳拉、萨拉和蒂姆。他们的股票头寸非常简单：劳拉的一半头寸是脸谱网的股票，一半是谷歌的股票；蒂姆的头寸是通用汽车的股票和本田的股票各占一半；萨拉的头寸中新经济和传统经济各占半壁江山，即一半是本田的股票，一半是脸谱网的股票。很明显，劳拉的收益肯定与萨拉的存在正相关关系，因为他们的投资组合有一半是相同的，萨拉的收益与蒂姆的收益也存在正相关关系；但是，我们没有理由认为蒂姆的收益与劳拉的收益一定存在正相关关系。他们的头寸就像一对夫妻，分别贡献一半"遗传基因"，形成了一种结合体，即萨拉的头寸。

　　从某种意义上讲，相关性的不可传递性是显而易见的，但又不容易理解。以共同基金为例，如果知道蒂姆的收益有所上升，我们不会错误地认为可以据此推断劳拉的收益。但是，我们的直觉在其他领域的表现却没有这么好，例如，我们在考虑"优质胆固醇"时就是这样。"优质胆固醇"指的是血液中HDL（高密度脂蛋白）携带的胆固醇，几十年来，人们一直认为优质胆固醇含量与心血管问题发生率之间存在相关性，优质胆固醇含量越高，出现心血管问题的风险就越低。通俗地讲，如果你的优质胆固醇含量充足，那么你捂着胸口倒地而亡的可能性往往比较小。

我们还知道某些药物可以有效地增加优质胆固醇的含量，其中比较常见的是维生素B族中的烟酸（niacin）。如果烟酸可以增加优质胆固醇含量，那么，大量摄入烟酸应该可以取得比较好的效果。我的医生就提议我这样做，估计你的医生也会给出类似的建议，除非你还未成年或者是马拉松选手这种代谢能力很强的人。

问题是，我们并不清楚烟酸是否有效。小规模临床试验结果表明补充烟酸的做法可以取得较好的疗效，但是，2011年，美国国家心肺血液研究所提前一年半中止了该所的一个大规模临床试验，原因是结果非常不理想。服用烟酸补充剂的病人的确提升了体内的优质胆固醇含量，但是他们患心脏病与中风的概率跟其他人没有任何区别。为什么会这样呢？这是因为相关性是不可传递的。烟酸与优质胆固醇含量之间存在相关性，高含量的优质胆固醇与低心脏发病率之间存在相关性，但这并不意味着烟酸可以预防心脏病。

然而，这也不意味着增加血液中HDL携带的优质胆固醇含量的做法行不通。每种药物都不相同，而临床效果有可能与增加优质胆固醇含量的方法有关系。我们回过头再讨论一下理财公司的问题。我们知道蒂姆的收益与萨拉的收益存在相关性，因此，我们有可能采取某些措施增加蒂姆的收益，从而增加萨拉的收益。如果我们采取的方式是通过发布虚假的利好消息来促使通用汽车的股票涨价，蒂姆的收益就会提高，而萨拉的收益却没有变化。但是，如果我们发布的是关于本田股票的虚假利好消息，那么蒂姆与萨拉的收益都会提高。

如果相关性具有可传递性，医学研究就会容易得多，因为几十年来我们积累了大量的观察结果和相关数据，已经知道很多现象之间存在相关性。如果相关性真的具有可传递性，医生只需要这些相关性之间建立联系，就可以有效地治疗各种疾病。我们知道女性的雌性激素与低心脏发病率之间存在相关性，我们还知道荷尔蒙替代疗法可以提高雌性激素的含量，因此，我们可能会认为荷尔蒙替代疗法可以降低妇女患心脏病的风险。事实上，这是临床治疗的传统观点，而真实情况则要复杂得多。21世纪初，一项涉及大量随机临床试验的长期研究——妇女健康临床研究的报告称，采用雌性激素与黄体酮组合的荷尔蒙替代疗法，实际上增加了研究对象患心脏病的风险。后来的研究又得出了另外一些结果：荷尔蒙替代疗法对不同女性人群的疗效也不相同，单纯采用雌性激素的治疗方案可能比采用雌性激素与黄体酮组合的治疗方案，更有利于女性的心脏健康，等等。

在现实生活中，我们几乎根本无法预测某种药物对某种疾病有什么样的疗效，即使我们非常了解这种药物对优质胆固醇或者雌性激素含量等生物标记物的影响。人体是一个异常复杂的系统，我们可以测量的特征为数甚少，更不用说操控这些特征了，但我们可以在相关性的基础上进行观察。有可能取得预期疗效的药物非常多，因此我们只能通过临床试验找出合适的药物。但是，大多数临床试验会遭遇失败，令我们一次次地感到沮丧。因此，开发新药不仅需要大量资金，更需要的是持之以恒、越挫越勇的心态。

不存在相关性不代表没有任何关系

我们已经知道，如果两个变量之间存在相关性，它们就会在某个方面相互关联。那么，如果它们之间不存在相关性，是不是就意味着这两个变量之间不存在任何关系，相互间也不会产生任何影响呢？实际情况远非如此。高尔顿的相关性概念有一个非常重要的局限性：这个概念探究的是两个变量之间的线性关系，一个变量增加的同时，另一个变量往往会成比例地增加（或减少）。但是，有的线不是直线，同样，也不是所有的关系都是线性关系。

我们看下面这幅画：

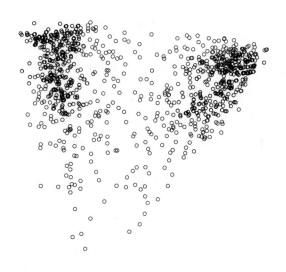

　　这幅图是我根据 2011 年 12 月 5 日政治民意调查的结果绘制的。图中有 1 000 个点，每个点分别代表一个选民对民调的 23 个问题的回答。点在横轴上的位置表示政治倾向的"左"和"右"：声称支持奥巴马总统，支持民主党，反对"茶党"①的人通常位于左侧；而支持共和党，不喜欢哈里·瑞德（Harry Reid），认为将会发生旨在取缔圣诞节的"圣诞之战"的那些人则位于右侧。纵轴粗略地表示"了解程度"，位于图下半部分的人在回答"你赞成还是反对（参议院少数党领袖）米切·麦康纳（Mitch McConnell）的行为"等涉及更多政治内幕的问题时，给出的答案往往是"不知道"，并且对 2012 年总统大选表现出不关注或者无所谓的态度。

　　看看这幅图我们就能知道，两个坐标轴代表的变量之间不存在相关性，越靠近图的上部，这些点向左右两侧偏斜的趋势就越明显。但是，这并不意味着这两个变量之间没有任何关系。事实上，上图已经清楚地表现出它们之间存在某种关系。该图呈"心形"，两侧各有一个叶瓣，底端形成一个顶点。当选民得到的信息增多时，他们倾向于支持民主党或共和党的程度不会有显著变化，但是他们两极分化的态势却更加明显：左右两侧与中心的距离越来越远，而中间稀疏的部位变得更加稀疏。在图的下半部分，对政治了解程度较低的选民往往会采取更加中立的态度。这幅图反映了一个重要的政治事实：总体来说，某些选民摇摆不定并不是因为他们没有盲从某些政治信条，正在认真地比较候选人孰优孰劣，而是因为他们几乎不关注总统选举。目前，这个事实已经成为政治科学文献中一个老生常谈的问题了。

　　数学工具与所有的科学工具一样，不可能适用于探究所有现象。就像照相机无法探测伽马射线一样，相关性研究也无法在这幅散点图上的心形图案中有所发现。如果有人说他发现自然界或社会中有两种现象之间不存在相关性，此时，我们一定要记住这并不意味着这两种现象之间没有任何关系，只不过相关性研究无法探究出它们之间的关系罢了。

---

　　① 茶的英文单词"Tea"也是"税收得够多了"（Taxed Enough Already）的缩写。——译者注

第 16 章　因为患了肺癌你才吸烟的吗?

如果两个变量之间存在相关性? 相关性到底意味着什么呢?

为方便理解, 我们从最简单的变量入手, 考虑只有两个可能的值的二元变量的情况。二元变量经常被用来回答"你结婚了没有""你吸烟吗""你现在或者曾经是医生吗"等问题。

二元变量的相关性特别简单, 易于比较。例如, 如果说婚姻状况与吸烟具有负相关性, 则表明已婚者吸烟的可能性低于平均值。换言之, 吸烟者已婚的可能性低于普通人。我觉得有必要说明这两个说法的确是一样的, 第一种表达可以写成下面这个不等式:

已婚吸烟者 / 所有已婚者 < 所有吸烟者 / 所有人

第二种表达则可以写成:

已婚吸烟者 / 所有吸烟者 < 所有已婚者 / 所有人

在上面两个不等式的两边同时乘以公分母 (所有人 × 所有吸烟者), 就会发现这两种表达虽然形式不同, 但内容一样。

已婚吸烟者 × 所有人 < 所有吸烟者 × 所有已婚者

同样，如果吸烟与婚姻状况存在正相关关系，就会得到"已婚者吸烟的可能性超过平均值"与"吸烟者已婚的可能性高于普通人"这两个结论。

但是，已婚者中吸烟者的比例与所有人中吸烟者的比例正好相等的概率非常小。因此，如果不考虑这种巧合情况，已婚与吸烟之间就存在相关关系，可能是正相关关系，也可能是负相关关系。同样，性取向、是否为美国公民、姓名首字母是否排在字母表后半部分等，都与吸烟之间存在正相关关系或者负相关关系。我们在第 7 章讨论的零假设几乎总是错误的，与这个现象非常相似。

如果我们失去信心，绝望地说："所有事物之间都存在相关性！"那么，这样的结论没有多大意义。因此，我们不会报告我们发现的所有相关性。如果报告某两个事物之间存在相关性，就是在暗示读者这种相关性"非常强"，值得报告，而且通常是因为该相关性通过了统计学显著性检验。我们知道，统计学显著性检验会招致很多风险，但是我们至少可以借此发出一个信号，让统计学家觉得"这中间肯定有某种玄机"而不敢等闲视之。

但是，到底有什么玄机呢？接下来讨论的是最麻烦的问题。已婚与吸烟之间存在负相关关系，这是一个事实，用一句的话来表述就是：

如果你吸烟，你已婚的可能性就比较低。

但是，如果对这句话稍加改动，意思将截然不同：

如果你曾经吸烟，你已婚的可能性就比现在低。

将陈述语气变成虚拟语气之后，句子的意思竟然发生了如此明显的变化，似乎让人摸不着头脑。第一句话表述的是真实情况，而第二句话则涉及一个更加微妙的问题：如果我们改变现实世界中的事物，将会产生什么结果？第一句话表示某种相关性，而第二句话则暗示某种因果关系（曾经吸烟会导致现在已婚的可能性降低）。我们已经讨论过，相关关系与因果关系是不同的概念。吸烟者已婚的可能性低于其他人，这个事实并不意味着戒烟之后你的未来伴侣就会从天而降。

自从一个世纪之前高尔顿与皮尔逊完成了他们的研究之后，对相关性的数学描述就固定下来了，而且这些描述非常到位。但是，因果关系这个概念却一直令人困惑。

我们对相关关系与因果关系这两个概念的理解在某些方面含糊不清。有时候，我们可以凭直觉清楚地发现两者之间的不同，但是直觉有时候也无能为力。我们说优质胆固醇含量与心脏发病率之间存在相关性，我们表述的是这样一个事实："如果你的优质胆固醇含量较高，你患心脏病的可能性就比较小。"我们很可能会认为优质胆固醇可以发挥某种作用，从而改善心血管健康状况，比如，可以"刮掉"动脉壁上讨厌的油脂。也就是说，如果优质胆固醇真的有益身体健康，那么我们的确有理由认为，所有能提高优质胆固醇含量的治疗方法，都可以降低人们患心脏病的风险。

但是，优质胆固醇与心脏病之间存在相关性的原因与我们想象的可能有所不同。比如，某个我们还没有发现的因素在提升优质胆固醇含量的同时，还能降低心血管疾病的发病风险。在这种情况下，能提高优质胆固醇含量的药物有可能具有预防心脏病的疗效，也可能没有。如果这种药物是通过作用于这个神秘因素来提高优质胆固醇含量的，就可能对心脏有益；如果这种药物是通过其他方式提高优质胆固醇含量的，我们的希望就会完全落空。蒂姆与萨拉的收益情况与之相似。他们在理财上取得的成功具有相关性，但是，萨拉的盈亏不是由蒂姆的收益决定的，而是另有原因，即同时影响蒂姆与萨拉收益的那个神秘因素——本田公司的股票。在临床上，研究人员把这个现象称作"替代终点问题"（surrogate endpoint problem）。要检验某种药物是否具有延年益寿的效果，需要投入大量时间与资金，因为我们必须等到人们死了之后才能知道他们的寿命。优质胆固醇就是一种理想的替代终点，人们认为这种易于检验的生物标记物是"寿命长、无患心脏病风险"的标志。但是，优质胆固醇与心脏病之间存在相关性，可能并不代表两者之间也存在因果关系。

甄别相关性是否由因果关系产生，其难度非常大。即使在某些情况下，我们可能觉得两者有明显的区别，例如吸烟与肺癌之间的关系，但是，要清楚地区分它们也是一件令人头疼的事。19 世纪末 20 世纪初，肺癌还是一种极为少见的疾病。但是到了 1947 年，在因癌症死亡的英国人中，有 1/5 的人死于肺癌，是几十年前肺癌死亡人数的 15 倍。起初，很多研究人员认为这是因为肺癌的诊断水平比以前更高，但是，人们很快发现，从肺癌病例数量增长的速度之快、幅度之大来看，这样的解释是说不通的。人们只知道肺癌发病率在上升，但却不知道造成这一变化的罪魁祸首到底是谁：是工厂排放的黑烟，还是越来越多的汽车尾气？是某种我们认为不会造成污染的物质，还是香烟？答案不得而知。

到 20 世纪 50 年代初，英国与美国开展的一些大型研究表明，吸烟与肺癌之间存在非常显著的相关关系。在非吸烟者当中，肺癌依然十分少见，但是对吸烟者而言，患肺癌的风险却非常高。多尔（Doll）与希尔（Hill）于 1950 年发表的一篇非常有名的论文指出，伦敦 20 家医院一共有 649 名男性肺癌患者，其中只有两人不吸烟。今天，这样的比例一定会备受人们关注，但是在 20 世纪中叶的伦敦，人们并不觉得这个数据能说明什么问题，因为当时吸烟是一个非常普遍的习惯，不吸烟的人远比现在的要少。在因为其他病症而住院接受治疗的 649 名男性病人之中，不吸烟的人远远超过两个，为 27 个。而且，烟瘾越大，这种相关性就越明显。在这 649 名肺癌患者当中，有 168 人每天吸烟超过 25 支。

多尔与希尔收集的数据表明肺癌与吸烟之间存在相关性。尽管两者之间不是严格的决定性关系（有的人吸了很多烟，也没有患肺癌，而有些不吸烟的人却患有肺癌），但它们也不是两个相互独立的现象。在高尔顿与皮尔逊的示意图中，这两者之间的关系处于模糊的中间区域。

确认相关性的存在与解释其存在的原因不是一回事。多尔与希尔的研究并没有证明肺癌是吸烟导致的，他们在论文中指出，"如果肺癌会导致病人吸烟，或者吸烟与肺癌是同一个原因导致的两个结果，吸烟与肺癌之间就会产生某种联系。"他们认为，肺癌导致病人吸烟这个说法不是很合理，因为肿瘤不会对患者生病之前的行为产生影响，使他们养成一天吸一盒烟的习惯。而同一个原因导致这两个结果的说法则难以确认。

我们的老朋友、现代统计学的奠基人费舍尔，正是站在这个立场上对香烟-肺癌的相关性表示了强烈的怀疑。费舍尔是继承高尔顿与皮尔逊理念的最合适人选，他于 1933 年继皮尔逊之后开始担任伦敦大学学院的高尔顿优生学实验室主任（该职位现在已经更名为高尔顿遗传学实验室主任）。

费舍尔认为，虽然肺癌导致吸烟这一说法似乎绝不可能是正确的，但要完全推翻它仍然为时过早。

> 那么，肺癌（在患者表现出明显的肺癌症状之前的几年时间里，即将发生癌变的症状肯定已经存在，而且人们也知道这种症状的存在）会不会是导致人们吸烟的原因之一呢？我认为我们不能不考虑这种可能性。还没有足够的证据证明肺癌的确是导致人们吸烟的一个原因，但是，在即将患上肺癌时，人们会有轻微的慢性炎症的症状。我们的朋友当中可能有人在研究人们吸烟的原因，大家可能会认同，在我们感到烦躁（令人略感失望的事情、意想不到的耽搁、遭到婉拒、遇到挫折等都会让我们感到烦躁）时，我们常常会吸上一支香烟，以此来应对生活的不如意。因此，在身体某个部位出现慢性炎症时（此时，我们不会感觉到明显的疼痛），吸烟者吸烟的频率增加，不吸烟的人开始吸烟，这是完全有可能的。在患肺癌之前的 15 年时间里，患者可能真的可以从吸烟中获得心理安慰，禁止这些可怜的人吸烟，就像从盲人手中夺走拐杖一样，会让本来就不幸的人更加不幸。

从这段文字不难看出杰出的统计学家严谨治学的态度，他要求我们以同样的方式去考虑所有的可能性。同时，我们还可以看出终生吸烟的人对吸烟这个习惯的钟爱之情。（有的人认为费舍尔的研究成果具有很强的影响力，可以聘请他担任"烟草制造商常务委员会"这个英国工业组织的顾问；在我看来，费舍尔不愿意断言吸烟与肺癌之间存在因果关系，这与他一贯采用的统计方法一致。）费舍尔认为，多尔与希尔的研究对象之所以吸烟，可能是因为受到了癌变前炎症的影响。不过，他的这个观点并没有得到广泛的认同，而他的"吸烟与肺癌由某一共同原因导致"的观点却吸引了更多人的关注。费舍尔是优生学的虔诚信徒（这与他的学术头衔是相符的），他认为，当今社会在进化问题上十分宽容，因此优质基因正面临着与劣质基因婚配的风险。在费舍尔看来，人们完全有理由认为肺癌与吸烟习惯的背后有一种共同的遗传因素，但是人们还没有找到这种遗传因素。这种观点似乎纯属猜想，但是别忘了，关于"肺癌由吸烟导致"的观点在当时同样无从考证，就连实验也无法证明烟草中含有致癌的化学成分。

我们可以通过研究双胞胎的方式，有效地检测遗传基因对吸烟习惯的影响。如果双胞胎都吸烟或者都不吸烟，我们把这种情况称为"一致"。我们可能会认为一致的情况非常普遍，因为双胞胎小时候通常生活在同一个家庭里，有相同的父母，文化环境也相同。同卵双胞胎与异卵双胞胎都具有这些特点，而且程度相同，如果同卵双胞胎的一致程度高于异卵双胞胎，就说明遗传因素确实对吸烟习惯有某种影响。费舍尔从一些没有发表的研究报告中找出了为数不多的证据，证明同卵双胞胎的一致程度的确高于异卵双胞胎。后来的一些研究也证明他的观点是正确的，吸烟习惯至少受到遗传因素的部分影响。

当然，这并不是说这些基因最终导致人们患癌症。如今，我们对癌症以及吸烟致癌的原理有了更加深入的了解，吸烟可能致癌的观点为大众所接受。但是，我们也无法否认费舍尔"不可草率下结论"的研究方法是值得赞许的，怀疑相关性的做法是正确的、有益的。流行病学家简·凡登布鲁克（Jan Vandenbroucke）对费舍尔论述烟草的论文给出了这样的评价："我惊奇地发现这些论文质量上乘、令人信服，逻辑上没有任何瑕疵，对数据与论证过程的阐述非常清楚。如果不是作者的观点有问题，这些论文绝对堪称教材典范。"

在 20 世纪 50 年代，科学界就肺癌与吸烟之间的关系逐渐达成了一致意见。的确，人们仍然不清楚吸烟导致肿瘤发生的生物学机制，对吸烟与癌症之间存在相关性的证明，也无法摆脱对存在相关性的观察结果的依赖。但是，1959 年，鉴于观察结果数量庞大，而且人们排除了大量其他可能性，美国卫生总署的勒罗伊·伯尼（Leroy Burney）发表声明说："当前的证据表明，吸烟是导致肺癌发病率上升的主要原因。"即使到了这个时候，他的这个立场仍然引发了人们的争议。仅仅过了几周，《美国医学协会杂志》（*Journal of the American Medical Association*）的编辑约翰·塔尔伯特（John Talbott）就在社论中予以反驳："几名权威人士在检验了伯尼引用的证据后，并不同意他的结论。吸烟致癌论的支持者与反对者都没有充分的证据，可以保证权威人士站在非此即彼的立场上做出的假设是正确的。在确定的证据出现之前，医生必须密切关注相关态势、追踪各种事实，并根据自己对这些事实的评估给出医嘱，履行自己的职责。"同费舍尔一样，塔尔伯特从科学的角度对伯尼及其支持者进行了谴责，认为他们的言行过于草率。

关于这个问题引起的争议以及科学界的不同看法，医学史专家乔恩·哈克尼斯（Jon Harkness）为我们提供了清楚的说明。哈克尼斯通过详尽的档案研究表明，伯尼的声明实际上是由美国公共卫生署的多名科学家共同草拟的，伯尼本人几乎没有直接参与；而塔尔伯特的反击也是由与美国卫生总署唱反调的一群人代笔的。从表面上看，这是政府官员与医学机构之间的斗争，实际上它只是在公开的舞台上上演的一出科学闹剧罢了。

我们都知道这场闹剧是如何收尾的。20 世纪 60 年代初，伯尼的继任者卢瑟·特里（Luther Terry）组建了一个委员会，专门研究吸烟与健康问题，并于 1964 年 1 月在面向全美的新闻报道中公布了他们所取得的成果。该报告斩钉截铁般的遣词造句令伯尼的发言相形见绌。

> 鉴于从多个来源收集的证据不断增加，本委员会断定吸烟是导致某些致命疾病和总体死亡率上升的重要原因……由于吸烟对美国人民的健康状况造成了极大的威胁，因此有必要采取适当的措施。

到底发生了哪些变化呢？在 1964 年之前，人们针对吸烟与癌症之间的相关性展开了一项又一项研究，结果发现：吸烟多的人比吸烟少的人更容易患癌症；烟草导致人体组织发生癌变的可能性特别高；吸烟者患肺癌的比例更高；用烟斗的吸烟者更易患唇癌；相较于长期吸烟的人而言，戒烟者患癌症的可能性更小。综合考虑这些因素，该委员会认为吸烟与肺癌之间不仅存在相关关系，而且存在因果关系。因此，控制烟草消费有可能使美国人延年益寿。

错误未必总是错的

假设在一个平行世界中，后期的烟草研究得出的是一个不同的结果，即费舍尔看似很奇怪的理论反倒是正确的：吸烟不是导致肺癌的原因，而是肺癌导致的一种习惯。在医学研究中，这种彻底颠覆前期研究成果的现象并不是一件不可思议的事，那么，接踵而来的会是什么呢？美国卫生总署会发布一则声明："不好意思，我们搞错了。大家可以继续吸烟了。"但是，在此之前，烟草公司可能已经损失了一大笔钱，成千上万的烟民也没有享受到吸烟带来的乐趣，造成这一切的原因就是美国卫生总署那则言之凿凿的声明并不是事实，而只是一个证据比较充分的假设。

但是，美国卫生总署有其他选择吗？大家可以想一想必须采取哪些步骤才能确定吸烟真的会致癌。我们必须征募大批青少年，从中随机选择一半人，让他们在之后 50 年里定时定量地吸烟，而另外一半人则不能吸烟。吸烟危害性研究的先驱杰里·考恩菲尔德（Jerry Cornfield）认为，这样的实验可望而不可即。虽然这样的实验在逻辑上是可能的，但是它会严重践踏以人为实验对象时应该遵循的所有道德标准。

科学研究中允许存在不确定性，但是公共政策的制定者们却没有这种权力。他们必须做出最准确的预测，然后在这些预测的基础上做出决策。当这种机制运行顺畅（毫无疑问，它在吸烟问题上没出问题）时，科学家与政策制定者就会相互协作：科学家计算出我们所面临的情况的不确定程度，政策制定者则决定在这种不确定的程度下应该采取何种措施。

有时，这样的机制也会导致错误的发生。前面我们讨论过荷尔蒙替代疗法，在很长一段时间里，人们认为这种治疗方法可以帮助绝经后的妇女预防心脏病。但是，今天的医学界往往会根据一些最新的实验结果给出相反的建议。

1976 年和 2009 年，美国政府先后两次投入巨资，开展为美国人民接种猪流感疫苗的大规模活动，结果，这两次活动都受到了流行病学家的警告。流行病学家们认为，虽然这两次流感都比较严重，但远没有达到会引发灾难的程度，相反，政府的过度紧张却很有可能在全美范围内引起恐慌。

在这种情形下，人们往往会指责政府官员制定了超前于科学的政策。但是，实际情况没有那么简单，因为错误未必总是错的。

为什么这么说呢？只要运用前文介绍的期望值知识，就会知道这句话其实并非自相矛盾。假设我们正在考虑是否应该建议人们不要吃茄子。一系列的研究发现，经常吃茄子的人与不吃茄子的人相比，发生突发性心力衰竭的可能性要大一点儿。因此,人们认为茄子有导致突发性心力衰竭的可能性,不过这种可能性比较小。但是,我们无法强迫某些人吃茄子或者不吃茄子,我们也不可能随机选择一大批人做对照实验。我们手头掌握的信息仅表现出某种相关性,而我们可以利用的只有这些信息。据我们所知,嗜好吃茄子与心脏停跳背后没有共同的遗传因素,但是,我们没有办法证明。

也许,我们有 75% 的把握认为我们的结论是正确的,禁吃茄子的运动每年可能会挽救上千个美国人的生命。但是,我们的结论也有 25% 的概率是错的。如果我们真的弄错了,导致很多喜欢吃茄子的人因此放弃了吃茄子,他们的饮食结构就不像以前那样健康,而且每年的死亡人数有所增加,比如,为 200 人。[①]

跟以前一样,我们可以把各种可能的结果与其对应的概率相乘再加总,算出期望值。在本例中,期望值为:

$$75\% \times 1\,000 + 25\% \times (-200) = 750 - 50 = 700$$

因此,我们这条建议每年可挽救人数的期望值是 700 个。尽管"茄子理事会"投入大量资金,明确地提出抗议,而我们也确实没有十足的把握,但是我们仍然给出了这条建议。

请记住,期望值并不代表我们期望发生的结果,而是指在多次做出该决定后的平均结果。公共卫生方面的决策与抛硬币不同,因为我们只有一次选择的机会。另外,我们需要评估的环境威胁也不仅仅是茄子这一项。接下来,我们也许会注意到菜花与关节炎之间存在相关性,或者电动牙刷有可能引发孤独症。在这两种情况下,如果某项措施每年挽救人数的期望值可以达到 700 个,我们就应该有所行动,以期平均每年可以挽救 700 人的生命。在单独的个案中,我们所采取的措施可能弊大于利,但是整体来看,我们可以挽救很多条生命。彩票玩家在奖金向下分配日很有可能大赚一笔,同样,虽然我们在每个具体例子中有决策失当的风险,但是从长远看,在我们的所有决策中,正确的将占大多数。

如果我们对证据提出更加严格的要求,在不能确定其准确性时拒绝给出这些建议,会怎么样呢?那些本来可以被挽救的生命就会因为这个决定而遭遇不幸。

———————————

① 本例中所有数字纯属杜撰。

准确、客观地确定现实生活中各种健康难题的发生概率，的确具有非比寻常的意义，但问题是我们做不到。这也正是服用药物跟抛硬币、买彩票不同的另一个原因。反映我们对各种假设的信任程度的概率非常含糊，费舍尔甚至坚定地认为它们根本不能被称为概率。因此，在这些概率交织到一起之后，我们往往无所适从，在决定是否发起禁止吃茄子、反对使用电动牙刷或者禁烟运动时，我们不知道也无法知道其期望值到底是多少。但是，我们常常能确定该期望值为正值。当然，期望值为正值并不代表发起这项运动就一定会取得积极的效果，而是说明在一段时间里多次发起类似的运动，其总的效果很可能利大于弊。不确定性的本质是，我们不知道自己做出的那些选择（例如禁烟）是否有益，也不知道那些选择（例如建议采用荷尔蒙替代疗法）是否会造成伤害。但是，如果因为某些建议有可能是不正确的就避之不及，这种做法与乔治·施蒂格勒所批评的"候机时间过长"问题非常相似，毫无疑问是失败的选择。如果我们一定要等到有十足把握时才提出建议，就说明我们在及时提供意见这方面做得很不够。

相貌英俊的男性为什么不友善呢？

相关性有可能是某些尚未被人们发现的共同原因造成的，因此令人困惑，但是更加难以捉摸的是，相关性还有可能是某些共同结果造成的。这个现象叫作"柏克森悖论"（Berkson's Fallacy），是以我们在第 8 章介绍的约瑟夫·柏克森这位医学统计学家的名字命名的。柏克森告诫人们不可盲目依赖 p 值，否则便可能得出"其中有一名白化病人的一小群人都不是人"的荒谬结论。

与费舍尔一样，柏克森本人也强烈怀疑吸烟与肺癌之间存在联系的观点。柏克森这位医学博士代表的是老一辈的流行病学家，他们坚定地认为过于依赖统计数据而忽略医学研究的任何说法都是不可靠的。在他看来，这些说法是稚嫩的理论学家擅自闯入医学领域后草率得出的结论。1958 年，他在著作中指出："癌症是生物学问题，而不是统计学问题。在阐释癌症问题时，统计学可以发挥非常好的辅助作用，但是，如果生物学家听任统计学家在生物学问题上指手画脚，就必然会给科学带来灾难。"

人们发现吸烟不仅与肺癌之间存在相关性，而且会影响人体的所有系统，与多种疾病之间都存在相关性。这个事实让柏克森尤其无法接受，因为他认为烟草的危害绝对不可能如此全面、彻底，"如果人们已经确认某种药物可以缓解普通感冒，而调查发现这种药物不仅可以治疗伤风，还可以治愈肺炎、癌症等多种疾病，科学家就会认为'研究方法肯定出了问题'。与之相似，烟草也不可能危害人体的所有系统"。

柏克森与费舍尔都更倾向于"体质假设"，即吸烟者与非吸烟者之间预先存在的某种差异，是非吸烟者相对健康的原因。

> 如果85%~95%的人口都是吸烟者，那些不吸烟的少数人就代表了某种特殊的体质类型。我们不能确定这些人的平均寿命会更长，但是这部分人的总体死亡率将相对低一些。烟草商无时无刻不在劝诱我们吸烟，想方设法地刺激我们的神经，但是，这一小部分人成功地抵制住了诱惑，说明他们的意志力更强。既然他们可以抵制烟草商的诱惑，那么他们抵御肺结核甚至肺癌的能力也应该更强！

柏克森也不认同多尔与希尔在英国医院收治的病人中开展的独创性研究。1938年，柏克森通过观察发现，以这样的方式选择病人，研究结果有可能会显示出根本不存在的相关性。

假设我们想研究高血压是否会导致糖尿病。我们可能会在住院病人中开展调查，研究高血压在糖尿病人中还是在非糖尿病人中更加普遍。结果，我们发现糖尿病人中患高血压的人比较少。我们对这个结果感到吃惊，并有可能认为高血压有预防糖尿病的作用，至少可以防止糖尿病严重到必须住院治疗的程度。但是，在建议糖尿病人大幅增加食盐摄入量之前，最好看一看下面的数据。

总人口：1 000人

高血压患者数量：300人

糖尿病患者数量：400人

同时患高血压和糖尿病的人数：120人

假设我们这座城市的总人口为 1 000 人，其中 40% 的人患有高血压，40% 的人患有糖尿病。（这是因为我们这里的人偏爱咸和甜。）我们再假设这两种病之间不存在任何相关性，400 名糖尿病人中有 30% 的人（120 人）同时患有高血压。

如果这些患者都住进了医院，那么医院里有：

180 个只患有高血压的患者；

280 个只患有糖尿病的患者；

120 个既患有高血压又患有糖尿病的患者。

在住院治疗的 400 名糖尿病人中，有 120 人（30%）还患有高血压。在住院治疗的 180 名非糖尿病人中，患高血压的人占 100%！如果有人据此得出高血压可以预防糖尿病的结论，那只能说明这个人太傻了。这两种病之间存在负相关关系，但并不是因为两者相互排斥，也不是因为某个隐藏的因素既会让人患高血压，还会调节人体内的胰岛素，而是因为它们会导致一个相同的结果——让人们住院。

换句话说，人们住院是有原因的。如果你没有患糖尿病，那么住院的原因更有可能是患有高血压。因此，高血压与糖尿病之间看似存在因果关系，但其实只是一种统计错觉。

在现实生活中，与患有一种疾病的人相比，被两种疾病缠身的人更有可能住院。整座城市中 120 名患高血压的糖尿病人也许都会住院治疗，而 90% 只患有其中一种疾病的人则待在家中，没有住院。而且，人们还可能会出于其他原因住院。例如，在这一年下第一场雪的那天，很多人用手清理铲雪机，结果手指头被铲雪机绞断了。因此，住院病人可能包括：

10 名没有患糖尿病也没有患高血压但是手指被绞断的患者；

18 名没有患糖尿病的高血压患者；

28 名血压正常的糖尿病人；

120 名既患有高血压又患有糖尿病的患者。

如果我们研究这些住院病人，就会发现 148 名糖尿病人中有 120 人（81%）

患有高血压。但是,28 名非糖尿病人中只有 18 人(64%)患有高血压。这似乎说明高血压会增加患糖尿病的可能性,但这仍然是一个统计错觉,它只能说明这些研究对象根本不是随机选取的。

在医疗以外的领域,甚至在特点无法精确量化的领域,柏克森悖论同样有意义。女性读者可能注意到一个问题,在与你们约会的男性对象中,相貌英俊的往往不友善,而友善的又往往其貌不扬。难道是因为男性五官端正而让女性觉得讨厌?还是因为友善导致男性相貌丑陋呢?这都有可能,但也有可能并非如此。下面我们看一个"男性特征大正方形":

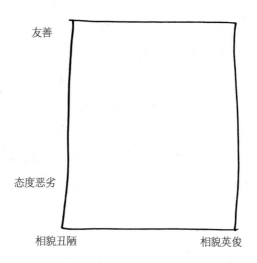

假设男性们分布于整个正方形中,共分成 4 种类型:友善且相貌英俊的男性、友善但相貌丑陋的男性、态度恶劣但相貌英俊的男性、态度恶劣且相貌丑陋的男性,而且各种类型的男性人数大致相等。

友善与相貌英俊有一个相同的作用,即都会让女性注意到具有该特点的男性。坦率地讲,女性根本不会考虑与那些态度恶劣且相貌丑陋的男性约会。因此,在这个大正方形中含有一个"可接受的男性特征小三角形":

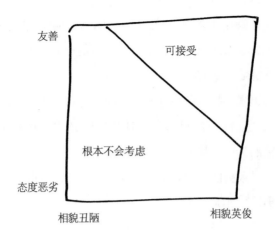

现在，我们可以找到上述现象出现的原因了。三角形中的那些英俊的男性具有从友善到态度恶劣的不同特征，他们受女性喜欢的程度与所有男性相当。因此，我们必须面对这个现实：最英俊的男性并不都是友善的。同样，友善男性的总体英俊程度也是平均水平。女性喜欢的那些相貌丑陋的男性则位于三角形的一个小角落里，他们非常友善，否则女性的心目中根本不会有他们的位置。与女性约会的那些男性，其相貌与性格之间必然存在负相关关系。但是，如果女性刻意地让男性采取恶劣的态度以实现美化其相貌的目的，女性就会成为柏克森悖论的牺牲品。

自命清高的文学作品也是如此。我们都知道流行小说的质量十分糟糕，并不是因为大众没有鉴赏力，而是由于受到"小说特点大正方形"的影响，我们只能看到"可接受的小说特点小三角形"中的那些要么流行要么优秀的小说。如果在阅读时刻意选择那些名声一般的小说（我曾经担任文学奖评委，我真的做过这样的事），我们就会发现所读的小说大多与流行小说一样，写得十分蹩脚。

当然，"大正方形"示意图过于简单。在评估约会对象或者每周读物的优劣时，我们不会仅仅考虑两个维度。因此，把"大正方形"变成某种"超级立方体"，效果会更好。而且，这取决于我们的个人偏好！在试图了解整个人群某个方面的情况时，你要知道对吸引力这个概念的理解，不同的人有不同的看法。他们为不同的评判标准赋予的重要程度各不相同，甚至他们的喜好也彼此格格不入。因此，在汇总很多人的观点、喜好与欲望时，我们还会遇到一系列的难题，可能需要运用更多的数学知识。接下来，我们将讨论如何解决这些难题。

HOW NOT TO
BE WRONG

第五部分　存在

精彩内容：

● 德瑞克·基特的道德状况

● 三方选举的决策问题

● 希尔伯特计划

● 美国人不是傻瓜的原因

● "任意两个金橘可以通过一只青蛙连接"

● 残酷和非常的刑罚

● "在研究刚刚完成时，研究的基础却被推翻了"

● "疯狂的绵羊"孔多塞

● 哥德尔的第二条不完全性定理

● 多头绒泡菌的智慧

第 17 章　所谓民意，纯属子虚乌有

你是美利坚合众国的好公民，追求自由、民主之类的目标。你也许还是成功当选的政府官员，认为政府应当尽可能地尊重人民的意愿。总之，你希望了解人民到底想要什么。

尽管我们可以通过民意调查了解人民的意愿，但是，要实现这个愿望仍然有一定的难度。例如，美国人希望有一个小政府吗？的确如此，因为我们一直在诉说这样的愿望。2011 年，美国哥伦比亚广播公司就如何应对联邦财政预算赤字问题进行了一次新闻调查，77%的调查对象认为最好的办法是削减开支，而只有9%的人倾向于提高税率。这个调查结果并不仅仅是经济衰退时期"节衣缩食潮流"的产物，还因为美国人宁愿削减政府项目，也不愿意多缴纳各种税费，这是他们一贯的选择。

但是，哪些政府项目可以削减呢？这是问题的关键所在。事实表明，美国政府的开支项目通常都符合人民的意愿。2011 年 2 月，皮尤研究中心在一次民调中询问美国人对 13 项政府开支项目的态度，结果发现更多的人希望增加其中 11 项的支出额度，即使在出现预算赤字的情况下，也不希望在这些方面缩手缩脚。而他们希望削减的两个项目——对外援助与失业保险，在 2010

年的政府开支中所占比例还不到 5%。这个结果与多年以来的调查数据是吻合的：普通美国人总是希望削减对外援助，偶尔可以容忍削减福利与国防开支，而所有人都热切地希望把更多的税收投入到其他项目上。

没错，我们想要小政府。

在州政府层面，这种不一致性同样表现得很明显。接受皮尤民调的人压倒性地支持通过削减政府项目支出与提高税收相结合的方式，来平衡州财政预算。那么，是减少教育、医疗、交通或者退休金方面的投入，还是提高营业税、州所得税或者商业税的税率呢？所有选项都没有得到大多数人的支持。

经济学家布莱恩·卡普兰（Bryan Caplan）认为："公众希望得到的是免费午餐，这是对这些数据最令人信服的解读。他们既希望减少政府开支，又希望政府继续履行其主要职责。"诺贝尔奖得主、经济学家保罗·克鲁格曼（Paul Krugman）指出："人们希望削减开支，但是反对削减除对外援助以外的所有开支……因此，我们只能认为，共和党人得到了废除运算法则的授权。"2011 年 2 月，一项针对财政预算的哈里斯民调，在调查结果概要中以生动的语言描述了公众自我否定的态度："很多人希望砍倒整片森林，却又希望那些树继续茁壮成长。"这句话直言不讳地勾勒出美国民众的形象。只有懵懵懂懂的婴儿才不知道在削减预算之后，投入到我们所支持的政府项目上的资金必然会减少；也只有冥顽不灵、缺乏理性的儿童，才会在学习了数学知识之后还拒绝接受这样的结果。

在公众不可理喻时，你怎么才能知道他们到底想要什么呢？

提高税收还是削减政府开支？

我们借助一道应用题来维护美国人民的利益吧。

假设全体投票人中有 1/3 的人认为，我们应当在不削减政府开支的前提下，通过提高税率的方法解决预算赤字问题；还有 1/3 的人认为，我们应当削减国防开支；其余的人则认为，我们应当大幅削减医疗福利。

有 2/3 的人希望削减开支，因此，在"我们应当削减开支还是提高税率"的民意调查中，支持削减开支的人将以 67 : 33 的明显优势获胜。

那么，我们应当削减哪些开支呢？如果问公众"我们是否应当削减国防开支"，他们会断然拒绝，因为有 2/3 的投票人（支持提高税率的人加上支持削减医疗福利的人）希望维持现有的国防开支水平。同样，也有 2/3 的人在"是否应当削减医疗福利"的问题上投了反对票。

我们在民意调查中经常会见到这种自相矛盾的情形：我们希望削减开支，但同时我们又希望投入到所有政府开支项目中的资金都保持原有水平。为什么会形成这样的僵局呢？原因不在于这些投票人智商低下或者想法不切实际。每一位投票人的政治立场都富有理性而且合乎逻辑，但是，把所有人的立场汇总起来就成了闹剧。

仔细研究财政预算民调的第一手数据，我们会发现这道应用题并没有背离现实。有 47% 的美国人认为平衡预算必然导致投入到政府项目中的资金减少，有 38% 的人则认为必须削减某些物有所值的政府项目。换言之，普通美国人不会持有既希望削减政府开支又想要保留所有政府项目的幼稚想法。总体来说，美国人认为联邦政府的很多项目没有多少价值，是在浪费纳税人的钱，因此他们非常愿意削减这些项目，以实现政府收支平衡。但问题是，在哪些是有价值的项目这个问题上，美国人没有达成一致意见。其中很大一部分原因在于，大多数美国人认为，无论付出多大的代价，那些能满足他们私利的政府项目都应当保留。（我刚才说美国人不是傻瓜，但我没有说美国人都大公无私！）

"少数服从多数"原则简单明了，看似公平，但仅在涉及两种观点时，它才能取得最佳效果。只要观点多于两种，大多数人的喜好就会有自相矛盾的地方。在我完成本书的时候，美国民众对奥巴马总统颁布的《平价医疗法案》抱持不同的态度。2010 年 10 月，有人在可能参与投票的美国人当中进行了民意调查。结果，有 52% 的人声称反对这个法案，支持的人为 41%。这对于奥巴马来说是不是一个坏消息呢？只要进一步细化分析这些数据，就会发现情况并没有那么糟：有 37% 的人完全赞成废止医改方案；有 10% 的人认为这个法案过于强硬、需要修改；有 15% 的人认为该法案应保持原样；有 36% 的人认为应该拓宽该法案的适用范围，进一步改革当前的医疗保健体系。这些数据说明，在反对该法案的那些人中，有很多人的想法甚至比奥巴马更激进。人们面临（至少）三种选择：保持医疗法案不变，废止该法案，或者强化该法案。但是，每一种选择都遭到了大多数美国人的反对。[①]

当人们各执己见时，经常会产生误解，比如，福克斯新闻频道可能会这样报道上述民调结果：

大多数美国人都反对奥巴马医改方案！

而微软全国广播公司节目可能会这样报道：

大多数美国人希望奥巴马医改方案保持不变或者进一步加强！

这两个标题给出了两种截然不同的观点，更令人头疼的是，它们都没有说错。

但是，这两种说法都不全面。如果想正确解读这些数据，我们就必须认真分析民调给出的所有选择，了解这些选择是否可以进一步细分成不同的立场。所有人中有 56% 的人反对奥巴马总统的中东政策，这是真的吗？这个数字足以引起人们的关注，但是这部分人包括：认为不应因为石油资源而造成流血事件的左派，支持"彻底打击"的右派，以少数帕特·布坎南主义者和虔诚的公民自由论者为代表的中间派。因此，我们根本无法从这些数据中了解美国人民到底想要什么。

---

① 新闻界还提供了更多的数据。2013 年 5 月，美国有线电视新闻网民意研究中心的一次民意调查发现，43% 的人支持《平价医疗法案》，35% 的人认为该法案过于慷慨，16% 的人则认为它不够慷慨。

第 17 章
所谓民意，纯属子虚乌有

选举似乎没有这么复杂。民意调查者会让我们回答一个非常简单的二选一问题，与我们在投票箱前思考的问题一模一样：把选票投给候选人甲还是候选人乙？

但是，候选人有时不止两个。1992 年总统大选时，比尔·克林顿在普选中得到了 43% 的选票，领先于老布什（George H. W. Bush）的 38% 和罗斯·佩罗（Ross Perot）的 19%。换句话说，许多选民（57%）认为不应该选克林顿当总统；大多数选民（62%）认为不应该选老布什当总统；还有更多的选民（81%）认为不应该选佩罗当总统。这三类选民的愿望不可能同时得到满足。

不过，美国选举制度不仅会选出总统选举团，还会把总统这个职位交给得票最多的候选人。因此，上面讨论的那个问题似乎不会导致特别糟糕的结果。

但是，假设在支持佩罗的那 19% 的选民中，有 13% 的人认为老布什是第二选择，而克林顿在这三个候选人中只能排在最后，另外 6% 的选民则认为在两名多数党候选人中克林顿更胜一筹。那么，如果直接询问选民在总统人选问题上到底倾向于老布什还是克林顿，就会有 51% 的人选择老布什。在这种情况下，我们还会认为公众希望克林顿入主白宫吗？大多数人更支持老布什，是不是意味着老布什才是美国人民中意的总统人选呢？选民们对佩罗的印象为什么会对其他两个候选人产生影响呢？

我认为，这个问题没有正确答案。民意是根本不存在的东西，更准确地讲，只有在大多数人意见一致时民意才会存在。例如，如果我们说公众认为恐怖主义是一种邪恶的存在，或者说公众认为《生活大爆炸》（*The Big Bang Theory*）非常好看，这都没有任何问题。但是，对于预算赤字问题我们必须多加小心，因为公众的意见并没有那么泾渭分明。

如果说民意纯属子虚乌有，那么官员当选之后该如何履行职责呢？很简单，既然美国人民没有达成一致意见，官员们自行其是就可以了。我们都知道，如果按照逻辑行事，你有时会违背大多数人的意愿。如果你是一名平庸的政客，你就会认为民调数据是自相矛盾的。但是，如果你是一名优秀的政治家，你就会说："人们选择我，是希望我履行政府官员的职责，而不是研究民调数据。"

如果你是一位伟大的政治家，你就会想方设法，对不一致的民意加以利用。在 2011 年 2 月的那次皮尤民调中，有 31% 的调查对象支持削减交通方面的开支，有31%的人支持削减教育资金，有41%的人支持通过增加本地企业税赋的方式来实现收支平衡。换言之，旨在消除政府预算赤字的所有主要方案都遭到了大多数调查对象的反对。那么，州长如何决策才能把政府支出降至最低呢？答案是：不要选择其中任何一种方案，而是将两种方案加以综合。州长可以这样告诉公众："我保证大家无须多缴一美分的税。我将为所有城市提供必需的设施和优质的公共服务，还不会多花纳税人的钱。"

由于州政府下拨的资金减少了，各地方政府必须在剩下的两个方案中做出选择：削减交通费用或者教育资金。看出其中的高明之处了吗？在三个方案中，增加赋税的支持度最高，而州长却正好将这个方案排除在外，结果他的坚定立场得到了大多数人的支持：59%的选民与州长观点一致，认为不应该加税。遭殃的是各市与各县的官员，因为他们必须削减政府开支。这些可怜的傻瓜别无选择，只能推行大多数选民反对的政策并承担其后果，而州长却安然无恙，不会受到任何影响。预算游戏与很多活动一样，取得主导权就会占据优势。

死刑是否应该被废除？

对智力低下的囚犯处以死刑是否正确？这似乎是一个抽象的道德问题，但在高等法院的案件审判中却是一个非常现实的问题。更准确地说，他们需要考虑的不是"对智力低下的囚犯处以死刑是否正确"这个问题，而是"美国人是否认为对智力低下的囚犯处以死刑是正确的做法"。这不是道德问题，而是民意问题。我们已经讨论过，民意充满了矛盾与不确定性，因此，民意问题类问题绝不是简单的问题。

对智力低下的囚犯是否应该处以死刑，这个问题也没有那么简单。

2002年，法官在处理"阿特金斯诉弗吉尼亚"一案时就遇到了这类问题。达里尔·雷纳·阿特金斯（Daryl Renard Atkins）伙同威廉·琼斯（William Jones）持枪抢劫、绑架并杀死了一名男性。所有证人都指认开枪的是琼斯，但是陪审团选择相信琼斯的供词，最后法官宣判阿特金斯犯有一级谋杀罪并处以死刑。

证据的可靠程度与犯罪行为的严重程度不存在任何争议，摆在法官面前的问题不是阿特金斯的行为，而是他的智力水平。阿特金斯的辩护律师在弗吉尼亚高等法院辩称阿特金斯的智力低下，智商仅为 59，对他处以死刑从道义上讲是不公正的。弗吉尼亚高等法院援引 1989 年美国最高法院对"彭里诉莱奈夫"一案的判决，认为对智力低下者处以死刑没有违背美国宪法，因此拒绝接受辩护律师的辩词。

由于对是否违反宪法这个问题难以做出判断，美国最高法院同意重审该案，还重新审理了彭里案。这一次最高法院改变了立场，以 6：3 的结果做出了判决：对阿特金斯等智力低下的罪犯处于死刑，不符合美国宪法。

乍一看，这个结果比较奇怪。1989~2002 年，美国宪法没有任何与此相关的改动，为什么当初的死刑判决符合宪法，而 13 年之后又不符合宪法了呢？答案就在美国宪法"第八修正案"里。第八修正案禁止美国各州施行"残酷和非常的刑罚"，但是，一直以来，"残酷"与"非常"的确切含义在法律界引起了激烈的争论。这两个词的含义很难界定，"残酷"指的是开国先驱们心目中的"残酷"还是我们心目中的"残酷"？判断是否"非常"应采用当时的标准还是现在的标准？宪法的制定者们也知道这两个词在语义上含混不清。1789 年 8 月，美国众议院就是否采纳《人权法案》展开辩论时，新罕布什尔州的议员塞缪尔·利弗莫尔（Samuel Livermore）认为，如果使用这种含糊的语言，心软的后人有可能会废止某些必要的刑罚。

> 这一条款似乎包含了颇多人文思想，对此本人并无异议；但鉴于该条款似乎空洞无物，本人认为它用处不大。过多的保释金指什么？谁来担任法官？过重的罚金又怎么理解？这些都需要法院来判断。不应施用残酷和非常的刑罚——有时绞死一个人属于必要，恶人往往应受鞭打，或许应被割耳朵——但我们将来是否会因为这些刑罚过于残酷而不予以采用？

利弗莫尔担心的问题现在已经成为现实。如今，即使有人罪有应得，我们也不会割掉他们的耳朵，而且，我们认为宪法不允许我们割别人的耳朵。人们在援引第八修正案时遵循的是"演进中的伦理标准"（evolving standards of decency）这个原则，它在"特洛普诉杜勒斯"（1958 年）一案的庭审中首次出现。这个原则认为，在界定"残酷"与"非常"的含义时应采用美国的当代标准，而不是盛行于 1789 年 8 月的那些标准。

说到美国的当代标准，民意这个概念就粉墨登场了。在彭里案中，法官桑德拉·迪·奥康纳尔（Sandra Day O'Connor）给出的判决意见是，尽管民意调查表明大多数人反对对智力低下的罪犯处以死刑，但是在道德标准之下不应予以考虑。除非州立法者将民意纳入法典，并且可以作为代表"当代价值标准的最纯洁、最可靠的客观证据"，否则，法院不会考虑民意因素。1989 年，只有佐治亚与马里兰两个州制定了特别条款，禁止对智力低下者处以死刑。到 2002 年，形势发生了变化，很多州宣布对智力低下者处以死刑是非法的，甚至连得克萨斯州议会都通过了这样的法律，不过由于州长反对，这项法律没有生效。在阿特金斯案中，法院的大多数意见认为这股立法浪潮足以证明道德标准已经发生了变化，因此不同意对达里尔·阿特金斯判处死刑。

对此，法官安东尼·萨卡里亚（Antonin Scalia）持有不同的观点。从一开始，他只是勉强承认第八修正案有可能禁止某些在美国刚建国时符合宪法的刑罚（例如，割掉罪犯的耳朵，在刑罚学中被称为"割耳刑"）。

尽管萨卡里亚最终做出了让步，但他仍然认为州议会没有证明全美人民一致反对对智力低下者处以死刑，这是他参照彭里案这个判例的先决条件。

> 最高法院对这些判例采取了阳奉阴违的态度……仅仅根据 18 个州——在（面临此类问题的）38 个允许死刑的州中不到半数（47%）——最近立法禁止对智力低下者处以死刑这个事实……就荒谬地得出了禁止对智力低下者处以死刑这个"全美人民的一致意见"……只有 18 个州制定了这项法律，这个数字足以让任何有理性的人相信所谓的"全美人民的一致意见"根本不存在。仅凭 47% 的一致性就说它是"全美人民的一致意见"，怎么行呢？

该项根据多数人意见做出的判决，采用的是不同的计算方法。他们认为有 30 个州禁止对智力低下者处以死刑：萨卡里亚提到的 18 个州，还有 12 个全面禁止死刑的州。因此，50 个州中有 30 个州禁止对智力低下者处以死刑，是名副其实的"多数人意见"。

第 17 章
所谓民意，纯属子虚乌有

哪一种算法是正确的呢？宪法学教授阿基·阿玛尔（Akil Amar）与维克拉姆·阿玛尔（Vikram Amar）兄弟俩从数学的角度解释了后一种算法是正确的原因。他们要求我们设想一下：47 个州的议会宣布废止死刑，剩下的 3 个州中有两个州允许对智力低下的罪犯处以死刑。那么，在这种情况下，不可否认，美国的全国性道德标准从总体上讲是反对死刑的，而且坚定地反对对智力低下者处以死刑。如果得出相反的结论，与全美步调不一致的那三个州就会背负巨大的道德压力。因此，正确的算法是 48/50，而不是 1/3。

不过，事实上，的确不存在全美国人都反对死刑的一致意见，这个事实为萨卡里亚的说辞增添了一定的吸引力。支持死刑是美国人普遍认可的观点，禁止死刑的那 12 个州则违背了这个普遍性观点。如果这 12 个州认为应该全面禁止死刑，那么我们在考虑哪些死刑是可以接受的这个问题时，还需要听取他们的意见吗？

萨卡里亚所犯的错误，与民意调查中总体看法的不一致性所造成的麻烦没有区别。我们可以对这个问题进行细化：2002 年，有多少个州认为死刑是不道德的？从立法方面的证据看，只有 12 个。换言之，大多数州——38 个——认为死刑从道德方面讲是可以接受的。

从合法性的角度看，有多少个州认为对智力低下者处以死刑比对其他人处以死刑更难以接受呢？当然，在计算这个数字时，认为两种判决都可以接受的 20 个州不在此列，同时，全面禁止死刑的那 12 个州也不应统计在内。因此，只有 18 个州考虑到了死刑的合法性，这个数字相较彭里案时有所增加，但仍然是少数。

多数州（50 个州中有 2/3 的州）认为，智力低下者被判死刑与普通人被判死刑在合法性上没有区别。

从逻辑上看，汇总这些分析似乎并不复杂：如果多数州认为死刑从总体上讲没有问题，而且对智力低下者处以死刑不比普通人被判死刑更糟糕，那么，多数州肯定赞同对智力低下的罪犯处以死刑的做法。

但是，这样的分析是不正确的。我们已经知道，"多数人意见"并不是一个遵循逻辑规则的标准。别忘了，1992 年，大多数选民不希望老布什再次当选总统，同时，大多数选民也不希望克林顿成为老布什的继任者。但是，这并不是说大多数选民既不希望老布什也不希望克林顿成为椭圆形办公室的主人，尽管罗斯·佩罗可能非常期待这样的结果。

阿玛尔兄弟的分析更令人信服。如果我们想知道有多少个州认为对智力低下者处以死刑在道德上是无法接受的，我们只需要知道有多少个州禁止这种做法就可以了。因此，这个数字是 30 个（12 个全面禁止死刑的州和 18 个禁止对智力低下者处以死刑的州），而不是 18 个。

这不代表萨卡里亚的总体结论是错误的，也不能说明"多数人意见"的观点是正确的。这是法律问题，而不是数学问题。我必须公平地指出，萨卡里亚在运用数学知识驳斥对方时也有值得称道的地方。例如，法官斯蒂文斯给出的多数人意见认为，即使在没有专门禁止对智力低下的犯人处以死刑的州中，真正被处以死刑的智力低下者也非常少，这说明尽管该州议会公开认可这种刑罚，但是民众却抵制这种做法。斯蒂文斯指出，在彭里案与阿特金斯案之间的 13 年里，执行过这种死刑的只有 5 个州。

在这 13 年中，被判处死刑的一共有 600 多人。斯蒂文斯告诉人们，美国人口中智力低下者占 1%。因此，如果智力低下的罪犯被处以死刑的比例与其占总人口的比例相同，那么被处以死刑的智力低下者约为六七人。萨卡里亚指出，如果以这种方式看问题，那么这个证据并不能说明人们反对对智力低下的罪犯处以死刑。

在阿特金斯一案中，萨卡里亚关心的其实并不是法院所面临的智力低下的罪犯是否应该被处以死刑的问题——他与美国最高法院都认为，这在死刑中只占极小的比例——他真正关心的是法律会"废除越来越多的死刑"。萨卡里亚在谈到这个问题时，引用了自己早期在"哈梅林诉密歇根州"一案中的判决意见："如果针对某种犯罪行为达成了临时性的一致意见，并采取了宽大处理的方式，而这种处理方式却变成了宪法允许的永久上限，当人们的信念与社会条件发生改变时，美国将无法采取相应的措施，第八修正案也会成为一种障碍。"

萨卡里亚担心，一代美国人一时的率性而为，最终会演变成对后代的束缚。他的担心是有道理的，但是很明显，他反对的不仅仅是法律上的问题，他还担心美国由于废除必要的刑罚而丧失惩处犯罪的权力，担心美国不仅在法律上禁止对智力低下的凶手处以死刑，而且在法院采取的这种倒退性宽大处理方式的影响下，忘记了惩治凶手的初衷。同 200 年前的萨缪尔·利弗莫尔非常相似，萨卡里亚也预见到美国会逐渐丧失对作恶者实施有效惩罚措施的能力，并谴责了这种做法。我无法认同他们的这种担忧，因为人类在设计惩罚方式这个方面具有非凡的创造力，完全可以与他们在艺术、哲学和科学领域的创造力相媲美。惩罚措施是一种可再生资源，绝无消耗殆尽之虞。

单身汉如何成为女性心仪的约会对象？

多头绒泡菌这种黏液菌是一种非常有趣的微生物，在大部分时间里，它都表现为一种极小的单细胞形态，与变形虫大致相似。但是，如果条件合适，成千上万的多头绒泡菌就会结合在一起，形成"原质团"。在这种形态下，多头绒泡菌为嫩黄色，体积也会变大——人类肉眼可见。在野外环境中，多头绒泡菌生长在腐朽的植物上，而在实验室中，多头绒泡菌最喜欢的栖息之所是燕麦。

这种原质团形态下的多头绒泡菌没有大脑，也没有类似于神经系统的结构，更不用说情感与思维了，因此，你肯定认为没有必要去研究它的心理特点。但是，与所有生物一样，多头绒泡菌也会做决策，更有意思的是，多头绒泡菌会做出非常正确的决策。当然，多头绒泡菌做出的决策无非是"靠近我喜欢的东西"（燕麦）与"远离我不喜欢的东西"（明亮的光线）。出于某种原因，多头绒泡菌在完成这类决策活动时效率极高。例如，你可以训练多头绒泡菌穿过迷宫（这项训练需要大量的时间和燕麦）。生物学家希望了解多头绒泡菌是如何辨识方向的，以便为研究认知能力的进化过程找到线索。

尽管这是一种最原始的决策过程，研究人员在研究过程中仍然遇到了一些令人迷惑的现象。悉尼大学的坦妮娅·拉迪（Tanya Latty）与玛德琳·比克曼（Madeleine Beekman）曾经研究过多头绒泡菌处理艰难选择的方法。他们为多头绒泡菌设置的艰难选择大致为：在皮式培养皿的一侧放置 3 克燕麦，在另一侧放置 5 克燕麦并用紫外线照射燕麦，然后在培养皿的中间位置放上多头绒泡菌。多头绒泡菌会怎么做呢？

他们发现，在这种情况下，多头绒泡菌选择这两个方向的次数大约各占一半，更多的食物基本抵消了紫外线给多头绒泡菌造成的不舒服的感觉。如果让兰德公司的丹尼尔·埃尔斯伯格等经济学家来分析，他们肯定会认为，对于多头绒泡菌而言，黑暗中的一小堆燕麦与明亮处的一大堆燕麦的效用是一样的，因此，多头绒泡菌会左右为难。

不过，在把 5 克燕麦换成 10 克之后，这种平衡完全被打破了，多头绒泡菌根本不在乎光线的问题，每次都会朝 10 克燕麦靠近。这个实验告诉我们，多头绒泡菌在做决策时会优先考虑哪些因素，在这些因素相互矛盾时又是如何做出选择的。从这些实验来看，多头绒泡菌似乎相当理性。

但是，一些奇怪的现象发生了。实验者把多头绒泡菌放到皮式培养皿中之后，给了它们三种选择：在黑暗处放置 3 克燕麦（3-黑暗），在明亮处放置 5 克燕麦（5-明亮），在黑暗处放置 1 克燕麦（1-黑暗）。我们可能会认为多头绒泡菌绝不可能靠近 1-黑暗，因为 3-黑暗的燕麦数量更多，具有明显的优势。的确，多头绒泡菌几乎一次也没有选择 1-黑暗。

我们还可能会进一步猜测，既然在之前的条件下，3-黑暗与 5-明亮对多头绒泡菌具有同样的吸引力，那么，在新的条件下，应该会继续出现这样的情况。用经济学家的话来说，新的选择方案不会改变 3-黑暗与 5-明亮效用相同的事实。但是，实验结果并非如此：在有 1-黑暗可选的情况下，多头绒泡菌的喜好发生了变化，选择 3-黑暗的次数是 5-明亮的三倍！

这是怎么回事呢？

我给大家一点儿提示，在这种情形下，1-黑暗的燕麦就相当于 1992 年总统大选中的罗斯·佩罗。

数学领域的一个流行术语——"无关选项的独立性"（independence of irrelevant alternatives），就适用于这种情况。根据这个法则，无论你是多头绒泡菌、人还是民主国家，如果要在方案甲与方案乙之间做选择，第三个方案丙的出现都不会影响你对甲和乙的倾向性。如果你在为购买丰田普锐斯还是悍马犹豫不决，福特斑马对你到底买哪款车的选择不会产生任何影响，因为你知道自己肯定不会购买福特斑马。

再举一个跟政治更接近的例子。这一次我们不讨论汽车销售问题，而是讨论佛罗里达州的大选。我们用戈尔代替普锐斯，用小布什代替悍马，用拉尔夫·纳德（Ralph Nader）代替福特斑马。在 2000 年的总统选举中，小布什得到了佛罗里达州 48.85% 的选票，戈尔得到了 48.84% 的选票，纳德得到的选票仅为 1.6%。

下面，我们来分析一下佛罗里达州 2000 年大选的情况。纳德肯定不会在佛罗里达州的选举中获胜，你知道这个结果，我也知道，佛罗里达州所有的人都知道。佛罗里达州的选民要回答的问题其实不是"戈尔、小布什和纳德，谁会在佛罗里达州大选中获胜"，而是"戈尔还是小布什会在佛罗里达州大选中获胜"。

可以肯定的是，几乎所有支持纳德的选民都认为，作为总统人选，戈尔优于小布什。也就是说，大多数（51%）佛罗里达州的选民更倾向于选择戈尔。但是，由于纳德的参选，这个"无关选项"却让小布什笑到了最后。

我并不是说选举结果的解读方式需要改变。但毫无疑问的是，投票活动往往会导致自相矛盾的结果——多数人的愿望会落空，无关的第三方却能决定最后的答案。1992 年的受益者是克林顿，2000 年是小布什，而这些结果背后的数学原理是永恒不变的，即"选民的真实意图"难以捉摸。

但是，美国总统大选结果的现行判断方法并不是唯一可行的方法。乍一看，这个说法似乎非常奇怪，除了得票最多的候选人获胜以外，难道还有别的方法吗？

数学家考虑这个问题的角度可能有所不同，下面给大家介绍一位数学家是如何考虑这个问题的。这位数学家名叫让-查尔斯·波达（Jean-Charles de Borda），是一个生活在 18 世纪的法国人，因弹道学研究而闻名于世。他认为，选举就像一台机器。我也喜欢把选举看作铸铁制造的大型绞肉机，输入这台机器的是一个个选民的意愿，摇动把手之后，从机器中出来的肉馅就是我们所说的"民意"。

戈尔输掉佛罗里达州的选举，为什么我们会觉得难以接受呢？是因为在戈尔与小布什这两位候选人中，倾向于前者的选民比后者多。选举制度为什么无法了解这个信息呢？这是因为把选票投给纳德的选民没有办法表达出他们对戈尔的支持程度超过小布什。也就是说，在计算选举结果时，我们没有考虑到某些相关数据。

数学家可能会说："与问题可能有关的信息不应该被排除在外！"

换成香肠生产工人的话就是："绞肉时要用一整头牛！"

数学家与香肠生产工人可能都认为我们应该想方设法兼顾选民的全部意愿，而不仅仅是他们最喜欢的候选人。假设佛罗里达州的选票允许选民按照他们的喜好程度列出所有候选人，那么我们有可能得到下面的结果：

小布什，戈尔，纳德	49%
戈尔，纳德，小布什	25%
戈尔，小布什，纳德	24%
纳德，戈尔，小布什	2%

第一个组合是共和党的选择；第二个组合是开明民主党的选择；第三个组合是保守民主党的选择，这些人认为纳德稍稍超出了他们所能容忍的程度；第四个组合，大家都清楚，是支持纳德的选民做出的选择。

多出的这些信息应该如何使用呢？波达提出了一个简单明了的规则。我们可以根据候选人的排名为他们打分：如果有三名候选人，排名第一位就会得到 2 分，排名第二位得 1 分，排名第三位得 0 分。在本例中，小布什有 49% 的选票得 2 分，有 24% 的选票得 1 分，因此他的总分为：

$$2 \times 0.49 + 1 \times 0.24 = 1.22$$

戈尔有 49% 的选票得 2 分，另有 51% 的选票得 1 分，总分为 1.49。纳德有 2% 的选票得 2 分，有 25% 的选票得 1 分，他的总分为 0.29。

因此，分数的排名情况为：戈尔第一，小布什第二，纳德第三。选民中有 51% 的人对戈尔的支持程度超过小布什，有 98% 的人对戈尔的支持程度超过纳德，有 73% 的人对小布什的支持程度超过纳德。这个情况与上述排名一致，因此，大多数人都实现了他们的意愿。

但是，如果对上表中的数字稍加变动，结果会怎么样呢？比如，从选择"戈尔，纳德，小布什"的选民中移走 2%，加入到"小布什，戈尔，纳德"的阵营中，上表就会变成：

小布什，戈尔，纳德	51%
戈尔，纳德，小布什	23%
戈尔，小布什，纳德	24%
纳德，戈尔，小布什	2%

从该表可以看出，大多数佛罗里达人对小布什的支持度超过戈尔。事实上，在选择方案中把小布什排在首位的佛罗里达人占绝对多数。但是，根据波达的计算方法，戈尔却领先于小布什，分数比为 1.47 : 1.26。这是为什么呢？这是由"无关选项"纳德参选造成的，就是这个家伙导致戈尔在 2000 年总统大选中与胜利失之交臂的。在本例中，纳德的参选使小布什排名第三位，因此他的分数受到了影响；而戈尔则占尽优势，因为讨厌他的人更加讨厌纳德，所以他没有排在末位。

说到这里，让我们回过头继续讨论多头绒泡菌的选择。别忘了，多头绒泡菌没有大脑，无法协调决策过程，原质团中包含的成千上万个多头绒泡菌，都在朝着不同方向推动原质团前进。原质团必须以某种方式把所有信息归总起来，最后做出一个决定。

如果多头绒泡菌单纯依靠食物数量做出决定，就会把 5-明亮排在第一位，把 3-黑暗排在第二位，把 1-黑暗排在第三位。如果多头绒泡菌只考虑黑暗程度，3-黑暗与 1-黑暗就会并列第一，5-明亮则排在第三位。

这两种排序方法不能共存，多头绒泡菌为什么会青睐 3-黑暗呢？拉迪与比克曼猜测，多头绒泡菌在这两种方案中做出选择时，通过类似于波达计算法的机制，实现了某种形式的"民主"。比如，原质团中 50% 的多头绒泡菌关心的是食物，而其余的 50% 则优先考虑光照强度。

5-明亮，3-黑暗，1-黑暗	50%
1-黑暗与 3-黑暗并列，5-明亮	50%

5-明亮从关心食物的半数多头绒泡菌那里得到 2 分，从优先考虑光照强度的半数多头绒泡菌那里得到 0 分，因此总分为：

$$2 \times 0.5 + 0 \times 0.5 = 1$$

在并列第一时，我们给每个选项打 1.5 分，因此 3-黑暗从半数多头绒泡菌那里得到 1.5 分，从另一半多头绒泡菌那里得到 1 分，总分为 1.25。1-黑暗是一个比较糟糕的选择，从喜欢食物的半数多头绒泡菌（将 1-黑暗排在最后一位）那里得到 0 分，从讨厌光亮的另一半多头绒泡菌（将 1-黑暗排在并列第一的位置）那里得到 1.5 分，总分为 0.75。根据得分，3-黑暗排在第一位，5-明亮屈居亚军，而 1-黑暗排在最末，这与实验结果正好一致。

如果没有 1-黑暗这个选择方案呢？半数多头绒泡菌就会把 5-明亮排在 3-黑暗前面，而另一半则会把 3-黑暗排在 5-明亮前面，由此形成平局。第一次实验让多头绒泡菌在黑暗中的 3 克燕麦与明亮处的 5 克燕麦中做出选择，结果也是平局。

换句话说，多头绒泡菌对光线较暗的小堆燕麦与光线较亮的大堆燕麦的喜爱程度相当。但是，如果再加入更小堆的光线较暗的燕麦供多头绒泡菌选择，经过比较，光线较暗的小堆燕麦似乎更加诱人，以至于多头绒泡菌几乎每次都会放弃光线较亮的大堆燕麦，而选择光线较暗的小堆燕麦。

这种现象叫作"非对称性支配效应"（asymmetric domination effect），其他生物也会受到该效应的影响。生物学家发现，松鸦、蜜蜂和蜂鸟都有类似的非理性表现。

人也是如此，当我们把燕麦换成浪漫的伴侣时。心理学家康斯坦丁·赛迪基德斯（Constantine Sedikides）、丹·艾瑞里（Dan Ariely）和尼尔斯·奥尔森（Nils Olsen）为作为实验对象的大学生布置了一项任务。

> 我们将为你提供几个虚构的人物，请把这几个人想象成你未来的约会对象，然后从这些人中选择一个与之约会。假定这几个未来的约会对象都满足以下条件：（1）北卡罗来纳大学（或者杜克大学）的学生；（2）与你同一个民族或种族；（3）与你年龄相当。我们会描述他们的几个特点，并就每种特点给出百分位数。这些百分位数反映了他们的某种特点在相同性别、种族与年龄的北卡罗来纳大学（或者杜克大学）学生中的相对位置。

亚当的魅力处于第 81 百分位数，可信度处于第 51 百分位数，智力处于第 65 百分位数；比尔的魅力处于第 61 百分位数、可信度处于第 51 百分位数，智力处于第 87 百分位数。与多头绒泡菌一样，这些实验对象面临着艰难的选择。他们给出的答案也与多头绒泡菌一样，选择亚当和比尔作为未来约会对象的大学生各占总数的一半。

但是，在克里斯出现之后，情况发生了变化。克里斯的魅力与可信度分别处于第 81 百分位数和第 51 百分位数，都与亚当一样，但是他的智力与亚当不同，处于第 54 百分位数。克里斯是一个"无关选项"，因为他明显逊色于亚当和比尔。结果我们应该可以猜到：在稍有逊色的新版亚当出现之后，正版亚当似乎变得更有吸引力了。当面对亚当、比尔和克里斯这 3 个选项时，接近 2/3 的女性选择亚当作为约会对象。

所以，如果你是一位正在寻找真爱的单身汉，那么，在考虑与哪位朋友一起去城里赴心仪对象的约会时，应该选择条件与你相似但略微逊色于你的那位。

非理性从何而来呢？我们已经知道，完全理性的个体在集体行动中有可能扭曲真实的民意。但是经验告诉我们，个人不可能是完全理性的。关于多头绒泡菌的研究表明，我们的日常行为之所以自相矛盾或不一致，可能基于某种更彻底的理由。个人之所以不理性，也许是因为他们并不是真正的个体。每个人都是一个小国家，我们要做的就是尽可能地处理各种争端、做出妥协，而最后得到的未必都是合理的结果。就像多头绒泡菌一样，我们也有可能小错不断，但却能做到大错不犯。民主必然包含各种杂音，但是的确能产生某种效果。

澳大利亚选举制度与美国选举制度，孰优孰劣？

澳大利亚的选举制度与波达计算法非常相似，选民在投票时并不是只填写他们最支持的候选人的姓名，而是按照支持度从高到低对所有候选人进行排序。

假设在佛罗里达 2000 年大选中采用澳大利亚的选举制度，将会出现什么结果。

我们先计算各位候选人排在首位的票数，然后排除票数最少的候选人。按照这种方法，在佛罗里达 2000 年大选中，最先被排除的候选人就是纳德。接下来，我们来看小布什与戈尔之间的较量。

虽然我们排除了纳德，但并不意味着我们要把投给他的选票也全部抛弃。（使用整头牛！）"实时复选法"（instant runoff）的确富有创造性，根据这个方法，我们先把纳德的名字从选票上划掉，然后重新计票。这样一来，戈尔就会以51%的选票排在首位：第一轮得到49%，再加上本来投给纳德的那些选票。小布什第一轮得到49%的选票，在这一轮票数没有变化。因此，戈尔成为赢家。

在前文中，我们从选择"戈尔，纳德，小布什"的选票中移走2%，加到"小布什，戈尔，纳德"的选票中，从而得到了略有不同的佛罗里达2000年选举的票数分布情况。在这种情况下，会出现什么结果呢？戈尔仍然会在波达计算法中取得胜利。可是根据澳大利亚选举规则，却会得出不同的结果。纳德仍将在第一轮被淘汰，但是，由于51%的选票会使小布什排在戈尔前面，因此小布什会赢得大选。

实时复选法——澳大利亚人称之为"偏好投票法"（preferential voting）——明显具有更大的吸引力。喜欢纳德的人无须担心自己的投票会对他们最不喜欢的候选人有利，纳德也可以放心地参选，无须担心自己的参选会让他最不喜欢的候选人占便宜。

实时复选法有150多年的历史，除了澳大利亚，爱尔兰、巴布亚新几内亚等国也都采用这种选举办法。数学一直比较糟糕的约翰·斯图亚特·穆勒（John Stuart Mill）听说这种选举办法之后，宣称这是"行政管理理论与实践迄今为止所取得的最伟大的进步之一"。

下面，我们来看看佛蒙特州伯灵顿市市长竞选的情况。在全美范围内，只有伯灵顿一个市采用实时复选法。大家要做好心理准备，因为我们将会看到很多数字。

三个主要参选人是共和党人科特·赖特（Kurt Wright）、民主党人安迪·蒙特尔（Andy Montroll），以及时任市长、进步党左派的鲍勃·基斯（Bob Kiss）。（还有其他候选人参选，不过他们的影响力较小，在此就不讨论投给他们的选票了。）他们的得票情况如下：

蒙特尔，基斯，赖特	1 332
蒙特尔，赖特，基斯	767
蒙特尔	455

（续）

基斯，蒙特尔，赖特	2 043
基斯，赖特，蒙特尔	371
基斯	568
赖特，蒙特尔，基斯	1 513
赖特，基斯，蒙特尔	495
赖特	1 289

从上表可以看出，并不是所有人都支持这种选举制度，有的人只填了自己的第一选择。

共和党人赖特共有 3 297 张排名首位的选票，基斯共有 2 982 张排名首位的选票，蒙特尔共有 2 554 张排名首位的选票。如果我们去过伯灵顿，就会知道伯灵顿市民不希望共和党人担任市长。但是，如果采用美国传统的选举制度，由于两位更开明的候选人会各分走一部分不支持赖特的选票，赖特反而会取得胜利。

真实情况并非如此。民主党人蒙特尔排在首位的票数最少，因此他最先被淘汰。在第二轮中，基斯与赖特在第一轮中排在首位的选票数保持不变，但是，本来是"蒙特尔，基斯，赖特"的 1 332 张选票现在变成了"基斯，赖特"，并被计入基斯名下。同样，本来是"蒙特尔，赖特，基斯"的 767 张选票则被计入赖特名下。最后，基斯的票数为 4 314 张，而赖特的票数是 4 064 张，因此，基斯再次当选伯灵顿市市长。

这个计票方法似乎合情合理，不是吗？先别着急回答，我们换一种方法——两两对决法——计算一下。在蒙特尔与基斯之间有 4 067 名选民支持蒙特尔，有 3 477 名选民支持基斯。在蒙特尔与赖特之间，有 4 597 人支持蒙特尔，有 3 668 人支持赖特。

换言之，多数选民对中间派候选人蒙特尔的支持超过基斯，同时，多数选民对蒙特尔的支持超过赖特。因此，我们有充分的理由认为蒙特尔才是真正的赢家，但是他在第一轮即遭淘汰。从这个现象我们可以看出实时复选法的一个缺点：对于中间派候选人而言，虽然大家都比较支持他，但是没有人把他排在第一位，因此，他很难赢得选举的胜利。

我们把上述分析总结如下：

传统的美国选举制度：赖特获胜

实时复选法：基斯获胜

两两对决法：蒙特尔获胜

你们是不是很困惑？还有更糟糕的呢。假设原本选票为"赖特，基斯，蒙特尔"的 495 人改变主意，把选票投给了基斯，同时把另外两名候选人的名字划掉。同时，本打算把选票投给赖特的选民中有 300 人也改变主意，把票投给了基斯。那么，赖特排在首位的选票就会减少 795 张，剩下 2 502 张。这样一来，第一轮遭到淘汰的就不是蒙特尔，而是赖特了。接下来的选举就变成蒙特尔与基斯的对决，而且蒙特尔最终会以 4 067∶3 777 的票数获胜。

看出其中的玄机了吗？我们让基斯得到更多的选票，结果他没有获胜，反而惨遭失败。

如果此时大家有晕头转向的感觉，那也没关系。

不过，我们要牢记一点：我们至少有合理的理由，知道本来应该赢得选举的人到底是谁。应该是民主党人蒙特尔，因为这个家伙在两两对决时既赢了赖特又击败了基斯。也许，我们应该把波达计算法、实时复选法等全部抛到脑后，让大多数人都支持的候选人直接当选就可以了。

看到这里，大家有没有感觉我在故弄玄虚？

"疯狂的绵羊"与悖论的较量

我们把伯灵顿市市长选举简化一下，假设一共只有三种选票：

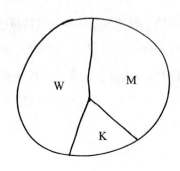

蒙特尔，基斯，赖特	1 332
基斯，赖特，蒙特尔	371
赖特，蒙特尔，基斯	1 513

在饼形图中，比较代表基斯与赖特的两个部分，我们可以发现多数选民对赖特的支持度高于蒙特尔；比较代表蒙特尔与基斯的两个部分，我们可以发现多数选民对基斯的支持度高于赖特。如果大多数人对基斯的支持度高于赖特，大多数人对赖特的支持度高于蒙特尔，难道还不能说明基斯应该再次当选吗？不一定，这中间存在一个问题：大多数人对蒙特尔的支持度远高于基斯，两者的票数比为 2 854 : 371。选票结果构成了一个奇怪的循环：基斯胜了赖特，赖特胜了蒙特尔，而蒙特尔又胜了基斯。如果两两对决，每名候选人都会取得一胜一负的结果。那么，他们当中似乎谁当选都不合适，难道不是吗？

这种令人烦恼的循环叫作"孔多塞悖论"（Condorcet paradox），是法国启蒙运动时期的哲学家孔多塞（Condorcet）于 18 世纪末发现的。孔多塞生活于法国大革命即将爆发的时期，是开明思想家中的翘楚，曾担任立法议会的主席。孔多塞看上去并不像一位政治家，他性格腼腆，说话声音很小，但语速很快。大革命时期的议会非常嘈杂，所以孔多塞提出议案时，人们常常听不见。但是，如果有人在学术标准上与他发生冲突，他经常会大发雷霆。由于他既羞怯内向又时而暴躁的性格特点，他的导师杜尔哥（Jacques Turgot）给他取了个绰号——"疯狂的绵羊"。

不过，孔多塞在政治上确实有过人之处：他充满激情，在处理事务时总是坚守推理（尤其是数学推理）这个原则。他对推理的信任与启蒙运动时期的其他思想家别无二致，但与此同时，他独树一帜地认为社会与道德世界可以通过方程式与公式来分析。孔多塞是第一位现代社会学家（他认为自己研究的是"社会数学"），他出身贵族家庭，但是他很快就认识到思维的普遍规律应该凌驾于国王们心血来潮的想法之上。卢梭认为人们的"总体意愿"应该可以左右政府的行为，孔多塞同意这个观点。但与卢梭不同的是，他并不满足于把这个认识看成是一种不言而喻的原则，而坚持认为在接受大多数观点之前必须通过数学方法来验证它们，概率论就可以完成这项任务。

1785 年，孔多塞在"概率论在多数人决策中的应用"一文中提出了他的理论，简单地说就是：一个 7 人陪审团要做出被告是否有罪的判决，其中有 4 人认为被告有罪，有 3 人认为他无罪。假设每个人正确的概率为51%，在这种情况下，我们可能会预测 4 ：3 的多数人做出的判决是正确的，而不大可能预测他们是错误的。

这种情况与棒球冠军赛有点儿相似。如果是费城人队和老虎队对决，大多数人认为费城人队获胜的可能性更大。假定他们每场比赛获胜的概率为51%，那么费城人队以四胜三负的成绩拿下棒球冠军赛的概率，就会大于以三胜四负的成绩输掉比赛的概率。如果棒球冠军赛采用的不是七场四胜制，而是一共有 15 场比赛，那么费城人队的获胜优势将会更大。

孔多塞所谓的"陪审团定理"（jury theorem）表明，如果陪审团成员足够多，只要这些成员有公正心，哪怕只是一点儿，陪审团的决定就很有可能是正确的。孔多塞指出，我们必须把这个结论看成是一个正确有力的证据。从数学角度看，即使某个大多数人认同的观点与我们已有的观点相矛盾，只要认同这个观点的人数足够多，我们就有充分的理由相信它。孔多塞说："是否采取某种行动，不能仅凭我自己认为合理就贸然行事，而要将大多数人的观点加以提炼，得出的结论必须有理有据、切实可行，才可以采取行动。"陪审团的作用就像电视节目《百万富翁》（Who Wants to Be a Millionaire?）的观众。孔多塞认为，在我们向一个集体提出质疑的时候，即使这个集体是一群不知名、资质较浅的同行，我们也应该重视他们的意见。

因为孔多塞这种近乎死板的行事方式，那些有科学天赋的美国政治家们（例如，与孔多塞一样热衷于度量标准化的托马斯·杰斐逊）对他青眼有加。但是，约翰·亚当斯（John Adams）非常不喜欢孔多塞，在阅读孔多塞的著作时，他在批注中评价孔多塞是"江湖骗子""伪数学专家"。在亚当斯看来，孔多塞就是一个绝望的理论家，因为屡屡在实践中遭遇失败而脾气暴躁，而且他还对有同样倾向的杰斐逊产生了非常糟糕的影响。尽管孔多塞在数学知识的启迪下起草了吉伦特宪法，并制定了非常复杂的选举制度，但无论是法国还是其他国家都没有采纳这部宪法。孔多塞坚持认为女性也应当享有那些人们广泛议论的人权，在当时这个观点几乎是孔多塞的一家之言，但这也是他做出的积极贡献之一。

第 17 章
所谓民意，纯属子虚乌有

1770 年，27 岁的孔多塞与他的数学老师、《百科全书》(Encylopédie) 的编者之一让·勒朗·达朗贝尔，来到了瑞士边界的费尼，对住在这里的伏尔泰进行了一次历时较长的拜访。对数学情有独钟的伏尔泰当时已年过七旬，老态龙钟，他很快就对孔多塞欣赏有加，觉得这个年轻人很有前途。伏尔泰希望能把启蒙运动的理性主义原则传承给新一代的法国思想家，孔多塞正是实现这个希望的最佳人选。孔多塞曾经代表法国皇家科学院执笔撰写拉孔达明的悼词，拉孔达明是伏尔泰的老朋友，通过彩票帮助伏尔泰赚了一大笔钱。孔多塞之所以赢得了伏尔泰的好感，这可能也是原因之一。伏尔泰与孔多塞很快建立起联系，二人书信往来频繁。通过与孔多塞的交流，伏尔泰得以及时掌握巴黎的政治动态。

但是后来，两人之间的关系却出现了裂痕。事情的起因源自孔多塞为布莱士·帕斯卡写的悼词。在这份悼词中，孔多塞公正地称赞帕斯卡是一位伟大的科学家。如果不是帕斯卡与费马提出的概率论，孔多塞很可能无法在科学上取得如此非凡的成就。与伏尔泰一样，孔多塞也不认可帕斯卡的推理方法，但是他反对的理由不同于伏尔泰。伏尔泰认为，把超物质的问题与骰子游戏混为一谈是不严肃的，让人无法接受。而孔多塞与后来的费舍尔一样，之所以反对帕斯卡推理法，则更多是出于数学方面的考虑，他无法接受用概率论来讨论上帝是否存在这类根本不受随机性约束的问题。但是，帕斯卡还认为可以通过数学这个工具来研究人类的思维与行为，对于孔多塞这位刚刚入门的"社会数学家"而言，这个观点无疑具有极强的吸引力。

与孔多塞不同，伏尔泰认为帕斯卡从本质上讲是在宗教狂热的驱动下完成他的那些研究的，而伏尔泰对宗教狂热嗤之以鼻。此外，帕斯卡认为数学可以被用来讨论那些无法直接观察的世界，伏尔泰觉得这个观点不仅是错误的，而且会导致危险的后果，因此拒绝接受。伏尔泰在谈到孔多塞的这份悼词时指出："……文笔优美，因此令人担心……如果他（帕斯卡）真的是一位伟大的科学家，我们所有人就都是白痴，因为我们无法理解他的那种思维方式。孔多塞把书稿寄给我看，读完之后，我觉得如果孔多塞不加修改就出版，必然会对我们造成极大的伤害。"从伏尔泰的话中我们不仅可以看到正常的学术分歧，还能看出一位导师在门徒向自己的哲学对手献殷勤时表现出来的那种嫉妒之情。伏尔泰经常问孔多塞："到底谁是正确的，是帕斯卡还是我？"孔多塞想方设法避免回答这个问题（尽管他屈从于伏尔泰的意愿，在该书的新版本中对帕斯卡的赞扬有所收敛），而是区别对待，既对帕斯卡在拓展数学原理的应用范围方面所做的努力表示尊敬，又尊重伏尔泰对理性、现世主义与进步的忠诚。

在选举问题上，孔多塞采取的是彻头彻尾的数学家的态度。普通人看到2000 年佛罗里达选举的结果时会说："啊呀，真的很奇怪。偏向于左派的候选人最后竟然帮助共和党人赢得了大选。"他们看到 2009 年伯灵顿市的选举结果也可能会说："啊呀，真的很奇怪。大多数人都喜欢的中立派竟然在第一轮就惨遭淘汰。"对于数学家而言，这种"啊呀，真的很奇怪"的感觉源于在心理上无法接受这样的选举结果。你能准确地说出觉得奇怪的理由吗？你能明确地说出什么样的选举制度不奇怪吗？

孔多塞认为自己可以回答这些问题。他写了一个公理，也就是说，他认为下面这句话是浅显易懂的，根本不需要证明。

> 如果多数人在甲、乙两位候选人当中偏向于甲，候选人乙就不可能是众望所归的人选。

孔多塞在他的作品中提到波达的研究时充满了崇敬之情，但就像古典经济学家认为多头绒泡菌是非理性的一样，他也认为波达计算法有缺陷。按照波达计算法，第三方的加入会导致胜利的天平从候选人甲向候选人乙倾斜，与多数人意见一样，都违背了孔多塞公理。根据孔多塞公理，如果甲在两人对决中击败乙，那么在包括甲在内的三人角逐中，乙不可能成为赢家。

欧几里得根据他对点、线与圆的特性总结出 5 条公理：

- 任意两点可以通过一条直线连接；
- 任意线段能延长为任意长度的直线；
- 给定任意线段 L，都可以以其为半径画一个圆；
- 所有直角都相同；

- 如果 P 是一个点，L 是不经过 P 的一条直线，那么有且只有一条直线通过点 P 且与 L 平行。

想象一下，如果有人通过一个复杂的几何证明过程，发现欧几里得公理会不可避免地导致自相矛盾的情况，那会造成什么样的结果呢？真的不可能出现这样的情况吗？我要提醒大家的是，几何学中藏匿着很多神秘现象。1924 年，斯特凡·巴拿赫（Stefan Banach）与阿尔弗雷德·塔斯基（Alfred Tarski）发现，把一个球体分成 6 块之后，通过移动可以重新拼成与之前的球体大小相同的两个球体。这怎么可能呢？这是因为根据对三维物体及其体积、运动等的经验，我们可能相信某些自然形成的公理，但是这些公理不全是正确的，尽管我们直觉上认为它们似乎没有问题。当然，巴拿赫–塔斯基的这些小块具有无限复杂的形状，在天然的物理世界中是无法实现的。因此，购买一个铂球，分割成巴拿赫–塔斯基小块，然后拼成两个新的铂球，再重复上述步骤，最终得到一大堆贵重金属铂，这样的尝试是不可能成功的。

如果欧几里得公理中存在自相矛盾的情况，几何学家就会有五雷轰顶的感觉。这是非常正常的反应，因为真的出现这种情况的话，就意味着构成他们研究基础的那些公理中有一个甚至多个是不正确的。我们甚至可以更加不客气地认为，如果欧几里得公理出现自相矛盾的情况，那么欧几里得所定义的点、线与圆根本不存在。

当孔多塞公理遭遇孔多塞悖论之后，也会面临这样的糟糕局面。在前文的饼形图中，孔多塞公理指出蒙特尔不可能当选，因为他在与赖特的对决中败北了。同样，赖特输给了基斯，而基斯又被蒙特尔击败，所以他们也不可能当选。因此，所谓的民意根本不存在。

孔多塞悖论对他在逻辑基础上建立起来的孔多塞公理提出了一个巨大的挑战。如果存在客观、正确的候选人排序方法，那么基斯比赖特强、赖特比蒙特尔强而蒙特尔又比基斯强的情况，就几乎不可能出现。孔多塞被迫承认，在这些例子面前，他的公理必须加以修改：多数人的意见有时也可能是错误的。但是，如何透过矛盾的迷雾了解人们的真实意图，仍然是一个悬而未决的问题，因为孔多塞从来没有想到所谓的民意根本就不存在。

第18章 一个凭空创造出来的新奇世界

孔多塞认为，"谁是最佳领导人"之类的问题都有一个正确答案。他还认为，公民就是研究此类问题的某种科学工具，虽然这种工具会有测量失准的风险，但总体来讲最终是能够得出准确结果的。在他看来，民主与少数服从多数原则都不可能错，都能通过数学方法得到验证。

现在，讨论民主的方式已经发生了改变。对我们大多数人而言，民主的选择方案之所以有吸引力，原因在于其公平性。我们讨论的是公民的权利，认为人民应当可以选择自己的领导人（无论他们的选择是否明智），并把这个信条视为道德的基础。

不仅政治如此，思维活动的所有领域都应该遵从这一基本认识：我们是不是正在考虑是非问题，或者正在思考我们所遵循的规则与程序允许哪些结论呢？这两个概念通常是一致的，但是，一旦出现分歧，就会招致各种困难，并引发概念性问题。

大家可能认为做出是非判断是我们应该做的事，但在涉及刑事案件时，情况有可能会发生变化。比如，被告确实有犯罪行为却无法宣判有罪（因为获取证据的方法不当），或者没有犯罪却因为某种原因被判有罪。在惩戒犯罪、释放无辜者与严格执行刑事审判程序之间，正义该如何做出选择呢？我们已经见识了费舍尔与内曼及皮尔逊之间的纷争，我们应该接受费舍尔的观点，想方设法弄清楚我们相信的假设中有哪些是正确的；还是根据内曼–皮尔逊的观点，根本不考虑假设是否正确的问题，而思考另一个问题：我们应该根据所选择的推理方法，证明哪些假设（无论真实与否）是正确的呢？

即使在数学这个被普遍视为确定性乐土的领域中，我们也会遇到上述问题。而且，这些问题不是来自当代某个晦涩难懂的研究领域，而是存在于古老的经典几何学之中，即我们前文提及的欧几里得公理。它的第五条是：

如果 P 是一个点，L 是不经过 P 的一条直线，那么有且只有一条直线通过点 P 且与 L 平行。

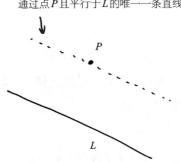

通过点 P 且平行于 L 的唯一一条直线

这条公理是不是有点儿古怪呢？与其余 4 条公理相比，它复杂得多，而且不是那么显而易见。不管怎么说，几百年以来，几何学家们都有这种感觉。人们认为欧几里得本人也不喜欢这条公理，因为他在证明《几何原本》的前 28 个命题时只使用了前 4 条公理。

简洁性有所欠缺的公理就像角落里地板上的污点一样，从本质上讲不会造成麻烦，但却令人无法容忍，因此我们会花大量时间擦拭污点，想让地板变得光亮整洁。数学中的"抛光"工作就是要证明第五条公理，即所谓的"平行公设"是由其他公理推导得出的。如果确实如此，人们就可以把它从欧几里得公理中剔除出去，使欧几里得公理一尘不染、熠熠生辉。

在经过两千年的擦拭之后，这个"污点"还在那里。

第18章
一个凭空创造出来的新奇世界

1820 年，匈牙利贵族法卡斯·波尔约（Farkas Bolyai）在多年探索该问题无果之后，送给他的儿子雅诺什·波尔约（Janos Bolyai）以下忠告：

> 你千万不要走尝试证明平行公设这条路，我非常清楚走这条路的最终结果。这是一条不归之路，在我走上这条路后，我的人生丧失了所有光明与欢乐。我恳求你不要去研究平行问题……为了去除几何学中的瑕疵，还人类一门完美无缺的科学，我甘愿献出自己的生命。在我历尽艰辛之后，取得了远胜于同行的成果，但是我仍然没有得偿所愿……在发现没有人可以走完这段黑暗历程之后，我终于退缩了，没有得到任何安慰，内心充满了对自己、对整个人类的怜悯之情。你一定要吸取我的教训……

不是所有人都会接受父亲的建议，数学家也不会轻言放弃。小波尔约持之以恒地研究平行问题，终于在 1823 年粗略回答了这个古老的问题。他在给父亲的信中说：

> 我有了一些奇妙的发现，连我自己都震惊不已。如果忽视这些发现，将造成永远无法弥补的损失。亲爱的父亲，等你看到我的这些成果你就会明白，但现在我只能告诉你：我凭空创造了一个新奇的世界。

在研究这个问题时，小波尔约另辟蹊径，不是试图通过其他公理来证明平行公设，而是充分发挥想象力，采取了逆向研究的方式。他想，如果平行公设是错误的，会产生什么结果呢，会不会得出自相矛盾的结论？随后，他发现这个问题的答案是否定的，因为有一门几何学与欧几里得几何学不同。在这门几何学中，前 4 个公理都是正确的，但平行公设却是错误的。因此，不可能用其他公理来证明平行公设，否则波尔约几何学就不可能存在。但问题是，波尔约几何学的确存在。

有时候，数学成果会出现"撞车"现象。在数学界终于迎来某个突破时，这种突破竟然会在几个地方同时发生。为什么会出现这种情况，原因还不得而知。当小波尔约在奥匈帝国埋头构建非欧几里得几何学时，尼古拉·罗巴切夫斯基（Nikolai Lobachevskii）正在俄罗斯开展同样的工作，而老波尔约的老朋友高斯已经完成了很多类似的研究工作，只不过还没有发表。（在听说了小波尔约的论文之后，高斯有失风度地说："如果我赞扬他的成果，那就是赞扬我自己。"）

限于篇幅，这里无法详细介绍小波尔约、罗巴切夫斯基、高斯的所谓"双曲几何学"（hyperbolic geometry）。不过，几十年之后，伯恩哈特·黎曼（Bernhard Riemann）发现，简化版的非欧几里得几何学根本算不上是一个新奇的世界，它其实就是球面几何学。

让我们重温一下欧几里得公理的前 4 条：

- 任意两点可以通过一条直线连接；

- 任意线段能延长为任意长度的直线；

- 给定任意线段 L，都可以以其为半径画一个圆；

- 所有直角都相同。

大家可能注意到了，其中包括的几何术语有点、直线、圆与直角。事实上，按照严格的逻辑，名称并不重要，即使我们把这些术语叫作"青蛙""金橘"，根据这些公理进行的逻辑推理的结构也不会发生任何变化。法诺平面中的"直线"与我们在学校里学习的直线似乎并不相同，但却不会引起任何问题，关键是从几何规则来看它们具有直线的特点。从某种意义上讲，把所有的点叫作"青蛙"，把所有的直线叫作"金橘"，可能效果会更好，因为这样命名可以让我们摆脱"点"与"直线"的真实含义给我们造成先入为主的偏见。

在黎曼的球面几何学中，"点"指球面上的对跖点，即同一直径的两个端点，"直线"是一个"大圆"，即球面上的圆，而"圆"还是圆，不过在球面几何学中圆的大小可以是任何尺寸。

在这样定义之后，根据欧几里得公理的前 4 条，任意"点"（球面上的对跖点）可以通过一条"直线"（大圆）连接。此外，任意两条"直线"相交于一个"点"（尽管这不是欧几里得公理）。

大家可能会对欧几里得公理的第二条产生怀疑："线段"绝对不会比"直线"长，因为"直线"就是球面的圆周线，那么我们怎么能说"线段"可以无限延长呢？这个反对理由非常有道理，但是关键要看如何解读这条公理。根据黎曼的理解，该公理不是说直线的长度是无限的，而是指直线具有"无界性"（boundless），这两个概念之间有细微的区别。黎曼直线（圆）的长度是有限的，但是具有无界性，这些直线可以一直延伸下去，没有尽头。

但是，欧几里得公理的第五条却有所不同。假设我们有"点"P 和不经过 P 的"直线"L，那么，是否有且只有一条"直线"通过 P 且平行于 L 呢？答案是否定的，原因很简单：在球面几何学中，根本不存在所谓的"平行直线"，球面上任意两个大圆都会相交。

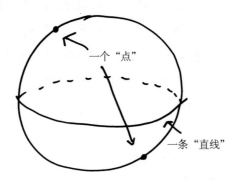

我们简要证明一下这个结论。任意大圆 C 都会把球体表面分割成两个面积相等的部分，它们的面积为 A。假设另一个大圆 C' 平行于 C，由于 C' 与 C 不相交，C' 必然完全位于 C 的某一侧，即位于面积为 A 的两个半球面中的一个之上。这就意味着 C' 分割的球体面积小于 A，而这是不可能的，因为任意大圆分割的球体面积都正好等于 A。

因此，平行公设以一种极为悲壮的方式轰然倒地。（波尔约几何学的证明情况则正好相反。平行线的数目不仅不少，反而有很多，经过"点"P 且平行于 L 的直线有无数条。可以想象，直观地展示这种几何体的难度很大。）

任何两条直线都不平行的情况虽然很奇怪，但是我们对此并不陌生，因为我们在前文中已经见过了。它与我们在射影平面中见到的现象是一样的。布鲁内莱斯基等画家借助这个现象建立了透视理论，在透视理论中，每两条直线都会相交。这不是巧合，我们可以证明黎曼球面上由"点"与"直线"构成的几何体与射影平面中的几何体是相同的。

　　在把点与直线理解成球面上的"点"与"直线"之后，欧几里得公理中的前4条是正确的，但是第五条却不正确。如果第五条公理是前4条公理的逻辑推理产生的，球面的存在就会导致自相矛盾的情况：第五条公理既是正确的（由于前4条公理是正确的），又是不正确的（根据我们对球面的了解）。如果欧几里得公理的第五条是正确的，根据屡试不爽的古老方法——归谬法，我们就会得出球面不存在的结论。但是，球面是肯定存在的，因此，第五条公理不可能借助前4条公理进行证明。证明完毕。

　　看来，要把地板上的"污点"擦拭干净，真的需要费一番工夫。但是，证明这类问题的动机不仅仅是对美学的执着（无可否认，这的确是动机之一）。其原因还在于，一旦我们发现前4条公理适用于多种几何学体系，那么，欧几里得仅仅根据这4条公理证明是正确的所有定理，不仅在欧几里得几何学中是正确的，在其他几何学中也都是正确的。因此，这是数学中的一种放大器，完成一个证明过程，可以证明多个定理。

　　而且，这些定理并不是只为了证明某一个问题而建立的抽象几何学体系。在后爱因斯坦时期，我们知道非欧几里得几何学不仅仅是一个游戏，无论我们喜欢与否，它反映的都是时空的本来面目。

　　在数学领域，当我们找出了某个问题的解决方法之后，如果它确实有效，包含了某种新观念，那么我们通常会发现，这个方法可以应用于多种不同的情况，即便各种情况大相径庭，就像球面与平面远不是一回事一样。这种情况在数学界经常出现。目前，意大利的年轻数学家奥利维亚·卡拉麦罗（Olivia Caramello）引起了大家的注意。她认为，很多理论可以在不同的数学领域中发挥影响力，实际上这些理论之间的联系非常紧密，用术语表达的话就是，它们属于同一个"格罗腾迪克拓扑斯"（Grothendieck topos）。因此，在一个数学领域中得到证明的定理，无须再做证明，就可以在另一个看上去完全不同的数学领域中作为定理使用。现在，认为卡拉麦罗像小波尔约一样真的"创造了一个新奇的世界"还为时过早，但是她的研究的确与小波尔约一样，没有违背数学界长期遵循的传统。

　　这个传统就叫作"形式主义"（formalism）。哈代在赞赏19世纪的数学家时，谈到的也是这个传统。对于诸如1-1+1-1+……的难题，这些数学家终于不再执着于寻找正确的答案，转而研究如何对它们进行定义的问题。因为这个改变，他们成功地避开了令之前的数学家们头疼不已的"不必要的困扰"。在这种纯理论研究面前，数学变成了一种符号与文字游戏。只要某个语句是根据公理有逻辑地推导得出的，就可以被视作定理。但是，公理和定理指什么、有什么含义，则需要我们定夺。"点"、"直线"或者"金橘"指什么？这些概念可能指具有公理所要求特性的任何事物，至于它们指什么，我们应该选择适合当前需要的含义。一种纯理论的形式主义几何学，从原则上讲，无须让我们看到甚至想象任何点或者直线，至于寻常人如何理解这些点与直线则是一个毫不相干的问题。

哈代肯定认为孔多塞感受到的痛苦是一种最没有必要的困扰。他可能会建议孔多塞不要追究到底谁才是众望所归的人选，或者不要考虑民众到底希望哪一位候选人当选，而应该认真研究我们如何定义哪位候选人是民众的选择。对待民主问题的这种形式主义观点，在当今这个自由世界十分盛行。在遭到质疑的佛罗里达州 2000 年总统大选中，由于"蝶形选票"的设计容易误导选民，导致棕榈滩县有几千名选民本来要投阿尔·戈尔一票，结果却把票投给了改革党"传统保守派"候选人帕特·布坎南。如果戈尔得到了这些选票，他就有可能在佛罗里达州的选举中获胜，甚至当选总统。

但是，戈尔与这些选票失之交臂，而且他没有对此提出异议。美国的选举制度就是一种形式主义的产物：它关注的是选票上的标记，而不是这种标记的含义，即选民的意图。孔多塞希望我们关注选民的意图，而我们（至少官方）却根本不考虑选民到底想要什么。孔多塞还希望我们关注支持拉尔夫·纳德的佛罗里达人，而我们推测（似乎理由非常充分）大多数佛罗里达人对戈尔的支持度超过小布什。因此，我们认为，根据孔多塞公理，胜利者将是戈尔，因为大多数人都觉得他比小布什强，而且有更多的人认为他比纳德强。但是，这些倾向与我们的选举制度无关，因为我们把在投票站收集的纸条上出现频次最高的标记视为民众的意愿。

当然，选票统计数据本身也引起了争议。那些打孔不彻底的选票，即所谓的孔屑未完全脱落的选票，该如何计票呢？从海外军事基地邮寄的选票，有的无法确定是在投票日当天还是之前寄出的，又如何处理呢？为了尽可能准确地统计出真实的票数，佛罗里达州各县的计票工作需要重复进行多少次呢？

人们对最后一个问题争论不休，直到美国最高法院做出判决。戈尔的团队曾经要求完成选举工作的各县重新计票，佛罗里达州高等法院也表示同意，但是美国最高法院对此予以否决，并把最终计票结果定为小布什以 537 票领先，判决小布什在该州的选举中取得了胜利。计票次数越多，结果应该越准确，但最高法院认为，这不是选举的最高目标。他们认为，只有一部分县重新计票，这对那些没有重新计票的县是不公正的。该州应该采取的做法不是尽可能准确地计票（统计真实的得票情况），而是遵守选举制度这种形式上的协议。用哈代的话说，这种协议会告诉我们应该判定哪位候选人为胜利者。

从更具一般性的意义来看，法律上的形式主义自认为是对程序、法规的坚持，即使（或者说尤其）在这些程序、法规违背常识时，他们也不会放弃这种坚持。法官安东尼·萨卡里亚是法律形式主义最坚定的倡导者，他直言不讳地说："形式主义万岁！只有形式主义才能决定一个政府实施的是法治，而不是人治。"

在萨卡里亚看来，如果法官试图了解法律的意图（精神），他们肯定会受到偏见与欲望的误导。最好的做法就是坚持遵守宪法与法规的规定，把这些规定看成公理，然后通过逻辑推理等手段做出判决。

在刑事诉讼问题上，萨卡里亚同样笃信形式主义。他认为，从本质上讲，只要符合审判程序，法庭做出的任何判决都是公正的。他对 2009 年特洛伊·戴维斯（Troy Davis）一案做出的判决就非常清楚地表明了他的这种立场。萨卡里亚认为，在已经宣判被告犯有谋杀罪之后，即使 9 名指证他的证人中有 7 人推翻了自己的证词，被告也无权要求新一轮的证据听证。

美国最高法院一直认为，宪法绝不会禁止对经过完整、公正的审判并被判有罪，但之后成功地让人身保护法院相信他其实无罪的被告执行死刑。

（萨卡里亚的原文对"绝不会"一词进行了加粗处理，同时为"其实"一词加上了醒目的引号。）

萨卡里亚指出，对法院而言，重要的是陪审团的意见。如果陪审团认为戴维斯犯有谋杀罪，那么无论他是否杀了人，他的谋杀罪都会成立。

与萨卡里亚不同，首席大法官约翰·罗伯茨（John Roberts）并不是一位形式主义的坚定倡导者，但他对萨卡里亚的观点总体上是持赞成态度的。2005 年，他在正式就任首席大法官之前的参议院听证会上以棒球比赛做类比，描述了自己所从事的工作。

> 法官应遵循法律的旨意，而不是凌驾于法律之上。法官就像棒球场上的裁判，不是规则的制定者，而是规则的执行者。裁判与法官的作用至关重要，要确保所有人都遵守规则。但是，这种作用是有限的。大家想看的是球赛，而不是裁判的表演。

不管有意还是无意，罗伯茨的这个观点与"棒球裁判之父"比尔·克莱姆（Bill Klem）不谋而合。克莱姆在美国棒球联赛中担任裁判有将近 40 年的时间，他曾说过，"最优秀的裁判应该让球迷不记得球场上有裁判"。

但是，裁判并不像罗伯茨与克莱姆认为的那样只能发挥有限的作用，原因在于棒球是一种形式主义的运动。大家看一下 1996 年美国棒球联赛决赛的第一场比赛就能明白这个道理，比赛双方是巴尔的摩金莺队与纽约扬基队，比赛地点是纽约的布朗克斯棒球场。金莺队在第八局快结束时领先扬基队，这时，扬基队的游击手德瑞克·基特打出了一记长距离腾空球，球飞向金莺队的中继投手阿曼德·班尼特兹（Armando Benitez）一侧的右外场。这一次击打非常漂亮，但是没有超出中场手托尼·塔拉斯科（Tong Tarasco）的范围，他在球的下方准备接球。突然，坐在露天看台前排的 12 岁的扬基队球迷杰弗雷·梅耶（Jeffrey Maier）从栅栏上探出身，将球拨进了看台。

基特知道这个球不是本垒打，塔拉斯科、班尼特兹还有 5.6 万名扬基队球迷也知道这个球不是本垒打。在扬基队球馆中唯一没有看到梅耶探身拨球的人，也是唯一能决定这次击球分数的人，就是裁判里奇·加西亚（Rich Garcia）。加西亚判定这个球是本垒打，基特也没有纠正裁判的判定，他慢条斯理地上垒，比赛打成了平局。没有人认为他应该提出异议，这是因为棒球比赛是遵循形式主义的运动，裁判的判定就是最终结果，不可以有任何异议。克莱姆说过，职业裁判员最直言不讳的本体论立场宣言就是："在我做出判定之前，不管发生了什么都不算数。"

这种情况正在发生变化，但是幅度不大。2008 年以来，如果判罚存在争议，球员和裁判可以要求观看录像回放。这种做法有利于裁判做出正确的判罚，但是，很多忠实的棒球迷却认为这有悖于体育精神。我赞同这种观点，我想约翰·罗伯茨也会跟我一样。

并不是所有人都认同萨卡里亚的法律观（他在"戴维斯"一案中的观点是少数人观点）。我们在前面讨论"阿特金斯诉弗吉尼亚州"一案时就已经知道，宪法中"残酷和非常"等文字为我们的解读留下了很大的空间。如果说伟大的欧几里得公理也语焉不详，我们又怎么能指望开国先驱们不犯类似的错误呢？律师、芝加哥大学教授理查德·波斯纳（Richard Posner）等现实主义法学家认为，最高法院在判决时绝不会像萨卡里亚所说的那样顽固地遵循形式主义的规则。

> 最高法院同意受理的大多数案件都非常难以定夺，根据传统的法律推理是无法做出判决的，因为这种推理非常依赖于宪法与法规的条文以及既往同类案件的判决。如果依靠这种从本质上讲属于语义分析的方法就能做出判决，这些案件在州高等法院或者联邦上诉法院就可以审理完成，不会引起争议，也不会被提交到最高法院了。

根据波斯纳的观点，被提交到最高法院的那些案件是无法通过法律推理解决的。帕斯卡发现无法通过推理证明上帝是否存在，现在，法官们也面临同样的情况。然而，就像帕斯卡说的，我们不能选择放弃，同样，无论传统的法律推理方法是否奏效，法院都必须做出判决。有时，法院会采取帕斯卡的方法：如果无法通过推理判决，就力求取得最佳结果。波斯纳认为，"布什–戈尔选举"案就采取了这种司法程序，萨卡里亚也表示同意。波斯纳指出，他们做出的判决并没有在宪法或者判例中找到真正有效的依据。之所以做出这样的决定，是出于一种实用主义的考虑，即避免选举陷入长时间的混乱状态。

形式主义被自相矛盾的阴影笼罩

形式主义简洁明了、毫不花哨，对哈代、萨卡里亚和我这样的人来说极具吸引力。看到一套严格的理论杜绝了自相矛盾的情况，我们就会感到心情舒畅。但是，始终如一地坚持这些原则并非易事，而且未必明智。如果法律条文可能导致荒谬的判决，就连法官萨卡里亚也会偶尔做出让步，将这些条文抛到脑后。同样，无论科学家们声称自己要坚守哪些原则，他们都不希望受到显著性检验的严苛限制。假设我们同时做两个实验，一个实验测试在理论上有效的治疗措施，另一个测试死掉的鲑鱼是否会在浪漫的照片面前产生情绪变化。两个实验都取得了成功，p 值为 0.03，但是，我们不会对这两个结果采取同样的态度。在得出荒谬的结论时，我们会以怀疑的眼光详加审视，而把规则抛到一边。

数学界最伟大的形式主义大师是德国数学家戴维·希尔伯特（David Hilbert）。1900 年，希尔伯特在巴黎国际数学大会上提交的 23 个数学问题，为 20 世纪的众多数学研究指明了方向。即使 100 多年过去了，人们仍然极为推崇希尔伯特。任何研究，只要与他的这些问题有一点儿相关性，都会受到人们的关注。有一次，我在俄亥俄州哥伦布市遇到一位研究德国文化的历史学家，他告诉我，当今的数学界非常流行凉鞋加短袜的搭配风格，原因就是希尔伯特曾经热衷于这种装扮。我无法验证这是否属实，但是我觉得它非常可信，而且与希尔伯特的影响力持续时间之久这个事实不谋而合。

在希尔伯特提出的这些问题中，有些问题很快就得到了解决；有些问题，例如涉及最密集的球状填充的第 18 个问题，直到最近才有人找到了解决方法；还有些问题至今悬而未决，很多人正在孜孜不倦地试图解决它们。如果有人能解决第 8 个问题，即黎曼假设问题，就可以得到克莱基金会 100 万美元的奖励。但是，伟大的希尔伯特至少犯过一次错误。他在第 10 个问题中提出，应该存在某种算法，对于任意方程式，都能告诉我们该方程式的所有根是否都是整数。20 世纪六七十年代，马丁·戴维斯（Martin Davis）、尤里·马季亚谢维奇（Yuri Matijasevic）、希拉里·普特南（Hilary Putnam）和茱莉亚·罗宾逊（Julia Robinson）发表了一系列论文，指出这种算法是不存在的。（世界各地的数论学家因此松了一口气，他们在这个研究领域浸淫多年，如果有人证明某个形式主义的算法可以自动解决这些问题，他们可能会感到很沮丧。）

希尔伯特的第二个问题比较另类，因为它研究的并不是数学本身的问题，而是通过这个问题，对数学领域中的形式主义研究方法表示赞同。

> 我们在研究某一门科学时必须确定一系列公理，对该科学的基础观点之间存在的各种关系给出准确、完整的描述。同时，在这个科学领域中，只有从既有公理出发经过有限步骤的逻辑推理得出的结论，才会被视为正确的观点。

在巴黎做这次报告之前，希尔伯特已经重新审视并改写了欧几里得的 5 条公理，消除了所有歧义，而且彻底摒弃了对几何学的直观要求。经过他的修改，即使把"点""直线"代之以"青蛙""金橘"，这些公理也同样成立。希尔伯特本人说过一句非常有名的话："无论何时，我们用'桌子''椅子''啤酒杯'来表示点、直线和面，都不会引起任何问题。"年轻的亚伯拉罕·瓦尔德是希尔伯特几何学的早期崇拜者之一，他指出在希尔伯特的这些公理中，有的可以从其他公理推导得出，因此这些公理是可有可无的。

在完成几何学的相关研究之后，希尔伯特并没有满足，他的梦想是创建一个纯粹形式主义的数学体系。在这个数学体系中，说某个语句是正确的，或者说该语句遵从一开始就确定好的规则，这两个说法是完全等价的。安东尼·萨卡里亚式的数学家肯定乐意接受这样的观点，意大利数学家朱塞佩·皮亚诺（Giuseppe Peano）率先确立了一系列算术公理。这些公理不会引发任何有意思的问题或者争议，比如，"0 是一个数字"，"如果 x 等于 y，y 等于 z，那么 x 等于 z"，"如果紧跟在 x 之后的数字与紧跟在 y 之后的数字相同，那么 x 与 y 相等"，它们大都是显而易见的事实。

皮亚诺公理有一个显著的特点：从这些最基本的公理出发，可以取得大量数学成果。这些公理本身似乎仅针对整数，但是皮亚诺本人指出，以他的这些公理为基础，只需借助概念和逻辑推理，就可以定义有理数并证明有理数的基本属性。19 世纪的数学界充斥着迷惘与危机，因为有人发现解析学与几何学中被广泛接受的定义存在逻辑上的缺陷。希尔伯特认为，形式主义为科学所构建的基础坚不可摧，不会引发任何争议，因此可以用它来消除缺陷。

但是，"希尔伯特计划"的上方笼罩着一片阴影——自我矛盾的阴影，我们可以想象出这个梦魇般的情景。数学界精诚团结，在公理的基础之上，逐步搭建起囊括数论、几何学与微积分的整个结构，使用的"砖石"是那些新定理，黏合剂则是推理规则。然后，某一天，阿姆斯特丹的一位数学家证明某个数学定理是对的，而东京的另一位数学家却证明这个定理是错的。

在这种情况下，我们应该怎么办呢？从没有任何疑问的公理却得出了自相矛盾的结果。根据归谬法，我们应该判定是公理出问题了，还是逻辑推理结构出错了？几十年来我们基于这些公理完成的研究该如何处理呢？

因此，希尔伯特在巴黎国际数学大会上提交的第二个问题是：

> 关于这些公理，人们有可能会提出无数疑问，但是，我首先希望解决的最重要的问题是：证明这些公理并不是自相矛盾的，即在这些公理的基础上经过有限步骤的逻辑推理，绝不会得出自相矛盾的结果。

人们往往会不假思索地认为自相矛盾这个讨厌的结果不会出现，怎么可能会发生这种情况呢？这些公理显然是正确的。但是，在古希腊人看来，几何图形的大小必然是两个整数的比，这是很明显的事实，因为他们就是这样理解"度量"这个概念的。不过，勾股定理与 2 的平方根这个不容置疑的无理数，动摇了他们的整个理论架构。数学家有一个恶习，即以证明某些明显正确的东西其实是彻头彻尾的错误为乐。我们以德国的逻辑学家戈特洛布·弗雷格（Gottlob Frege）为例，他与希尔伯特非常相似，也一直致力于建立数学的逻辑基础。弗雷格关注的不是数论，而是集合论。他的出发点也是一系列公理，这些公理显而易见是正确的，因此在这里无须赘述。在弗雷格的集合论中，集合就是一系列对象，即元素。我们通常用波形括号来表示集合，并把各元素置于括号内。因此，{ 1, 2, 猪 } 就是一个集合，元素包括数字 1、2 与猪。

如果有些元素之间具有某种共性，而其他元素不具备这种特性，那么，具有该特性的元素又可以构成一个集合。简单地讲，我们现在有一个猪的集合，在这些猪当中，黄毛猪又可以构成一个集合，即黄毛猪集合。我们很难对此提出异议，但是，这些概念实在太宽泛了。一个集合可以包括一群猪、一堆实数或概念（例如多个宇宙），还可能包括其他集合，而导致问题出现的就是其他集合。是否存在包含所有集合的集合呢？肯定是存在的。是否存在包含所有无穷集合的集合呢？当然也会存在。事实上，这两个集合有一个非常奇怪的共性：它们都是自身的元素。例如，包含所有无穷集合的集合，其本身也肯定是一个无穷集合，包含｛整数｝｛整数，猪｝｛整数，埃菲尔铁塔｝之类的元素。很显然，这些元素不胜枚举。

我们可以类比神话中那条吃掉自己尾巴的饥饿的蛇，把这种集合称作"贪吃蛇集合"。因此，包含无穷集合的集合就是贪吃蛇集合，而｛1，2，猪｝则不是贪吃蛇集合，因为该集合不是自身的一个元素，其所有元素都是数字或者猪，而不是任何集合。

有意思的情况出现了。假设NO为所有非贪吃蛇集合构成的集合。NO这样的集合似乎难以想象，但是，如果弗雷格的定义允许这样的集合出现，就必然存在这样的集合。

那么，NO是否是贪吃蛇集合呢？换言之，NO是否是其自身的一个元素呢？根据定义，如果NO是贪吃蛇集合，那么NO就不可能是NO的元素，因为NO只包含非贪吃蛇集合。但是，如果NO不是NO的元素，就说明NO是非贪吃蛇集合，因为NO不是NO的元素。

不过，别忘了，如果NO是非贪吃蛇集合，那么它必然是NO的一个元素，因为NO是所有非贪吃蛇集合的集合。如果NO真的是NO的元素，就说明NO是贪吃蛇集合。因此，无论我们认为NO是或者不是贪吃蛇集合，都不正确。

1902年6月，年轻的伯特兰·罗素在给弗雷格的信中就做出了类似的推理。罗素在巴黎国际数学大会上遇到了皮亚诺，至于他是否出席了希尔伯特的讲座就不得而知了，但是，对于将数学简化为一连串始于基础性公理、无任何瑕疵的推理过程的观点，他毫无疑问是赞成的。罗素这封信的开头部分看似在向这位年长的逻辑学家表达崇拜之情："你的所有主要观点，特别是你反对在逻辑推理中掺杂任何心理因素，以及对数学基础与形式主义逻辑（顺便说一句，两者几乎无法区分）的重视程度，我完全赞同。"但是，随后的一句话写道："只有一个问题让我觉得很难理解。"

接着，罗素解释了NO给他带来的困惑，这就是后来被人们称为"罗素悖论"

的问题。

在这封信的结尾，罗素对弗雷格的《算术基础》（*Grundgesetze*）第二卷仍未出版一事表示遗憾。事实上，在弗雷格收到罗素这封信时，这部书已经完成正准备印刷。尽管罗素的来信非常恭敬（"我很难理解"，而不是说"我刚刚推翻了你毕生研究的成果"），但是弗雷格立刻意识到罗素悖论对他的集合论意味着什么。书稿已经来不及修改了，于是他赶紧在书后附上了补充说明，介绍了罗素的颠覆性见解。弗雷格的这番解释可能是数学技术性著作中最忧伤的表述："在研究刚刚完成时，研究的基础却被推翻了，这是科学家最不愿意见到的事。"

希尔伯特等形式主义者绝不希望公理中藏有定时炸弹，即存在自相矛盾的情况，他希望数学的框架能确保一致性。希尔伯特并不认为算术中可能隐藏着自相矛盾的地方，同大多数数学家甚至大多数普通人一样，他相信算术的标准规则都是关于整数的正确表述，因此不可能相互冲突。但是，这还不够，因为这个信念的基础是假定整数集的确存在。很多人都认为这个问题非常棘手。几十年前，格奥尔格·康托尔首次站在严谨的数学立场上提出了"无穷"的概念，但是他的这个成果难以理解，也不易得到广泛认可，而且有一大群数学家认为，依赖于无穷集合的任何证明过程都值得怀疑。出现数字 7 时，大家都愿意接受，而出现所有数字的集合这类概念时却会引起争议。希尔伯特非常清楚罗素的所作所为对弗雷格的意义，也清楚对无穷集合进行随机性推理会造成哪些危险。1926 年，希尔伯特指出："认真的读者会发现数学文献中充斥着大量愚蠢、荒谬的错误，这些错误的根源就在于无穷这个概念。"（这样的语调用于安东尼·萨卡里亚的异议声明是比较妥当的，他的那些声明读起来更加令人胆战心惊。）希尔伯特希望找到关于一致性的有限性的证明方法，一种无须依赖于任何无穷集合，只要是有理性的人便会心甘情愿地全盘接受的证明方法。

但是，希尔伯特的愿望是无法实现的。1931 年，库尔特·哥德尔（Kurt Gödel）在他的著名的第二条不完全性定理中，证明了关于算术一致性的有限性的证明方法是不存在的，这对希尔伯特的计划是致命一击。

大家会不会担心明天下午所有数学家都会因为受到类似的打击而崩溃呢？无论有什么情况发生，我都不会担心。我相信无穷集合是有道理的，借助无穷集合完成的一致性证明也是可靠的。

大多数数学家都和我持一样的态度，但是，也有人持有异议。2011 年，普林斯顿大学的逻辑学家爱德华·尼尔森到处宣传一个关于算术不一致性的证明方法。（值得庆幸的是，陶哲轩在几天之后就发现尼尔森的证明中有一个错误。）2010 年，现在普林斯顿大学高等研究院任职的菲尔兹奖得主弗拉基米尔·沃沃斯基（Vladimir Voevodsky）宣称，他认为没有理由相信算术具有一致性，这引起了大家的注意。他与不同国家的多名合作者一起，为数学提出了一个新的基础。希尔伯特以几何学为出发点，但是他很快发现算术的一致性是一个基础性更强的问题。与之相反，沃沃斯基等人则认为几何学是基础性的数学领域，不是因为几何学是欧几里得非常熟悉的内容，而是因为更具有现代性的"同伦论"（homotopy theory）支持这种观点。他们提出的这个数学基础会不会遭到怀疑或导致自相矛盾的结果呢？再过 20 年我会告诉你答案，因为只有时间才能做出回答。

尽管希尔伯特的形式主义计划夭折了，但是他在数学研究方面的风格却延续下来。甚至在哥德尔完成他的那项研究之前，希尔伯特就已经明确表示，他并不希望运用从本质上讲属于形式主义的方法构建数学，因为难度太大了！即使可以另起炉灶，把几何学研究变成摆弄无任何意义的符号串，但是，如果不绘制、想象几何图形，不把几何物体看成真实的事物，任何人都不可能在几何研究领域有所建树。这种观点通常被称作"柏拉图主义"（Platonism），但是，我哲学界的朋友大多对此嗤之以鼻：现实中怎么可能存在 15 维超级立方体呢？我只能告诉他们，在我看来，这样的东西与山脉没有任何不同，都是真实存在的事物，原因很简单，我能为 15 维超级立方体下定义。大家是不是也可以为一座山下定义呢？

但是，我们的身上都有希尔伯特的影子。周末和一些哲学家喝啤酒时，他们取笑我们连研究对象是什么都没有搞清楚，我只能辩解说：我们在研究中的确要依靠几何直觉，但是我们知道我们的最终结论是正确的，因为我们有形式主义的证据作为后盾。菲利普·戴维斯（Philip Davis）和鲁本·赫什（Reuben Hersh）说得非常好："通常，从事研究的数学家在工作日里都信奉柏拉图主义，到了周末则信奉形式主义。"

希尔伯特并不希望颠覆柏拉图主义，而是希望为几何学等学科奠定坚实的形式主义基础，从而捍卫柏拉图主义，使我们在周末和工作日里都能心安理得。

伟大的数学家并不都是天才

我前面说的这些话似乎是在为希尔伯特摇旗呐喊。尽管这些观点都是正确的，但是我担心过多关注这些大人物的言论，会让人们对数学产生误解，以为数学研究只是少数天赋异禀的人在孤军作战，为人类的发展开辟道路。某些个案的确如此，例如斯里尼瓦瑟·拉马努金（Srinivasa Ramanujan）的研究。拉马努金是印度南部的一位数学天才，从小就有诸多惊人的独创性见解。他自称之所以能有这些见解，是受到了女神娜马卡尔的启发。多年来，他一直游离于数学圈之外，潜心钻研，通过不多的几本著作了解最新的数学动态。1913 年，在他终于进入数论这片广阔天地时，他已经在笔记本上写下了约 4 000 条定理。时至今日，这些定理中还有不少是数学研究的热点。（女神只把这些定理告诉了拉马努金，而证明工作则交给我们这些后来人去完成。）

但是，拉马努金是个特例，人们经常讲述他的故事，正是因为他不具有代表性。希尔伯特在上学时成绩不错，但不是特别突出，更算不上格尼斯堡最杰出的年轻数学家。当时，格尼斯堡最引人注目的年轻数学家是比希尔伯特小两岁的赫尔曼·闵可夫斯基（Hermann Minkowski）。闵可夫斯基后来虽然也在数学领域取得了杰出的成就，但他不是希尔伯特。

在数学教学活动中最令人痛心的事，就是看到学生因为对天才的膜拜而自毁前程。因为盲目迷信天才，学生们认为只有特定的几个人才可以做出重要贡献，因此，如果在数学方面天赋不高就不应该钻研数学。但是，我们在其他学科上却不会有这种想法。我从来没有听到学生说："我喜欢《哈姆雷特》，但是戏剧课不适合我。坐在第一排的那个家伙是个戏剧通，他从 9 岁时就开始读莎士比亚的作品了！"运动员也不会因为队友表现优异而放弃自己的运动生涯。然而，一些有前途的学生尽管热爱数学，但在看到有人"遥遥领先"之后就放弃了学习数学。每年，我都会遇到这样的情况。

因此，我们与很多本来会从事数学研究的人才失之交臂。而且，我们需要更多的数学专业毕业生从事其他工作，比如，医生、中学老师、首席执行官（CEO）、参议员等。我们必须先摒除数学仅适合天才的偏见，才有可能实现这个目标。

对天才的膜拜往往还会导致人们忽视刻苦钻研的重要性。起初，我认为"刻苦"是一种遮遮掩掩的侮辱性评价，其潜台词是：你并不认为这个学生聪明。但是，并非所有人都能做到刻苦钻研（尽管看不到明显进展，却仍然全神贯注、有条不紊地反复钻研某个问题，不放过所有可能取得突破的机会）。当今的哲学家把这种品质称作"勇气"，它是数学研究必备的条件。人们很容易忽视刻苦钻研的重要性，因为人们可能觉得获得数学灵感无须费力气。我至今还记得我证明的第一个定理，当时我在写大学毕业论文时遇到了麻烦。一天晚上，校园文学杂志社召集编辑们开会。我们一边喝着红酒，一边心不在焉地讨论一篇有点儿枯燥的短篇小说。突然，我灵光乍现，想到了如何解决毕业论文中的那个难题。虽然想法还不太成型，但却无伤大雅，我确定这个问题终于解决了。

数学上的创新突破往往不期而至。法国数学家亨利·庞加莱（Henri Poincaré）对自己于 1881 年在几何学上取得的突破有如下描述：

> 到达库唐赛之后，我们上了一辆开往某个地方的公共汽车。就在我上车的那一瞬间，我突然想起我用来限定富克斯函数的正是非欧几里得几何学中的转换函数。落座之后，我和别人接着聊上车前聊的话题，因此没有时间证明这个想法。但是，我确信这个想法是正确的。我发誓，回到卡昂之后，我一腾出时间就完成了它的证明工作。

不过，庞加莱解释说，这个想法并不是真的在上车的那一瞬间突然出现的。在之前的几周时间里，他一直在有意无意地思考这个问题，已经做好了将这两个概念联系起来的思想准备，终于在那一瞬间产生了灵感。即使是一个天才，如果无所事事地坐等灵感闪现，也终将一事无成。

这个问题我可能很难说清楚，因为我小时候是个神童，6 岁时，我就知道自己以后会从事数学研究。我到高年级听课，参加各类数学竞赛，还获得许多奖项。上大学时，我确信那些学习奥数的我的竞争对手将成为伟大的数学家。然而，事实跟我预想的不完全一样。那些希望之星中确实涌现出许多杰出的数学家，例如调和分析学家、菲尔兹奖得主陶哲轩。但是，现在我身边的这些数学家，他们 13 岁时在数学上还没有什么突出的表现。他们成为数学家的历程与陶哲轩有所不同，如果他们在中学时就放弃了数学学习，还会取得今日的成就吗？

在学习数学很长一段时间之后，我们会发现总有人比我们优秀，有的甚至还与我们坐在同一间教室中（我认为其他领域也会出现类似的情况）。刚开始的时候，人们会密切关注那些提出有用定理的人，提出有用定理的人又会关注那些提出很多有用定理的人，提出很多有用定理的人又会关注获得菲尔兹奖的人，获得菲尔兹奖的人又会关注菲尔兹奖得主中的关键人物，而那些关键人物的关注对象则可能是已经过世的数学家。没有人看着镜子中的自己说："坚持住，我比高斯更聪明。"然而，在刚刚过去的 100 年时间里，这些与高斯比起来相形见绌的人通过共同努力，使数学进入了迄今为止最辉煌的时期。

一般说来，数学研究是一种集体活动，一大群人为了共同的目的殚精竭虑。虽然我们会把荣誉的光环戴在最后一锤定音的那个人头上，但是每个人都为最终的成功做出了自己的贡献。马克·吐温有一句话说得非常好："电报、蒸汽机、留声机、电话等重要发明，往往需要成千上万人的努力，但得到荣誉的总是取得最后胜利的那个人，而其他人则被忘得一干二净。"

这与橄榄球比赛非常相似。橄榄球比赛中当然会出现某位球员主导比赛的情况，即使很长时间之后，我们仍然会对这样的场景津津乐道。但是，橄榄球比赛并不总会出现这样的情况，这也不是球队获胜的常见方式。当四分卫为奔跑的外接手传出一个令人眼花缭乱的达阵传球时，我们所看到的其实是有很多人参与的整体配合，包括四分卫与外接手的配合、进攻内锋的配合（他们组织的防线使四分卫有时间发起进攻并传球，同时让跑锋假装接手递手传球，以分散对方防守队员的注意力，赢得宝贵的进攻时间），此外还有负责战术设计的进攻教练、多名手拿战术图板的助理教练，以及训练队员奔跑、传球的教练团队等的配合。这些人不都是天才，但他们为天才的诞生创造了条件。

陶哲轩指出：

> 在大众心目中，离群索居（还可能有点儿疯狂）的天才往往对文献资料等前人智慧的结晶视而不见，但他们总能获得神秘的灵感（有时候是在经过痛苦的思考之后突然获得的），在所有专家都一筹莫展的时候，为某个问题提供独创性的解决方法，令所有人大吃一惊。这样的人物形象的确充满传奇色彩，但至少在现代数学领域是不存在的。虽然我们的确有很多惊人的数学结论和深刻的数学定理，但它们都是众多杰出的数学家几年、几十年甚至几百年不懈努力的结果。理解层面上的每次突破的确都很不平凡，有些甚至出人意料，但这些突破都是建立在前人努力的基础之上，而不是凭空出现的全新成果……在现实中，人们在直觉、文献的指引下，通过刻苦钻研，再加上一点儿运气，在数学研究过程中不断取得进展。事实上，我甚至觉得这种情况比上述充满传奇色彩的想象更令我热血沸腾，尽管上学的时候，我取得的进步也大多源自专属于少数"天才"的神秘灵感。

说希尔伯特是天才并没有错，但更正确的说法是，他取得了天才才能取得的成就。天才并不是指某种类型的人，而是指其取得的伟大成就。

政治的逻辑

政治逻辑与希尔伯特等数学逻辑学家所指的形式主义不是一回事，但是，拥有形式主义世界观的数学家在面对政治问题时却别无选择，只能采取这种方法，而且他们的这种做法得到了希尔伯特本人的鼓励。1918 年，希尔伯特在做题为"公理化思想"（Axiomatic Thought）的报告时，倡导其他科学领域采用在数学领域大获成功的公理化方法。

我们以哥德尔为例，他的定理表明，完全排除算术中的自相矛盾现象是不可能的。1948 年，哥德尔在准备美国公民入籍考试时研究了美国宪法，结果发现其中存在自相矛盾的地方，有可能导致法西斯独裁者以完全符合宪法的方式控制美国，他对此深感不安。哥德尔的朋友爱因斯坦和奥斯卡·摩根斯特恩都告诫他在参加考试时不要提这个问题，但是，根据摩根斯特恩的回忆，哥德尔和考官进行了这样的对话：

> 考官：哥德尔先生，你从哪里来？
>
> 哥德尔：我来自哪里？澳大利亚。
>
> 考官：澳大利亚的政府属于什么类型？
>
> 哥德尔：它是一个共和政府，但是由于宪法的问题，最终变成了一个独裁政府。
>
> 考官：哦，这真是太糟糕了！美国政府就不会实行独裁统治。
>
> 哥德尔：美国也会的，我可以证明这个问题。

值得庆幸的是，考官迅速转换了话题，哥德尔也在程序规定的时间里获得了美国公民的身份。至于哥德尔在美国宪法中发现的矛盾，似乎并没有被记载到数学史中，也许这是最好的结果！

由于希尔伯特坚持逻辑原则与推理，因此，同孔多塞一样，他对数学以外的事务也经常持有非常现代的观点。希尔伯特拒绝在"针对文化世界的 1914 年宣言"（Declaration to the Cultural World）上签名，虽然这一行为导致他的政治利益受到了某种程度的损害。这份宣言的目的是在欧洲为第一次世界大战进行辩护，并列出了一长串否认声明。声明全部采用了"认为……的观点是不正确的"格式，例如"认为德国破坏了比利时的中立立场的观点是不正确的"。很多伟大的德国科学家，包括费力克斯·克莱茵（Felix Klein）、威廉·伦琴（Wilhelm Roentgen）和马克斯·普朗克（Max Planck）等人，都签署了这份宣言。希尔伯特拒绝签名的理由非常简单，他认为无法证明这些观点真的是错误的。

一年之后，哥廷根大学为是否聘用伟大的代数学家埃米·诺特（Emmy Noether）一事而犹豫不决，原因是他们认为不能让学生跟随一名女性教师学习数学。希尔伯特说："候选人的性别竟然成为不被聘用的理由，我觉得这是没有道理的。我们办的是大学，而不是澡堂。"

但是，理性的政治分析有其局限性。20 世纪 30 年代，纳粹巩固了他们对德国的统治，已经年老的希尔伯特实在无法理解自己的祖国为什么会发生这样的变化。1938 年，他的第一个博士生奥托·布鲁门塔尔（Otto Blumenthal）来到哥廷根大学，为他庆祝 76 岁生日。布鲁门塔尔是一名基督徒，但因为出身犹太家庭，他被剥夺了在亚琛学术界工作的权利。（同年，亚伯拉罕·瓦尔德离开了被德国占领的奥地利，前往美国。）

康斯坦丝·瑞德（Constance Reid）在希尔伯特传记中回忆了那次生日派对上的一段对话：

> 希尔伯特问："这学期教什么课啊？"
>
> 布鲁门塔尔轻轻地提醒他："我已经不再给学生们上课了。"
>
> "不再讲课了？为什么？"
>
> "他们不允许我继续讲课。"
>
> "这怎么可能呢？这不可以！如果没有犯罪，谁也不能剥夺老师授课的权利。为什么没有申请司法介入呢？"

人类的未来

孔多塞同样坚持用形式主义的方法处理政治问题，即使这些方法与现实情况发生抵触也不会放弃。孔多塞悖论的存在说明，只要选举制度遵循他的那个表面看似不容置疑的公理（如果多数人对A的支持度超过对B的支持度，那么B就不可能成为赢家），就有可能掉进自我矛盾的陷阱。在孔多塞生前的最后 10 年时间里，他在悖论问题上耗费了大量精力，设计了越来越复杂的选举制度，希望可以解决自相矛盾的问题。但是，直到去世，他也没有成功。1785 年，他濒临绝望地说："我们可能会认为这些都是模棱两可的决定，但我们却无法躲避，不得不接受这些决定，除非我们只要求相对多的票数，或者只允许开明人士参与投票……如果我们无法保证选民足够开明，我们就只能要求候选人具备足以让我们信任的能力，只有这样，我们才不会做出糟糕的选择。"

但是，导致问题出现的不是那些选民，而是数学知识。现在的观点认为，孔多塞从一开始就注定会失败。1951 年，肯尼斯·阿罗（Kenneth Arrow）在他的

第18章
一个凭空创造出来的新奇世界

博士论文中证明，比孔多塞公理温和得多的公理，例如皮亚诺运算法则这类让人们深信不疑的公理，都会导致自相矛盾的结果。①阿罗的研究对公理的简洁性做出了突出贡献，他在 1972 年因为这项成果获得了诺贝尔经济学奖。但是，就像哥德尔定理令希尔伯特的希望破灭一样，他的这项成果也会让孔多塞死不瞑目。

当然，孔多塞非常坚强，他也有可能不会因此失望。随着法国大革命愈演愈烈，他的温和共和主义很快就遭到了更为激进的雅各宾派的排挤。他在政治上被孤立，后来不得不东躲西藏，避免被送上断头台。但是，孔多塞始终不渝地认为，理性与数学必将推动社会进步。他藏身巴黎，深知自己的时间已经不多了，于是执笔完成了他的《人类精神进步史表纲要》(*Sketch for a Historical Picture of the Progress of the Human Mind*)，告知世人他对未来的展望。这部著作的观点非常乐观，描述了未来世界将在科学的作用之下，把君主主义、性别歧视、饥饿等问题逐一消除的美好前景。下面是书中一段有代表性的文字：

> 自然科学与人文科学的新发现，随之而来的促进个体繁荣与整体繁荣的新手段，行为原则的进一步发展，以及我们在道德、智力与物质方面所取得的货真价实的进步（要么源于能凸显人类才能的作用并引导其应用的手段和工具得到了改进，要么源于人类有机体本身的进化），都必将推动人类的进步。这难道不是一个毋庸置疑的事实吗？

如今，人们大多是通过一种非直接的方式来了解这部《人类精神进步史表纲要》的。例如，托马斯·马尔萨斯（Thomas Malthus）一直认为孔多塞的预言过于乐观，在受到《人类精神进步史表纲要》的启迪之后，马尔萨斯也预测了人类的未来。相较于孔多塞，马尔萨斯的预测悲观得多，但知名度却高得多。

在写下上面这段文字之后不久，孔多塞于 1794 年 3 月被捕入狱了。两天之

---

① 阿罗定理并不适用的一种选举制度叫作"赞同投票制"（approval voting）。在这种制度下，选民不需要表明自己的倾向，可以把所有自己支持的对象都写在选票上，得票最多的候选人当选。我认识的数学家大多认为这种选举制度及其变体优于多数人投票制和排序投票制。在选举教皇、联合国秘书长及美国数学协会官员时，人们使用过这种投票机制，但在美国政府官员的选举中却从来没有采用过。

后，人们发现了他的尸体，有人说他是自杀身亡，也有人认为他是被谋杀的。

尽管哥德尔使希尔伯特的形式主义计划轰然崩塌，但是他的研究风格得以传承。同样，孔多塞的死亡也没有终结他的这一套方法对政治的影响。我们不再寄希望于建立一套满足孔多塞公理的投票机制，但我们也没有抛弃该公理中的基本信念，即量化的"社会数学"（现在被称为"社会学"）应该在规范政府管理方面发挥作用。孔多塞在《人类精神进步史表纲要》中坚定地指出，社会数学是"有助于凸显人类才能的作用并引导其应用的手段和工具"。

孔多塞的思想与现代人处理政治事务的方式相互交织、水乳交融，以至于我们几乎没有发现这也是一种选择。事实上，他的思想的确是一种可选方案，而且我认为它是我们应该选择的正确方案。

结　语　如何做出正确的决策？

在大学二年级的那个暑假，我找了一份调查大众健康状况的工作。从事该项研究的那位研究人员（大家马上就会明白我为什么不提他的名字）希望雇用一名数学专业的学生，帮助他预测 2050 年患肺结核的人数。他给了我厚厚一叠文件，内容涉及肺结核的各项数据：在各种情况下的传染性、典型的传染过程与最长传染期、存活曲线、坚持服药率，并对上述统计数据按照年龄、种族、性别与艾滋病毒感染状况进行了分类。文件的数量很多，装在一个大文件夹中。我开始了数学专业学生的本职工作：利用这位研究人员提供的数据建立了一个肺结核流行情况模型，预测从当时起直至 2050 年，不同人群每 10 年内感染肺结核人数的变化情况。

我最终得出的结论是：我根本无法预测出 2050 年有多少人会患上肺结核。任何实证研究都必然存在某种程度的不确定性，人们认为感染率为 20%，但实际感染率有可能是 13%，也有可能是 25%，当然，可以确定的是，感染率不会是 60% 或者零。局部细节的不一致性在整个模型中随处可见，不同参数的不确定性又相互影响，因此，等到分析 2050 年的情况时，数据噪声已经大到足以淹没有效信号，致使我建立的模型有可能得出两种结果：到 2050 年，有可能肺结核已经消失了，也有可能大多数人都感染了肺结核。而且，我没有办法确定哪种结果是正确的。

但是，那位研究人员不愿意接受这样的结果。他付给我钱，希望我能给他一个具体的数字。他再三向我解释："我知道这里存在不确定性，所有的医学研究都有不确定性，我知道这个特点，但是，你还是要告诉我你认为哪个结果更有可能是正确的。"尽管我再三跟他说随意猜测可能会导致更糟糕的结果，但他就是不肯罢休。毕竟他是老板，因此，我最终屈服了。我敢肯定，他随后会告诉很多人，到2050年将有X百万人患肺结核。我还敢肯定，如果有人质疑他是如何得到这个数字的，他会说："我雇用了一个家伙，通过数学计算得到了这个结果。"

指手画脚的批评家和发挥重要作用的批评家

上面这个故事似乎是在建议大家消极地规避错误，也就是说，在面对所有难题时从不表明态度，只是耸耸肩或者含糊其词地说：当然是这么一回事，但是，从另一个方面看，也有可能是另外一回事……

吹毛求疵、爱唱反调或含糊其词，都无济于事。人们在谴责这些行为时，习惯引用西奥多·罗斯福（Theodore Roosevelt）的演讲——"一个共和国的公民意识"（*Citizenship in a Republic*）。1910年，罗斯福的总统任期刚结束不久，他在巴黎演讲时说：

> 当一个强者跌倒或者一个实干家做得不够完美时，只会在一旁指手画脚的批评家，没什么了不起的。荣耀属于真正站在竞技场上的人，他的脸上满是灰尘和血汗，尽管一次次出错和遭遇失败，仍然勇往直前，因为世界上根本不存在唾手可得的成就。他明白热情和奉献的意义，并完全投身于有价值的事业。最后若是成功了，他就能享受胜利的喜悦；就算失败了，他也会因曾经全力以赴而无怨无悔。所以，他永远不会与那些冷漠胆小、从未品尝过成功和失败滋味的灵魂为伍。

人们经常引用这段文字，而且整个演讲都具有现实和深远的意义，令人津津乐道、难以忘怀，也让现在的美国总统难以超越。这次演讲还涉及本书其他章节的内容，例如金钱的边际效用递减问题。

　　事实上，在物质上取得一定的成功或得到一定的回报之后，相较于一生中可以做的其他事，追求物质利益的重要性将会不断减小。

还有对于"不可学习瑞典模式"，罗斯福指出，好的东西多多益善，反之亦然。

　　因为人们对进步的追求贪得无厌、永无止境，就拒绝所有进步；因为极端主义者提倡的某些措施是明智的，就不加任何节制地滥用，这两种做法都非常愚蠢。

但是，罗斯福的整个演讲都是围绕一个主题展开的，他认为只有勇敢、常识与阳刚之气击败软弱、知识与狭隘的思想，人类文明才能得以维系。他是在法国学术界的圣殿索邦大学做这番演讲的，10 年前，希尔伯特也是在这里提出他的23 个问题的。在布莱士·帕斯卡尔的塑像面前，希尔伯特呼吁听众中的数学家与几何直觉及物理的抽象性展开更加深入的斗争。罗斯福的目标正好相反，他虽然在口头上对法国学术界的成就表示尊重，却明确地指出他们的书本知识在培育伟大民族方面仅能发挥次要作用。"站在代表最高知识水平的大学里，我要对知识以及大家的教育工作表示敬意。但是，我认为更重要的是常识以及在日常生活中表现出来的各种优秀品质。我想在座的诸位都会认同这个观点。"

　　不过，罗斯福接着说："严重脱离实际的哲学家，虽然有教养、有文化，但是他们整天泡在图书馆里，对政府如何管理的问题指手画脚。事实上，对于真正的政府管理而言，他们给出的建议没有任何实际意义。"听到这番话，我不由得想到了孔多塞。孔多塞就像罗斯福所说的哲学家一样，大部分时间都泡在图书馆里，但是他对法国做出的贡献却超过同时代大多数更注重实践的人。罗斯福对置身事外、事后对战士们提出批评的那些阴暗、胆小的灵魂嗤之以鼻，却让我想起了亚伯拉罕·瓦尔德。据我所知，瓦尔德一生从来没有在怒火中拿起武器，但是，他正是通过向那些"实干家"提出改善的意见，在美国战争中同样发挥了重要作用。他没有流过血，也没有负过伤，但是他的决策是正确的，他是一位非常重要的批评家。

行为的结果是充满不确定性的

约翰·阿什贝利（John Ashbery）在诗作《最迅速的改进》（*Soonest Mended*）中表达了与罗斯福截然相反的观点。在我看来，这首诗代表了不确定性与启示在人类思想中相得益彰的最高水平，因为两者没有相互抵消，而是水乳交融、相互补充。与罗斯福的百折不挠、进取心十足的演讲相比，这首诗对人生的描绘更加复杂和准确。阿什贝利的悲喜交加的公民意识几乎就是对罗斯福"一个共和国的公民意识"做出的回答。

> 你知道，我们两个都是正确的，尽管
>
> 我们的名气不大，但是
>
> 我们遵纪守法、安居乐业，
>
> 从某种意义上讲，我们都是"良好公民"。
>
> 我们过着平静的生活，学会
>
> 在困难时接受慈善捐助，
>
> 因为行为的结果是充满不确定性的。
>
> 我们日出而作，开始一天的忙碌，
>
> 翻地，播种，
>
> 回到家中，这一切就会被放下。

"因为行为的结果是无法确定的"这句话变成了我的口头禅。西奥多·罗斯福也肯定会认为"不确定"是一种实际行为，而且是一种骑墙式的懦夫行为。1986年，"家燕"乐队（迄今为止推崇马克思主义的最伟大的流行乐队）在歌曲《骑墙》中与罗斯福站在了一起。这首歌以咄咄逼人的气势刻画了政治温和派软弱无力的形象。

> 骑墙的人面对各种民调结果左右摇摆
>
> 骑墙的人首鼠两端、犹豫不决……
>
> 但是这类人最大的问题是
>
> 在可以有所作为时却畏缩不前……

不过，罗斯福与"家燕"乐队的观点是错误的，阿什贝利的看法则是正确的。在阿什贝利看来，不确定是坚强的行为，而不是软弱的表现。诗中还有一句话说得非常好："一种骑墙行为 / 但是上升到了审美理想的高度。"

数学就属于此列。人们通常认为数学领域研究的是确定性与绝对真理（从某些方面看也确实如此），是诸如 2+3=5 这类必然的事实。

但是，从帕斯卡时代以来，数学还是人们用于思考不确定性事物的手段。借助数学知识，我们即便无法完全驯化不确定性，至少可以使它变得易于驾驭。帕斯卡首先运用数学知识帮助赌徒理解随机性这个概念，计算在不确定性最大的情况下赌注的赔率。数学为我们提供了一种公正、公平的表达不确定性的方式：我们不是无能为力，而是"不确定，原因是……不确定的大致程度为……"又或者"我不确定，而且我相信你也不确定"。

成功预测出美国总统大选结果的"神奇小子"

当今，在公正、公平地对待不确定性方面最杰出的代表人物之一是纳特·西尔弗（Nate Silver），他从网络扑克玩家变成了棒球统计专家和政治分析师。2012年，《纽约时报》上关于美国总统大选的西尔弗专栏，使更多的人对概率论产生了前所未有的浓厚兴趣。我认为西尔弗就是概率论领域的科特·柯本（Kurt Cobain）[①]，他们都全身心地投入文化实践（西尔弗从事的是体育与政治的定量预测工作，而柯本则热衷于朋克摇滚），而在他们之前，这种文化实践仅在一个冷漠、虔诚的小圈子中流行。两者的成功都证明了一个事实，即如果我们不拒人于千里之外，那么在公开场合从事我们的活动时，无须牺牲原始资料的完整性，也能让这种活动受到大众的热烈欢迎。

西尔弗取得如此成就，原因何在呢？主要原因在于他愿意开诚布公地谈论不确定性，没有把不确定性看作示弱的表现，而是把它视为这个世界固有的特点，可以运用严谨的科学知识加以研究，并取得良好的结果。如果在 2012 年 9 月我

---

① 科特·柯本（1967~1994），美国已故著名摇滚歌手。——译者注

们希望知道"谁会在 11 月当选为美国总统",一堆政治权威会告诉我们是"奥巴马",还有一堆专家(人数可能比前者少)会说是"罗姆尼"。然而,这些人的回答都是错误的,因为正确答案只有一个:"这两个人都有可能获胜,但是奥巴马当选的可能性要高得多。"尽管媒体的影响面如此之广,但是愿意告诉大家这个答案的只有西尔弗一个人。

持传统政治观点的人对这个答案并不满意,就像我参与的肺结核研究项目的老板一样,他们希望得到一个明确的答案。他们不知道,西尔弗其实已经给出了一个明确的答案。

乔希·乔丹(Josh Jordan)在《国家评论》(*National Review*)杂志中指出:"9 月 30 日,西尔弗预测奥巴马获胜的概率为 85%,选举团的票数为 320∶218。今天,两个候选人之间的差距缩小了,但是西尔弗仍然预测奥巴马获胜的概率为 67%,并且在选举团的投票中会以 288 ∶ 250 的票数领先。因此,很多人怀疑西尔弗是否跟大家一样,注意到三周以来人们对罗姆尼的态度发生了积极的变化。"

西尔弗到底有没有注意到人们对罗姆尼的态度发生了积极的变化呢?答案很明显是肯定的:9 月底,他预测罗姆尼获胜的概率为 15%;而 10 月 22 日,他把这个概率提高至 33%。但是,乔丹对西尔弗的改变视而不见,因为西尔弗仍然预测(事实证明这个预测是正确的)奥巴马获胜的概率超过罗姆尼。对于乔丹等传统的政治新闻记者而言,这意味着西尔弗的答案没有发生任何变化。

美国政治新闻网站 Politico 的迪伦·拜耶斯(Dylan Byers)指出:"某个人在预测罗姆尼获胜的概率时,给出的答案从来没有高于 41%(这个数据还得追溯至 6 月 2 日),而在大选前一周当民调数据表明民众对罗姆尼的支持度与现任总统几乎持平时,这个家伙预测罗姆尼成功的概率仍然只有 1/4。如果罗姆尼真的于 11 月 6 日当选,人们将很难一如既往地相信西尔弗的预测……尽管西尔弗在预测时信誓旦旦,但我们常常觉得他的措辞十分含糊。"

如果大家关注数学,那么这类评论肯定会让大家扼腕叹息。西尔弗的预测并非含糊其词,而是诚实的表现。天气预报说降水概率为 40%,如果真的下雨了,我们会对天气预报失去信心吗?显然不会,因为我们知道天气变化本来就充满了不确定性。如果天气预报说明天肯定会（或者不会）下雨，则是一种不正确的做法。

当然，奥巴马最终赢得了大选，而且选票数远超罗姆尼，这让批评西尔弗的那些人显得有些愚蠢。

具有讽刺意味的是，如果这些批评家希望抓住西尔弗的错误之处，他们本来有一个绝好的机会，即问西尔弗"你预测错误的州有多少个"，但是他们没有抓住这个机会。据我所知，没有人向西尔弗提出这个问题。然而，我们很容易想象他会怎么回答这个问题。10 月 26 日，西尔弗估计奥巴马有 69% 的概率在新罕布什尔州获胜。如果那个时候我们坚持让他预测该州的选举结果，他肯定会倾向于奥巴马。因此，我们可以认为，西尔弗对新罕布什尔州的选举结果预测错误的概率为 0.31。换言之，他预测错误的期望值是 0.31。在这种情况下，他对新罕布什尔州的预测要么是正确的（概率为 0.68），要么是错误的（概率为 0.31），运用我们在第 11 章介绍的方法，可以计算出期望值为：

$$0.68 \times 0 + 0.31 \times 1 = 0.31$$

西尔弗对北卡罗来纳州的预测更有信心，他认为奥巴马获胜的概率仅为 19%。但是，即便这个概率非常小，仍然说明他关于罗姆尼获胜的预测最终落空的概率为 19%，也就是说，他出错的期望值为 0.19。下表列出的是 10 月 26 日西尔弗对候选人之间可能会产生竞争的各州选举结果的预测情况：

州	奥巴马获胜的概率	预测错误的期望值
俄勒冈	99%	0.01
新墨西哥	97%	0.03
明尼苏达	97%	0.03
密歇根	98%	0.02
宾夕法尼亚	94%	0.06
威斯康星	86%	0.14
内华达	78%	0.22
俄亥俄	75%	0.25
新罕布什尔	69%	0.31

（续）

州	奥巴马获胜的概率	预测错误的期望值
艾奥瓦	68%	0.32
科罗拉多	57%	0.43
弗吉尼亚	54%	0.46
佛罗里达	35%	0.35
北卡罗来纳	19%	0.19
密苏里	2%	0.02
亚利桑那	3%	0.03
蒙大拿	2%	0.02

由于期望值有可加总性，西尔弗在估计自己预测错误的数量时，很有可能会计算各州预测错误期望值的总和，得数为 2.83。换句话说，如果有人提出上述问题，他可能会这样回答："总体来讲，在我所预测的各州选举结果中，可能有 3 个是错误的。"

事实上，他的预测结果全部正确。

西尔弗的预测结果比他本人认为的更加精准，因此，即使最老练的政界权威也无法攻击他的预测。思维上的这种迂回曲折是良性的，无须矫正！如果我们像西尔弗那样做出正确的推理，就会发现推理结果往往也是正确的，但是我们并不会认为自己一贯正确。哲学家奎因（Quine）指出："所谓信念，就是相信某个东西是正确的。因此，理性的人相信他的每一个信念都是正确的；然而根据经验，他又会认为自己的某个信念（但是无法确定是哪一个）有可能是错误的。简言之，理性的人会认为自己的每一个信念都是正确的，但又有一些信念是错误的。"

从形式上看，这个观点与我们在第 17 章讨论的美国民意调查中存在的明显的自我矛盾的情况十分相似。美国人民认为每一个政府项目都值得继续投资，但这并不意味着美国所有的政府项目都值得继续投资。

西尔弗摆脱了政治新闻的僵化传统，把更真实的情况呈现给大众。他在新闻报道中没有预言谁会获胜，也没有说谁的"势头很猛"，而是预测了这些候选人成功当选的概率。他没有告诉大众奥巴马可能赢得多少选举团的选票，而是报告了概率分布情况，即奥巴马有 67% 的概率获得再次当选总统所需的 270 张选举团的选票，票数突破 300 张的概率为 44%，获得 330 张选票的概率为 21%，等等。从严谨的角度看，西尔弗的公开预测充满不确定性，但是公众却全盘接受了他的看法。这样的结果，连我都觉得不可思议。

所有的行为，都充满了不确定性。

不可过于计较精确性

西尔弗指出："从目前的态势看，奥巴马获胜的概率为 73.1%。"有人认为这种说法有误导性，对于这个批评意见，我在一定程度上持赞成态度，因为这个数字暗示这个预测结果具有某种可能并不存在的精确性。如果他使用的预测模型今天给出的结果是 73.1%，明天又变成 73%，那么大家不会认为这样的模型具有统计学显著性。这个批评意见针对的是西尔弗的预测结果，而不是他的预测模型。由于政治新闻记者们认为这个看上去十分精准的数字会给读者留下深刻印象，并使其下意识地接受这个观点，因此，这个批评意见还是颇有道理的。

过于精确有时也会产生问题。我们在标准化测试中使用的评分方法可以使分数精确至小数点后好几位，但是我们不应该这样做。因为当前的精确度已经足以让学生们严阵以待，无须再让他们为了同学拥有 0.01 分的微弱优势而惴惴不安了。

如果在选举中盲目追求精确性，不仅在人们躁动不安地观望选举结果时会造成不良影响，而且在选举结束后，这种影响也不会马上消失。大家别忘了，在佛罗里达州 2000 年的选举中，小布什与阿尔·戈尔之间仅差几百张选票，约占总票数的万分之一。从法律及习惯的角度看，这几百张选票对于判断到底哪位候选人可以成功当选总统具有非常重要的意义。但是，从佛罗里达州人民到底希望谁当选总统这个角度看，过于计较这个问题是非常荒谬的。选票污损、丢失、计票错误等原因造成的不精确性，使得最终票数的细微差别已经没有多大意义了，我们无法知道到底谁在佛罗里达州获得的选票更多。法官与数学家的区别在于：法官必须想方设法假装自己知道结果，而数学家则可以肆无忌惮地说出真相。

记者查尔斯·塞费（Charles Seife）在《证明》（*Proofiness*）一书中，对民主

党人阿尔·弗兰肯（Al Franken）与共和党人诺姆·科尔曼（Norm Coleman）在明尼苏达州争夺美国参议员席位一事进行了有趣但又令人沮丧的描述。这次对决双方势均力敌，但是，通过冷静的分析，人们发现支持弗兰肯的明尼苏达州人整整多出了312个，因此，预言弗兰肯将获得这个席位似乎是合情合理的。不过，在现实情况中，这个数字却必然是人们对某些问题的合法性（诸如在弗兰肯的姓名上画圈、填写"蜥蜴人"①的选票是否合法）存在广泛争议的产物。一旦我们对这类争议形成定论，谁"真正"获得较多选票的问题就失去了意义，因为"信号"已经被"噪声"淹没。西尔弗认为票数如此接近的选举应当通过抛硬币来决定谁当选。有人无法接受这种单凭运气选择政府官员的方法，但我却倾向于表示支持。因为抛硬币的最大好处就在于随机性，势均力敌的选举本来就是靠随机性决定结果。大城市遭遇恶劣天气，偏远乡镇的投票机器发生故障，彩票设计不合理导致年老的犹太人把选票投给帕特·布坎南等，在选举陷入势均力敌的僵局时，这些随机性事件都有可能对选举结果产生影响。用抛硬币的方法，我们就无须心口不一地宣布，在这场旗鼓相当的竞赛中，选民支持的是获胜的那位候选人。有时，选民会表示抗议："我不知道（该选谁）。"

大家可能认为我过于看重精确性了吧。人们常常认为数学家总是强调确定性，还认为我们一直讲究精确性，在所有计算中都希望小数点后能保留尽可能多的位数。其实这种想法是错误的，我们在计算时，会根据需要决定精确程度。中国有一个叫作陆超的年轻人，可以将圆周率小数点后的 67 890 位数字背诵出来。这样的记忆力的确相当惊人，但是这样的行为有意义吗？没有任何意义，因为圆周率小数点后面的那些数字没有意义。大家都知道，那些数字几乎就是随机出现的。当然，圆周率本身是有意义的，但是圆周率并不等同于那些数字，那些数字仅仅是用来描述圆周率的。同样，我们可以用北纬 48.858 6 度、东经 2.294 2 度这样的经纬度来表示埃菲尔铁塔的位置，无论把这两个数字精确到小数点后多少位，它们仍然无法揭示出埃菲尔铁塔之所以是埃菲尔铁塔的原因。

精确性不仅仅是指有多少个小数位。本杰明·富兰克林（Benjamin Franklin）

---

① 2008 年美国参议院选举期间，时事评论员阿尔·弗兰肯和在任参议员诺姆·科尔曼之间展开激烈角逐。在选举过程中，科尔曼指责弗兰肯是潜伏在人类当中的"蜥蜴人"。

对他在费城的知识分子圈成员托马斯·戈弗雷（Thomas Godfrey）的描述十分犀利："他的知识面非常狭窄，而且他很难相处。同我认识的大多数伟大的数学家一样，他对人们说的每一句话都非常较真，在小事上吹毛求疵，和他交谈总是让人十分头疼。"

这样的指责并不是完全空穴来风，令人无法回应。数学家有可能对逻辑上的细枝末节过于挑剔，而我们则认为这非常荒谬。如果有人问："你要汤还是沙拉加汤？"我们的回答往往是："好的。"

无法计算

然而，即使数学家也不希望严格遵循逻辑（说俏皮话时例外），因为这是一种非常危险的行为。举个例子，如果我们是信奉纯粹推理主义的思想家，一旦我们相信的两个事实相互矛盾，从逻辑上讲我们就会认为所有的说法都是错误的。假设我相信巴黎是法国首都，同时我也相信巴黎不是法国首都，这似乎与波特兰开拓者队是不是 1982 年的 NBA 总冠军无关。但是，我们来看看其中的玄机。"巴黎是法国首都且开拓者队赢得了 NBA 总冠军"这个说法是事实吗？这不是事实，因为我知道巴黎不是法国首都。

如果"巴黎是法国首都且开拓者队是 NBA 总冠军"这个说法不正确，那么，要么巴黎不是法国首都，要么开拓者队不是 NBA 总冠军。但是，我知道巴黎是法国首都，因此我可以排除第一种可能。所以，开拓者队没有赢得 1982 年的 NBA 总冠军。

不难发现，如果把这个证明过程逆向展开，我们也可以证明所有的说法都是正确的。

这种情况似乎非常奇怪，但是作为逻辑推理，这是无可辩驳的。在形式主义系统的任意位置加入一点儿矛盾的成分，都会让整个系统崩溃。有数学天赋的哲学家把形式主义逻辑的脆弱性称为"爆炸原则"。

詹姆斯·库克船长①为独裁者的机器人输入了一个悖论，结果在爆炸原则的作用下，这些机器人的推理模块遭到破坏并停止运行。（在电源灯熄灭之前，他们伤心地说：无法计算。）库克船长借助一个悖论，让那些傲慢的机器人丧失了能力，而伯特兰·罗素同样借助一个阴险的悖论，使戈特洛布·弗雷格的集合论分崩离析。

不过，库克船长的那一套把戏对人类无效。即使以数学研究为生的人也不会像机器人那样进行推理，而是对矛盾有一定的容忍度。斯科特·菲茨杰拉德（Scott Fitzgerald）说过："一流的智力应该具备同时考虑两种相互矛盾的观点并且正常运转的能力。"

数学家将这种能力作为一种基本的思维工具，它是归谬法的基础，因为归谬法要求在推理过程中把我们视为错误的命题当作真命题：虽然我们试图证明 2 的平方根不是有理数，但是我们先假设它是一个有理数……这其实是在大脑清醒的状态下进行梦游，在这个过程中我们的思维不能短路。

事实上，人们经常建议（我在攻读博士学位时，导师就是这样建议我的，可能他的导师当初也给了他同样的建议），当为一个定理绞尽脑汁时，我们应该在白天证明它是正确的，在晚上证明它是错误的。具体采用什么样的切换频率并不重要，据说，拓扑学家宾（Bing）的习惯做法是将一个月分成两部分，用两周时间证明庞加莱猜想是正确的，用剩下的两周时间寻找反例。

为什么要从事这种背道而驰的研究呢？采用这种做法有两个比较充分的理由。第一个理由是，我们有可能犯错误。如果一个说法其实是错误的，但我们却以为并尝试证明它是正确的，那么我们必将徒劳无功。如果利用白天以外的时间来反证，就可以避免耗费太多的时间与精力。

第二个理由是，如果我们试图证明某个正确的观点或想法是错误的，那么我们必将失败。我们习惯于认为失败不是一件好事，但并不是所有的失败都是坏事，因为我们也可以从失败中学到一些东西。我们用一种方法证明某个说法是错误的，结果没成功，然后我们换另一种方法，结果再次遭遇失败。每一次失败的

尝试都会让我们遇到一堵墙，如果运气好，这一堵堵墙会连成一片，关于该定理的正确证明方法就会呈现在我们面前。如果能够彻底地了解失败的原因，我们就很有可能从中发现该说法正确的原因。小波尔约没有接受父亲善意的建议，而是像很多前辈一样，持之以恒地尝试证明平行公设是由欧几里得的前 4 条公理推导而来的。他同样遭遇了失败，但不同的是，他对自己的失败理解得非常透彻。他在证明不符合平行假设的几何体并不存在时屡屡碰壁，正是因为这种几何体其实是存在的。每次失败之后，他都对这个本以为不存在的几何体的特征更加了解，直到最终看到它的庐山真面目。

白天证明、晚上反证的做法不仅适用于数学，还可以对我们的社会、政治、科学与哲学理念施加压力。在白天时，尽可以相信自己的理念是正确的，但是到了晚上，则认真思考自己的理念是不是错误的。不要自欺欺人！尽管我们并不相信这些理念是错误的，在思考时也要尽可能地让自己相信它们是不正确的。如果我们无法摆脱现有理念的束缚，则说明我们对自己深信不疑的理由有了更深入的了解，离找到证明方法也就更近了一步。

我在这里说句题外话。上面介绍的这种有益的脑力锻炼与斯科特·菲茨杰拉德所说的远不是一回事。1936 年，菲茨杰拉德在散文《崩溃》（*The Crack-Up*）中描述了自己处于破产、无助的状态，表明了他的态度——相互矛盾的理念可以并存于头脑之中。当时，在他思想中相互矛盾的两个理念是"努力奋斗的徒劳感与奋力拼搏的必要性"。塞缪尔·贝克特（Samuel Beckett）的表达更加简洁："我必将死去，但我还会继续活着。"菲茨杰拉德所谓的"一流的智力"，是对自己智力水平的否认。他认为，在矛盾的压力之下，他已经名存实亡，过着行尸走肉的生活。这样的命运与弗雷格的集合论，以及在库克悖论的侵扰下停止运行的机器人没有多少区别。（"家燕"乐队的《骑墙》这首歌中的另外两句歌词堪称《崩溃》的浓缩版本："我从一开始就欺骗自己／我发现自己正在走向崩溃。"）菲茨杰拉德因为自我怀疑而气馁，继而萎靡不振，整天沉溺于写作与反省之中，西奥多·罗斯福最厌恶这种自艾自怜的文学青年。

华莱士对悖论也充满兴趣。华莱士延续着自己在数学研究中的风格，将罗素悖论作为自己的第一部小说《命运的笤帚》（*The Broom of the System*）的主题。

如果说他的创作动机源自与矛盾的抗争，这个说法可能有点儿过了。华莱士喜欢采用技术与分析的方法去抵御毒品、绝望以及荒谬的唯我论，但是他认为简简单单的宗教格言与自助书籍的效果更好。他非常清楚，作家在写作时应该站在其他人的立场上去思考问题，但是写作的主要目的则应该是揭示思想对自我的禁锢。他决心记录并消除先入为主的偏见给自己带来的影响，但是他也知道，一旦做出这个决定，其本身就是一种偏见，而且他会受到这些偏见的影响。毫无疑问，这是"哲学 101"课程中所讨论的问题，但是数学系的学生都知道，我们在大学一年级遇到的某些老问题的内容非常深奥。华莱士与悖论之间的纠葛在数学研究中并不鲜见。我们认为两个假设似乎相互矛盾，于是我们开始研究它们。在大脑中同时装入相互矛盾的两个假设，按部就班地梳理矛盾，区分知识与理念，逐一审视这两个假设，直到最终发现真理，或者尽可能地接近真理。

至于贝克特，他的矛盾观更加意味深长，这在他的作品中有所反映，而且充满感情色彩。"我必将死去，但我还会继续活着"，这句话让我们感受到他的心灰意冷。与此同时，贝克特也会运用毕达哥拉斯门徒证明 2 的平方根是无理数的方法，把它变成醉汉之间的玩笑。

> "别骗我，"尼亚里说，"否则等待你的将是希帕索斯的下场。"
>
> "你说的是那位声闻家吧？"魏利（Wylie）说，"我一下子想不起来他到底遭受什么惩罚了。"
>
> "被扔到水里淹死了。"尼亚里说，"因为他泄露了直角三角形的直角边与斜边不可通约的秘密。"
>
> "爱唠叨的人都会倒霉。"魏利说。

我不知道贝克特在数学上的造诣到底有多深，但是在散文《最糟糕，嗯》（*Worstward Ho*）中，他用非常简洁的语言高度概括了在数学研究中失败的价值。

> 曾经尝试过，也失败过，但是没关系，再尝试、再失败，每一次失败都是进步。

我们每时每刻都会用到数学知识

本书中提及的这些数学家提出了各种无法证明的不确定性，但他们的目的并不是让我们感到泄气，他们也不仅仅是一些重要的批评家，他们都在数学领域有所发现、有所建树。例如，高尔顿提出了回归平均值的概念；孔多塞建立了新的社会决策模式；小波尔约创建了全新的几何学——一个"新奇的世界"；香农与海明提出了自己的几何学，用圆与三角形代替数字符号构建出新的空间；瓦尔德为飞机在必要的位置加装了装甲。

所有的数学家都做出了自己的贡献，有的非常重要，有的略逊一筹。关于数学的文献作品都具有创新性：我们在数学领域创造的实体不会受到物理知识的限制，可能是有限的，也可能是无穷的；可能存在于我们的现实世界中，也可能只存在于想象中。正因为这样，外行有时会以为数学家整日沉溺于幻想的世界中，满脑子都是危险的虚构场景，有可能导致数学造诣不深的人发狂，甚至走火入魔。

但是，我们知道，这种观点是不正确的。数学家不是疯子，不是外星人，也不是神秘主义者。

事实上，数学方面的顿悟（突然之间对正在发生的事有了清晰的了解）具有特殊性，而在生活的其他方面则几乎不可能有类似的感觉。一旦产生这种顿悟，我们就会觉得自己触及宇宙的本质，将要揭开惊天的秘密，但这种感觉只可意会不可言传。

对于我们创造的新实体，我们也不能为所欲为。我们需要为它们下定义，在有了定义之后，它们就不再是虚构的东西，而是像树木与鱼虾一样，具有特定的内涵。数学研究从头到尾都让人充满激情，同时要受到理性的束缚。但这并不矛盾，逻辑会给我们留出一点儿狭小的缝隙，当直觉穿过这道缝隙之后将会发出耀眼的光芒。

数学给我们的教训非常简单，与数字无关。数学告诉我们：世界是有结构的；我们可以期待去了解它的部分结构，但不可能像我们想象的那样一蹴而就；在披上形式主义的外衣之后，我们的直觉将会变得更加强大。数学上的确定性，与我们在日常生活中形成的信念并不是一回事，后者的确定程度不及前者，我们必须充分认识到两者之间的区别。

数学是常识的衍生物，有的活动虽然没有被表示成一个方程式，或者被画成一幅图，却同样属于数学活动。例如，你会发现好的东西未必是更优的选择；在机会足够多的情况下不可能的事情也会发生，并因此抵制住巴尔的摩股票经纪人的诱惑；决策时不仅要考虑所有可能的未来，还要考虑所有可能事件的影响，密切关注哪些事件可能发生、哪些事件不太可能发生；摒弃群体信念与个体信念应当遵循相同规则的认识；为认知找到最佳的平衡点，使直觉在形式主义推理铺设的康庄大道上自由驰骋。你打算什么时候应用你学到的数学知识呢？事实上，从你呱呱坠地开始，你可能就一直在使用这些数学知识。从现在开始，充分利用这些数学知识吧。

HOW NOT TO
BE WRONG

致 谢

从撰写本书的念头产生之日算起，到本书出版之时已经有 8 个年头了。本书的成功问世，证明我的代理人杰伊·曼德尔非常专业，指导有方。多年来，他总是耐心地询问我是否准备写点儿什么，在我终于给出肯定的回答之后，他又帮助我不断完善"我希望发出振聋发聩的声音，告诉人们数学的重要性"这个想法，并把它变成了一本名副其实的书。

本书由企鹅出版社出版，这让我感到非常荣幸，因为长期以来，专业学者可以在埋头钻研的闲暇，以这家出版社为平台，向广大读者介绍自己的研究成果。考林·迪克曼在本书即将定稿时阅读了全文，斯科特·莫耶斯给出了最终的修改意见，他们都非常理解我这个写作新手，对本书的初稿做了大量的改进，使我获益良多。此外，企鹅出版社的麦莉·安德森、阿奇夫·赛非、萨拉·豪特森和利兹·卡拉玛丽以及英国企鹅出版社的劳拉·斯蒂科尼也给了我大量的建议与帮助。

我还要感谢《石板》（Slate）杂志的编辑，特别是乔希·列维、杰克·谢弗与戴维·普劳茨。2001 年，他们决定在《石板》杂志上开设数学专栏，邀请我给这个专栏撰稿，让我学会了如何能让非数学专业的人读懂我写的文章。本书部分内容改写自《石板》杂志的专栏文章，经过编辑的内容让我的写作事半功倍。此外，我还要感谢《纽约时报》《华盛顿邮报》《波士顿环球报》《华尔街日报》的编辑。（本书部分内容改写自我发表在《华盛顿邮报》与《波士顿环球报》上的文章。）我特别感谢《信徒》（*Believer*）杂志的海蒂·尤拉维奇和《连线》（*Wired*）杂志的尼古拉斯·汤普森，在他们的引导下，我开始写作长文章，并学会如何写作数学方面的文章，才会让人们一口气阅读几千字而不会感到厌烦。

伊莉丝·克雷格高质量地完成了本书内容准确性的查证工作，如果本书出现错误，那肯定是其他方面的错误。格雷格·维尔皮格负责本书的编辑加工，改正了语法与文字方面的很多错误，而且不厌其烦地删除了大量不必要的连字符。

我对数论的了解大多得益于我的博士生导师巴里·梅耶的教诲，他率先垂范，教导我如何在数学与思想、表达、感觉等模式之间建立起深入的联系。

本书开头的罗素引语要归功于戴维·福斯特·华莱士。他在《跳跃的无穷》（*Everything and More*）一书的工作笔记中记录了这句话，打算在这本关于集合论的著作中以它为引语，但他最终改变了主意。

本书有很大一部分内容是我在威斯康星大学麦迪逊分校任职期间利用公休假期完成的。威斯康星校友研究基金会将我的公休假期延长为一整年，为我提供了"鲁曼斯"基金，还安排麦迪逊分校的同事帮助我完成这个严格来讲算不上学术活动的特殊项目，在此向他们表示感谢。

我还要感谢威斯康星州麦迪逊市门罗大街上的"橡木桶"咖啡店，本书的很多内容是在那里写的。

在撰写本书的过程中，很多朋友、同事以及陌生人在仔细阅读书稿后提出了大量修改建议，他们是：劳拉·巴尔扎诺、梅雷迪思·布鲁萨尔、蒂姆·卡莫迪、蒂姆·周、詹妮·戴维森、乔恩·埃克哈特、史蒂夫·芬伯格、佩利·格雷彻、牧师联合会、吉尔·卡拉、伊马利·科瓦尔斯基、戴维·克拉考尔、劳伦·克劳兹、坦尼娅·拉蒂、马克·曼格尔、艾瑞卡·奥克伦特、约翰·奎金、本·雷希特、米歇尔·里根维特尔、伊恩·罗尔斯顿、尼西姆·施拉姆－施拉姆、施拉姆·塞尔贝、科斯马·萨利齐、米歇尔·施、巴里·西蒙、布拉德·斯奈德、埃利奥特·索伯、米兰达·斯皮勒尔、贾森·斯泰因伯格、哈尔·斯特恩、斯蒂芬妮·泰、鲍勃·汤普尔、拉维·瓦基勒、罗伯特·沃德罗普、埃里克·维普斯克、利兰·威尔金森和珍妮·维茨。这份名单肯定有遗漏，对没有提及的那些人，我在此表示歉意。我还要特别感谢几位提供了重要反馈意见的读者：汤姆·斯科卡"吹毛求疵"地读完了全书；安德鲁·格尔曼与史蒂芬·施蒂格勒审核了我对统计学历史的描述；施蒂芬·波特核实了涉及诗歌的内容；亨利·科恩非常仔细地阅读了本书的很大一部分内容，并为我提供了温斯顿·丘吉尔关于射影平面的那段话；琳达·巴里鼓励我自己绘制插图；我的父母都是统计学专业人士，他们通读了本书，对过于抽象的内容，提出了修改意见。

为了完成本书，我的很多周末时间都花在了写作上，为此我要感谢儿子和女儿的耐心。特别是我的儿子，他亲手为我绘制了一幅插图。我最应该感谢的人是坦妮娅·施拉姆，她是本书的第一位读者，从最开始的构思直至最后成书，都离不开她的支持和爱。在如何正确决策方面，她对我的帮助甚至超过了数学知识。